21世纪高职高专规划教材 电气、自动化、应用电子技术系列

现场总线技术与组态软件应用

周兵 林锦实 编著

清华大学出版社
北京

内 容 简 介

本书内容分两部分：一部分是现场总线技术，介绍现场总线的基本概念、典型现场总线控制技术，重点介绍 PROFIBUS 现场总线控制技术，包括 PROFIBUS 的三种类型、通信协议、实现方法、安装接线、标准的认证与测试技术。另一部分是组态软件应用，以组态王软件为例，详细介绍它的组成及使用方法，包括工程管理器与工程浏览器的使用、变量的定义和管理、I/O 设备管理、图形画面与动画连接、趋势曲线和其他曲线、报警和事件系统、命令语言、组态王运行系统、组态王信息窗口、图库、控件、系统安全管理、报表系统、组态王历史库，最后介绍组态王软件的典型应用和 PROFIBUS 水位自动控制系统实训。

本书将 PROFIBUS 现场总线控制技术和组态软件应用放到一起进行介绍，这两项技术是一个自动控制系统所不可缺少的。另外，本书为适应高职院校的"项目"教学，在最后两章以课题的形式介绍了 15 个模拟课题和一个实际课题的组态编程方法。通过本书的学习，读者能更快、更好地掌握这两项技术，并且将其应用到工业生产的实际中。

本书可作为高职高专电气自动化、生产过程自动化、自动控制技术等专业的教材，也可作为现场总线控制技术与组态软件应用系统设计、应用技术开发人员的培训教材。

图书在版编目（CIP）数据

现场总线技术与组态软件应用/周兵，林锦实编著. —北京：清华大学出版社，
2008.12（2023.8 重印）

21 世纪高职高专规划教材.电气、自动化、应用电子技术系列

ISBN 978-7-302-18794-3

Ⅰ.现… Ⅱ.①周… ②林… Ⅲ.①总线—技术—高等学校：技术学校—教材 ②总线—控制系统—应用软件—高等学校：技术学校—教材 Ⅳ.TP336

中国版本图书馆 CIP 数据核字（2008）第 165340 号

责任编辑：刘 青
责任校对：袁 芳
责任印制：宋 林

出版发行：清华大学出版社
　　　网　　　址：http://www.tup.com.cn, http://www.wqbook.com
　　　地　　　址：北京清华大学学研大厦 A 座　　　　邮　　编：100084
　　　社 总 机：010-83470000　　　　　　　　　　邮　　购：010-62786544
　　　投稿与读者服务：010-62776969, c-service@tup.tsinghua.edu.cn
　　　质 量 反 馈：010-62772015, zhiliang@tup.tsinghua.edu.cn
印 装 者：三河市铭诚印务有限公司
经　　销：全国新华书店
开　　本：185mm×260mm　　　印　张：21.25　　　字　数：487 千字
版　　次：2008 年 12 月第 1 版　　　　　　　印　次：2023 年 8 月第 14 次印刷
定　　价：59.00 元

产品编号：028026-04

Publication Elucidation

出版说明

高职高专教育是我国高等教育的重要组成部分,担负着为国家培养并输送生产、建设、管理、服务第一线高素质技术应用型人才的重任。

进入 21 世纪后,高职高专教育的改革和发展呈现出前所未有的发展势头,学生规模已占我国高等教育的半壁江山,成为我国高等教育的一支重要的生力军;办学理念上,"以就业为导向"成为高等职业教育改革与发展的主旋律。近两年来,教育部召开了三次产学研交流会,并启动四个专业的"国家技能型紧缺人才培养项目",同时成立了 35 所示范性软件职业技术学院,进行两年制教学改革试点。这些举措都表明国家正在推动高职高专教育进行深层次的重大改革,向培养生产、服务第一线真正需要的应用型人才的方向发展。

为了顺应当前我国高职高专教育的发展形势,配合高职高专院校的教学改革和教材建设,进一步提高我国高职高专教育教材质量,在教育部的指导下,清华大学出版社组织出版了"21 世纪高职高专规划教材"。

为推动规划教材的建设,清华大学出版社组织并成立了"高职高专教育教材编审委员会",旨在对清华版的全国性高职高专教材及教材选题进行评审,并向清华大学出版社推荐各院校办学特色鲜明、内容质量优秀的教材选题。教材选题由个人或各院校推荐,经编审委员会认真评审,最后由清华大学出版社出版。编审委员会的成员皆来源于教改成效大、办学特色鲜明、师资实力强的高职高专院校、普通高校以及著名企业,教材的编写者和审定者都是从事高职高专教育第一线的骨干教师和专家。

编审委员会根据教育部最新文件和政策,规划教材体系,比如部分专业的两年制教材;"以就业为导向",以"专业技能体系"为主,突出人才培养的实践性、应用性的原则,重新组织系列课程的教材结构,整合课程体系;按照教育部制定的"高职高专教育基础课程教学基本要求",教材的基础理论以"必要、够用"为度,突出基础理论的应用和实践技能的培养。

本套规划教材的编写原则如下:

(1) 根据岗位群设置教材系列,并成立系列教材编审委员会;

(2) 由编审委员会规划教材、评审教材;

(3) 重点课程进行立体化建设,突出案例式教学体系,加强实训教材的出版,完善教学服务体系;

（4）教材编写者由具有丰富教学经验和多年实践经历的教师共同组成,建立"双师型"编者体系。

本套规划教材涵盖了公共基础课、计算机、电子信息、机械、经济管理以及服务等大类的主要课程,包括专业基础课和专业主干课。目前已经规划的教材系列名称如下:

- **公共基础课**

  公共基础课系列

- **计算机类**

  计算机基础教育系列

  计算机专业基础系列

  计算机应用系列

  网络专业系列

  软件专业系列

  电子商务专业系列

- **电子信息类**

  电子信息基础系列

  微电子技术系列

  通信技术系列

  电气、自动化、应用电子技术系列

- **机械类**

  机械基础系列

  机械设计与制造专业系列

  数控技术系列

  模具设计与制造系列

- **经济管理类**

  经济管理基础系列

  市场营销系列

  财务会计系列

  企业管理系列

  物流管理系列

  财政金融系列

  国际商务系列

- **服务类**

  艺术设计系列

本套规划教材的系列名称根据学科基础和岗位群方向设置,为各高职高专院校提供"自助餐"形式的教材。各院校在选择课程需要的教材时,专业课程可以根据岗位群选择系列;专业基础课程可以根据学科方向选择各类的基础课系列。例如,数控技术方向的专业课程可以在"数控技术系列"选择;数控技术专业需要的基础课程,属于计算机类课程的可以在"计算机基础教育系列"和"计算机应用系列"选择,属于机械类课程的可以在"机械基础系列"选择,属于电子信息类课程的可以在"电子信息基础系列"选择。依此类推。

为方便教师授课和学生学习,清华大学出版社正在建设本套教材的教学服务体系。本套教材先期选择重点课程和专业主干课程,进行立体化教材建设:加强多媒体教学课件或电子教案、素材库、学习盘、学习指导书等形式的制作和出版,开发网络课程。学校在选用教材时,可通过邮件或电话与我们联系获取相关服务,并通过与各院校的密切交流,使其日臻完善。

高职高专教育正处于新一轮改革时期,从专业设置、课程体系建设到教材编写,依然是新课题。希望各高职高专院校在教学实践中积极提出意见和建议,并向我们推荐优秀选题。反馈意见请发送到 E-mail: gzgz@tup.tsinghua.edu.cn。清华大学出版社将对已出版的教材不断地修订、完善,提高教材质量,完善教材服务体系,为我国的高职高专教育出版优秀的高质量的教材。

高职高专教育教材编审委员会

PREFACE

前言

为适应全面提高高等职业教育教学质量和培养面向生产、建设、服务、管理第一线需要的高技能人才的要求,我们根据高等职业技术学院"现场总线技术与组态软件应用"教学大纲的要求,组织编写了这本教材。

本书的特点如下。

1. 知识新

现场总线技术是当今自动化领域技术发展的热点之一,被誉为自动化领域的计算机局域网。它的应用和发展,在自控领域掀起了新一轮革命。它已成为自动化技术发展的原动力,它融合 PLC、DCS 技术构成的全集成自动化系统以及信息网络技术,将成为 21 世纪自动化技术发展的主流。

组态软件是指一些数据采集与过程控制的专用软件,是在自动控制系统监控层一级的软件平台和开发环境,具有灵活多样的组态方式(而不是编程方式)。它能够提供良好的用户开发界面和简捷的使用方法,其预设置的各种模块可以非常容易地实现和完成监控层的各项功能。

2. 教学模式新

采用项目教学法,即采用教材配套资源中的习题、项目训练、综合练习和自动控制系统实训展开教学(可登录清华大学出版社网站 www.tup.com.cn 下载得到),便于学生学习和掌握这门新技术。本书的教学时数为 60～80 学时。

现场总线与组态软件应用技术是现在自动控制系统应用发展中的新技术,并且应用越来越广泛。编写本书的目的是向读者介绍现场总线与组态软件应用的基本理论和基本技能,以在系统应用、产品开发方面对读者起到一些积极的促进作用。

全书共分两部分。第 1 部分为现场总线技术。第 1 章介绍现场总线控制技术的基本概念,第 2、3 章介绍 PROFIBUS 现场总线控制技术及其实现方法、安装接线。第 2 部分为组态软件应用。第 4、5 章介绍组态王工程管理器和工程浏览器的使用方法,第 6～8 章介绍变量的定义和管理、I/O 设备管理、图形画面与动画连接,第 9～18 章分别介绍趋势曲线和其他曲线、报警和事件系统、命令语言、组态王运行系统、组态王信息窗口、图库、控件、系统安全管理、报表系统和组态王历史库,第 19 章为组态王软件综合训练,第 20 章是 PROFIBUS 水位自动控制系统实训。

本书第 1~8 章以及第 20 章由辽宁机电职业技术学院周兵老师编写,第 9~19 章由辽宁机电职业技术学院林锦实老师编写。本书在编写过程中得到辽宁机电职业技术学院领导的关心和大力支持,在此向他们表示真挚的感谢!

由于编者的水平有限,并且现场总线与组态软件应用技术是不断发展的新技术,书中的缺点和不足在所难免,恳请读者批评指正。

编　者

2008 年 5 月

CONTENTS 目录

第 1 部分　现场总线技术

第 2 部分　组态软件应用

第1部分

现场总线技术

第 1 章

现场总线控制技术

1.1 现场总线控制技术概述

随着计算机(Computer)、控制器(Controller)、通信(Communication)和 CRT 显示器技术的发展,信息交换、沟通的领域正迅速覆盖从工厂的现场设备到控制管理的各个层次,覆盖从工段、车间、工厂、企业至世界各地的市场。控制领域又发生了一次技术变革,这次变革使传统的控制系统(如集散控制系统)无论在结构上,还是在性能上,都有了巨大的飞跃。这次变革的基础就是现场总线控制技术的产生。现场总线控制技术也称为工控局域网,是 20 世纪 80 年代起步,90 年代迅速发展起来的工业控制技术。

1.1.1 自动控制系统的发展过程

纵观控制系统的发展史不难发现,每一代新的控制系统都是针对老一代控制系统存在的缺陷而给出的解决方案,最终在用户需求和市场竞争两大外因的推动下占领市场的主导地位。

1. 基地式气动仪表控制 PCS(Pneumatic Control System)

20 世纪 50 年代以前,由于当时的生产规模较小,检测、控制仪表处于发展的初级阶段,所采用的仪表仅仅安装在生产设备现场,只具有简单的测控功能,其信号仅在本仪表内起作用,一般不能传送给别的仪表或系统,即各测控点只能成为封闭状态,无法与外界沟通信息,操作人员只能通过生产现场的巡视,了解生产过程的状况。

2. 模拟仪表控制系统 ASC(Analogous Control System)

随着生产规模的扩大,操作人员需要综合掌握多点的运行参数与信息,需要同时按多点的信息实行操作控制,于是出现了气动、电动系列的单元组合式仪表,出现了集中控制室。生产现场各处的参数通过统一的模拟信号,如 0.02~0.1MPa 的气动信号以及4~20mA 的电流信号等,送往集中控制室,操作人员可以坐在控制室纵观生产流程各处的状况,把各单元仪表的信号按需要组合成复杂控制系统。模拟仪表控制系统在20 世纪六七十年代占主导地位,其显著缺点是模拟信号精度低,易受干扰。

3. 集中式数字控制系统 CCS(Computer Control System)

集中式数字控制系统于 20 世纪七八十年代占主导地位。它采用单片机、PLC、SLC

或微机作为控制器,控制器内部传输的是数字信号,因此,克服了模拟仪表控制系统中模拟信号精度低的缺陷,提高了系统的抗干扰能力。集中式数字控制系统的优点是易于根据全局情况进行控制计算和判断,在控制方式及控制机的选择上可以统一调度和安排,其不足是对控制器本身要求很高,必须具有足够的处理能力和极高的可靠性。当系统任务增加时,控制器的效率和可靠性将急剧下降,一旦控制器出现某种故障,就会造成所有控制回路瘫痪,生产停滞的严重局面。

4. 集散式控制系统 DCS(Distributed Control System)

集散式控制系统(DCS)于 20 世纪八九十年代占主导地位。其核心思想是集中管理,分散控制,即管理与控制相分离。上位机用于集中监视、管理,若干下位机下放分散到现场实现分布式控制,各上、下位机之间用控制网络互连,以实现相互之间的信息传递。因此,这种分布式的体系结构克服了集中式数字控制系统中对控制器处理能力和可靠性要求高的缺陷。在集散式控制系统中,分布控制思想的实现正是得益于网络技术的发展和应用,遗憾的是,不同的 DCS 厂家为达到垄断经营的目的而对其控制通信网络采用各自专用的封闭形式,不同厂家的 DCS 系统之间以及 DCS 与上层 Internet 信息网络之间难以实现网络互连和信息共享,因此,集散式控制系统从这个角度来说,实质上是一种封闭专用的,不具有互操作性的分布式控制系统,并且造价昂贵。在这种情况下,用户对网络控制系统提出了开放性和降低成本的迫切要求。

5. 现场总线控制系统 FCS(Fieldbus Control System)

现场总线控制系统(FCS)正是顺应以上潮流而诞生的。它用现场总线控制这一开放的具有可互操作的网络技术,将现场各控制器及仪表设备互连,构成现场总线控制系统。同时,控制功能彻底下放到现场,降低了安装成本和维护费用。因此,现场总线控制系统(FCS)实质上是一种开放的、具有互操作性、彻底分散的分布式控制系统,它有望成为21 世纪控制系统的主导产品。

1.1.2　什么是现场总线控制技术

IEC/SC65C 定义:安装在制造或过程区域的现场装置与控制室内的自动控制装置之间的数字、串行和多点通信的数据总线,称为现场总线。

现场总线控制技术将专用微处理器置入传统的测量控制仪表,使它们各自具有数据计算和数据通信的能力,采用可进行简单连接的双绞线作为总线,把多个测量控制仪表和自动化控制设备连接成网络系统,并按公开、规范的通信协议,在位于现场的多个微机化测量控制设备之间以及现场仪表与远程监控计算机之间实现数据传输和信息交换,形成各种适应实际需要的自动控制系统。

1. 现场总线控制技术的体系结构

现场总线控制技术是将自动化最底层的现场控制器和现场智能仪表设备互连的实时控制通信网络,遵循 ISO 的 OSI 开放系统参考模型的全部或部分协议。

现场总线控制系统是最底层的 Infranet 控制网络即 FCS,各节点下放分散到现场,构成一种彻底的分布式控制体系结构。网络拓扑结构任意,可为总线状、星状、环状等,通信介质不受限制,可用双绞线、电力线、无线、红外线等各种形式。FCS 形成的底层 Infranet 控制网很容易与 Intranet 企业内部网和 Internet 全球信息网互连,构成一个完整的企业网络三级体系结构。

2. 现场总线控制技术与局域网的区别

按功能比较,FCS 连接自动化最底层的现场控制和现场智能仪表设备,网线上传输的是最小批量的数据信息,如检测信息、状态信息、控制信息等,传输速率低,但实时性高。简而言之,现场总线控制是一种实时控制网络。局域网用于连接局部区域的计算机,网线上传输的是大批量的数字信息,如文本、声音、图像等,传输速率高,但不要求实时性。从这个意义上讲,局域网是一种高速信息网络。

按实现方式比较,现场总线控制可采用各种通信介质,如双绞线、电力线、光纤、无线、红外线等,实现成本低。局域网需要专用电缆,如同轴电缆、光纤等,实现成本高。

1.1.3　现场总线控制技术的国际标准

经过长达 15 年的争论,IEC 61158 用于工业控制系统的现场总线国际标准于 2000 年初终于获得通过,现场总线之争随之退潮。IEC/SC65C/WG6 现场总线标准委员会到此也完成了历史使命。为了进一步完善 IEC 61158 标准,IEC/SC65C 成立了 MT 9 现场总线修订小组,继续这方面的工作。MT 9 工作组在原来 8 种类型现场总线的基础上不断完善、扩充,于 2001 年 8 月制定出由 10 种类型的现场总线组成的第三版现场总线标准。该标准于 2003 年 4 月成为正式的国际标准。

1. IEC 61158 国际标准共有 10 种类型

（1）Type 1 TS 61158 现场总线

（2）Type 2 ControlNet 和 Ethernet/IP 现场总线

（3）Type 3 PROFIBUS 现场总线

（4）Type 4 P-NET 现场总线

（5）Type 5 FF HSE 现场总线

（6）Type 6 Swift-Net 现场总线

（7）Type 7 WorldFIP 现场总线

（8）Type 8 INTERBUS 现场总线

（9）Type 9 FF H1 现场总线

（10）Type 10 PROFInet 现场总线

2. IEC TC17B 有 3 种国际标准

（1）SDS(Smart Distributed)

（2）ASI(Actuator Sensor Interface)

（3）Device Net

3. ISO-OSI 11898 有 1 种国际标准

CAN(Control Area Network)

除上述国际标准外,还有欧洲标准,各个国家还有国家标准,例如,英国的 ERA、挪威的 FINT 等。一些大公司还推出了自己的标准,如日本三菱公司的 CC-LINK、法国 Shneider 公司的 Modbus 等。

与此同时,国际上的一些公司与组织正在紧锣密鼓地进行用以太网(Ethernet)来作为现场总线控制技术的研究与开发工作。

1.1.4　现场总线控制技术的特点

1. 开放性和互操作性

开放性意味着现场总线控制技术将打破 DCS 大型厂家的垄断,给中小企业的发展带来平等竞争的机遇。互操作性实现控制产品的"即插即用"功能,从而使用户对不同厂家的工控产品有更广泛的选择余地。

2. 彻底的分散性

彻底的分散性意味着系统具有较高的可靠性和灵活性,系统很容易重组和扩建,且容易维护。

3. 低成本

相对 DCS 而言,FCS 开放的体系结构和 OEM(Original Equipment Manufacturer,原始设备制造商,亦称授权贴牌生产)技术将大大地缩短产品的开发周期,降低开发成本,且彻底分散的分布式结构将一对一模拟信号传输方式变为一对 n 的数字信号传输方式,节省了模拟信号传输过程中大量的 A/D(模拟/数字)、D/A(数字/模拟)转换装置,布线成本和维护费用低。因此,从总体上来看,FCS 的成本大大低于 DCS 的成本。

可以说,开放性、分散性和低成本是现场总线控制技术的三大特征,它的出现将使传统的自动控制系统产生划时代的变革。这场变革的深度和广度将超过历史上任何一次变革,必将开创自动控制的新纪元。

1.2　典型现场总线控制技术

现场总线控制技术发展迅速,现处于群雄并起,百家争鸣的阶段。目前,人们已开发出 40 多种现场总线控制技术,其中最具影响力的有 5 种,即 PROFIBUS 现场总线控制技术、基金会现场总线控制技术(FF)、LonWorks 现场总线控制技术、CAN 现场总线控制技术和 HART 协议。

1.2.1 PROFIBUS 现场总线控制技术

PROFIBUS 现场总线控制技术(Process Fieldbus)由德国西门子公司 1987 年推出,其产品有三类:FMS 用于主站之间的通信,DP 用于制造业从站之间的通信,PA 用于过程控制行业从站之间的通信。目前主要使用的是总线桥技术和总线桥产品。

1. 总线桥技术

该技术通过 RS-232、RS-485 等串行通信接口或网关接口,将智能现场设备连接到 PROFIBUS 总线上。这样,一些传统的仪表及现场设备公司就可以通过该技术实现低成本地使用 PROFIBUS。

2. 总线桥产品

(1) OEM 系列

通过与设备开发企业的技术合作,免费提供 PROFIBUS 接口开发技术,并以 OEM 方式提供 PROFIBUS 接口的专用逻辑芯片。

(2) 桥(Bridge)系列

通过 RS-232、RS-485 等串行通信接口,将智能现场设备,如变频器、温度巡检仪、回路调节器等接到 PROFIBUS 上,可免费替用户编写设备通信程序。

(3) 网关(GateWay)系列

用于不同现场总线控制之间的接口,目前有 PROFIBUS-CAN、PROFIBUS-LonWorks 及 PROFIBUS-TCP/IP(Internet)。

基于 PROFIBUS 的 FCS 产品的开发时间早至 10 年前,限于当时的计算机网络水平,这些产品大多建立在 IT 网络标准基础上。随着应用领域的不断扩大以及用户的要求越来越高,现场总线控制产品只能在原有 IT 协议框架上进行局部的修改和补充,以致在控制系统内部增加了很多转换单元(如各种耦合器),这为该产品的进一步发展带来了一定的局限性。

1.2.2 基金会现场总线控制技术(FF)

基金会现场总线控制技术(Foundation Fieldbus)简称 FF。美国 Fisher-Rosemount 公司联合欧洲 150 多家公司制定了 WordFlp 协议。这两个集团屈于用户的压力,于 1994 年合并,成立了现场基金会(FF),致力于开发国际上统一的现场总线控制协议,分别是低速 H1 和高速 H2 两种通信速率。H1 的速率为 3125Kb/s,传输距离 1900m;H2 的速率为 1Mb/s 或 2Mb/s,传输距离 750m 或 500m,主要应用于石油、化工、连续工业过程控制中的仪表。FF 的特色是其通信协议在 ISO 的 OSI 物理层、数据链路层和应用层三层之上附加了用户层,通过对象字典 OD 和设备描述语言 DDL 实现可互操作性。目前,基于 FF 的现场总线控制产品有美国 Smar 公司生产的压力温度变送器、HoneyWell 和 Rockwell 公司推出的 ProcessLogix 系统,以及 Fisher-Rosemount 公司推出的 PlantWeb。

1.2.3　LonWorks 现场总线控制技术

LonWorks 现场总线控制技术是由美国埃施朗(Echelon)公司推出的,并与 Motorola 公司共同倡导,于 1990 年正式公布。它采用了 ISO/OSI 模型中的全部 7 层通信协议。采用面向对象的连接方法,通过网络变量把网络通信设计简化为参数设计。传输率为 300Kb/s~1.5Mb/s,当为 780Kb/s 时,传输距离 2700m。

LonWorks 是 20 世纪 90 年代国际控制领域的前沿技术,广泛应用于楼宇自动控制、工业自动化、交通、公共事业和家庭自动化等各个领域,成为公认的控制网络国际标准。近年来,LonWorks 现场总线控制技术发展迅速。全球最大的上市电力公司——意大利 ENEL 公司,已开始实施在意大利全国 2700 万个家庭安装 LonWorks 智能电表的计划,意大利最大的家电厂商 Merloni 已推出了全系列的 LonWorks 网络家电产品。中国国家电力监管委员会在智能建筑和智能小区唯一推荐 LonWorks 作为标准;工业和信息化部也正在考虑采用 LonWorks 作为标准,建立电力接入网络、社区信息化网络和家电设备信息化网络平台。

1.2.4　CAN 现场总线控制技术

CAN(Controller Area Network,控制局域网络)现场总线控制技术是德国奔驰公司 20 世纪 80 年代末为解决汽车的众多控制设备与仪器仪表之间的数据交换问题而提出的一种串行通信协议。它适用于实时性要求很高的小型网络,具有开发工具廉价的特点。Motorola、Intel、Philips 公司均生产独立的 CAN 芯片和带有 CAN 接口的 80C51 芯片。CAN 型总线产品有美国 AB 公司的 DeviceNet、中国台湾研华的 ADAM 数据采集产品等。

1.2.5　HART 协议

HART(Highway Addressable Remote Transducer,可寻址远程传感器数据通路)由美国 Rosemount 公司 1989 年推出,主要应用智能变送器。HART 是一个过渡性标准,它通过在 4~20mA 电流信号上叠加不同频率的正弦波(2200Hz 表示"0",1200Hz 表示"1")来传送数字信号,从而保证了数字系统和传统模拟系统的兼容性。预计该协议的生命周期为 20 年。

1.3　现场总线控制技术的应用情况

1.3.1　现场总线控制技术在我国的应用情况

1. 现场总线控制技术已发展到推广应用阶段

随着中国经济的迅速发展,各种现场总线控制技术已得到了广泛的应用。世界主要的现场总线控制技术组织在中国都设立了分支机构。一些 FCS 在中国的推广已经取得了骄人的业绩,国内企业开发的产品开始投入使用。

2. 现场总线控制技术应用中存在的问题

从总体上说,"说"和"听"的人多,用的人少。初步了解 FCS 的人多,熟练掌握应用技术和开发技术的人少。FCS 总线种类很多,人们不知道到底选择哪种总线好。

在工程应用方面,工程开销比预料的要大,调试与运行维护比预料的难。与传统控制系统相比,优点不明显,人们在关键系统中不敢使用现场总线控制技术。

在开发方面,开发的难度比预料的大,所需要的人力、物力、时间和经费远比预料的多,推广应用所要做的工作过于烦琐。

在现场总线控制技术的应用中还存在以下瓶颈问题。

（1）当总线切断时,系统有可能产生不可预知的后果。用户希望这时系统的效能可以降低,但不能崩溃。对于这一点,目前许多 FCS 不能保证。

（2）在本质安全(简称本安)防爆应用中,现有的防爆规定限制总线的长度和总线上所挂设备的数量,这就限制了 FCS 节省线缆优点的发挥。

（3）系统组态参数过分复杂。FCS 的组态参数很多,不容易掌握,但组态参数设定的好坏,对系统性能影响很大。

1.3.2 我国现场总线控制技术的标准情况

PROFIBUS 在 2001 年 10 月正式成为我国机械仪表行业的现场总线控制标准,标准号为 JB/T 10308.3—2001。FF 标准和 HART 协议也已立项,其他标准正在接触之中。

1.3.3 与现场总线控制技术相关的网站

1. 我国现场总线控制 PROFIBUS 技术资格中心——CPCC

网址：http://www.c-profibus.com.cn

该中心下设 3 个部门,即系统集成与演示实验室,产品认证、测试实验室和 PROFIBUS 技术支持部。

2. 中国仪器仪表行业协会

网址：http://www.cima.org.cn

3. 北京凯迪思自动化技术有限公司

网址：http://www.profibus.com.cn

4. 西门子中国公司

网址：http://www.ad.siemens.com.cn

5. 中国机电一体化应用学会

网址：http://www.cameta.org.cn

6. 中国工控网

网址：http://www.gongkong.com

7. 现场总线网

网址：http://www.fieldbuses.com

8. 北京昆仑通态自动化软件科技发展有限公司

网址：http://www.mcgs.com.cn

9. 北京亚控科技发展有限公司

网址：http://www.kingviwe.com

小结

本章主要介绍了自动控制系统的 5 个发展过程，现场总线控制技术的定义、标准情况及技术特点；介绍了 5 种典型的现场总线控制技术；最后介绍了现场总线的应用情况。

习题

1.1 简述自动控制系统发展的 5 个阶段。

1.2 什么是现场总线控制技术？

1.3 现场总线控制技术的国际标准有哪些？

1.4 典型的现场总线控制技术有哪些？

1.5 现场总线控制技术在我国的应用情况如何？

1.6 PROFIBUS 有几种类型？其特点及应用范围是什么？

1.7 什么是总线桥技术？其产品有哪些？各有什么作用？

第 2 章

PROFIBUS 现场总线控制技术

2.1 PROFIBUS 现场总线控制技术概述

PROFIBUS(Process Fieldbus)现场总线控制技术是一种国际性的开放的现场总线控制标准。从 1991 年德国颁布 FMS 标准(DIN 19245)至今,经历了十余年,该标准现已被全世界接受,其应用覆盖机械加工、过程控制、电子交通及楼宇自动化的各个领域。PROFIBUS 于 1995 年成为欧洲标准(EN 50170),1999 年成为国际标准(IEC 61158-2)。2001 年 10 月,它被批准为中华人民共和国工业自动化领域标准中的现场总线控制标准。目前,世界上许多自动化产品生产厂家的设备都提供 PROFIBUS 接口。PROFIBUS 在众多的现场总线控制标准中以超过 40％的市场占有率稳居榜首,其产品每年增长 20％～30％。以著名的西门子公司为例,它可以提供上千种 PROFIBUS 产品,应用于中国的许多自动化控制系统中,其应用范围如图 2-1 所示。

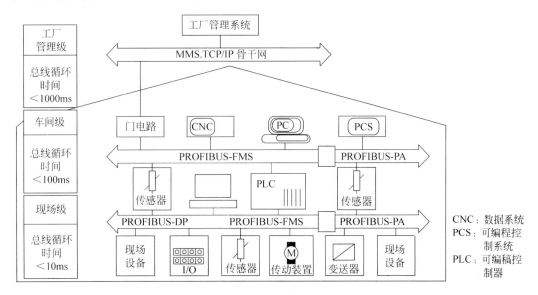

图 2-1　PROFIBUS 应用范围

PROFIBUS 根据应用特点分为 PROFIBUS-DP、PROFIBUS-FMS 和 PROFIBUS-PA 3 种兼容版本,如图 2-2 所示,其特点如下所述。

图 2-2　PROFIBUS 系列

1. PROFIBUS-DP

PROFIBUS-DP 属于设备总线,主要应用于复杂现场设备和分布式 I/O。其物理结构为 RS-485,传输速率为 9.6Kb/s～12Mb/s。

2. PROFIBUS-FMS

PROFIBUS-FMS 属于系统总线,应用于车间级网络监控。其物理结构为 RS-485,传输速率为 9.6Kb/s～12Mb/s。

3. PROFIBUS-PA

PROFIBUS-PA 属于设备总线,主要应用于两线制供电和本安过程控制仪表,传输速率为 31.25Kb/s。它在保持 DP 协议的同时,增加了对现场仪表的馈电功能,执行标准是 IEC 61158-2。

2.1.1　PROFIBUS 基本特性

PROFIBUS 可使分散式数字化控制器从现场底层到车间级网络化,该系统分为主站和从站。

主站决定总线的数据通信。当主站得到总线控制权(令牌)时,即使没有外界请求,也可以主动发送信息。主站从 PROFIBUS 协议方面来讲,也称为主动站。

从站为外围设备,典型的从站包括输入/输出装置、阀门、驱动器和测量发送器。它们没有总线控制权,仅对接收到的信息给予确认;或当主站发出请求时,向它发送信息。从站也称为被动站。由于从站只需总线协议的一小部分,所以实施起来特别经济。

1. 协议结构

PROFIBUS 协议的结构根据 ISO 7498 国际标准以开放系统互连网络 OSI 为参考模型,如图 2-3 所示。

PROFIBUS-DP 使用第 1、2 层和用户接口,第 3～7 层未加以描述。PROFIBUS-FMS 第 1、2、7 层均加以定义。应用层包括现场总线控制信息规范(Fieldbus Message Specification,FMS)和低层接口(Lower Layer Interface,LLI)。

PROFIBUS-PA 数据传输采用扩展的 PROFIBUS-DP 协议,另外还使用了描述现场

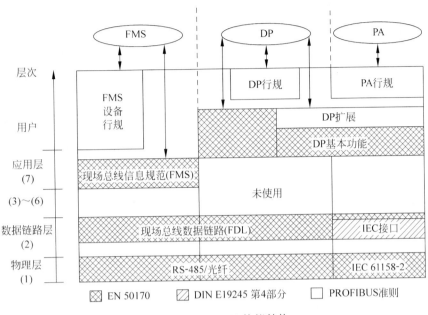

图 2-3　PROFIBUS 协议结构

设备行为的行规,根据 IEC 61158-2 标准,这种传输技术可确保其安全性,并使现场设备通过总线供电。使用分段式耦合器,PROFIBUS-PA 设备能很方便地集成到 PROFIBUS-DP 网络。

PROFIBUS-DP 和 PROFIBUS-FMS 系统使用了同样的传输技术和统一的总线访问协议,因而这两套系统可在同一根电缆上同时操作。

2. 传输技术

现场总线控制系统的应用很大程度上取决于选用的传输技术,既要考虑总线的要求(传输的可靠性,传输距离和高速),又要考虑简便而又费用不大的机电因素。当涉及过程自动化时,数据和电源的传送必须在同一根电缆上。由于单一的传输技术不可能满足所有的要求,因此,PROFIBUS 提供了以下 3 种类型:DP 和 FMS 的 RS-485 传输、PA 的 IEC 61158-2 传输和光纤(FO)传输。

1) DP 和 FMS 的 RS-485 传输

RS-485 传输是 PROFIBUS 最常用的一种,通常称为 H2,采用屏蔽双绞铜线电缆,共用一根导线对。它适用于需要高速传输,但设施简单而又便宜的各个领域。RS-485 传输技术的基本特性如表 2-1 所示。

表 2-1　RS-485 传输技术的基本特性

网络拓扑	线性总线,两端有带电源的总线终端电阻。短截线的波特率≤1.5Mb/s
介质	屏蔽双绞电缆,也可取消屏蔽,取决于环境条件(EMC)
站点数	每段 32 个站,不带转发器。带转发器时,最高可到 127 站
插头连接器	最好为 9 针 D 插头连接器

RS-485 传输操作容易,总线结构允许增加或减少站点,可分步投入,并且不会影响到其他站点的操作。其传输速率可选用 9.6Kb/s～12Mb/s,一旦投入运行,全部设备均需选取同一传输速率。电缆的最大长度取决于传输速率,如表 2-2 所示。

表 2-2　RS-485 传输速率与 A 型电缆的距离

波特率/(Kb/s)	9.6	19.2	93.75	187.5	500	1500	12000
距离(段)/m	1200	1200	1200	1000	400	200	100

2)PA 的 IEC 61158-2 传输技术

IEC 61158-2 传输技术能满足化工和石化工业的要求,它可保持其本质安全性并使现场设备通过总线供电。此项技术是一种位同步协议,可进行无电流的连续传输,通常称为 H1。

IEC 61158-2 传输技术的原理如下:

(1)每段只有一个电源供电装置。

(2)站发送信息时不向总线供电。

(3)每站现场设备所消耗的为常量稳态基本电流。

(4)现场设备的作用如无源的电流吸收装置。

(5)主总线两端起无源终端线的作用。

(6)允许使用线型、树型和星型网络。

(7)设计时可采用冗余的总线段,用于提高可靠性。

IEC 61158-2 传输技术的特性如表 2-3 所示。

表 2-3　IEC 61158-2 传输技术特性

数据传输	数字式,位同步,曼彻斯特编码
传输速率	31.25Kb/s,电压式
数据可靠性	预兆性,避免误差采用起始和终止限定符
电缆	双绞线(屏蔽或非屏蔽)
远程电源	可选附件,通过数据线
防爆型	可能进行本质和非本质安全操作
拓扑	线型或树型,或两者相结合型
站数	每段最多 32 个,总数最多 126 个
转发器	可扩展至最多 4 只

如图 2-4 所示,PROFIBUS-PA 的网络拓扑结构可以有多种形式。线型结构可使沿着现场总线控制电缆的连接点与供电线路的装置相似,现场总线控制电缆通过现场设备连接成回路,也可对一台或多台现场设备进行分支连接。人工控制、监控设备和分段式耦合器可以将 IEC 61158-2 传输技术的总线段与 RS-485 传输技术的总线段连接,耦合器可使 RS-485 信号与 IEC 61158-2 信号相适配,它们为现场设备的远程电源供电,供电装置可限制 IEC 61158-2 总线段的电流和电压,其相关参数见表 2-4 和表 2-5。

如果外接电源设备,允许根据 EN 50170 标准,带有适当的隔离装置,将总线供电设备与外接电源设备连接在本质安全总线上。

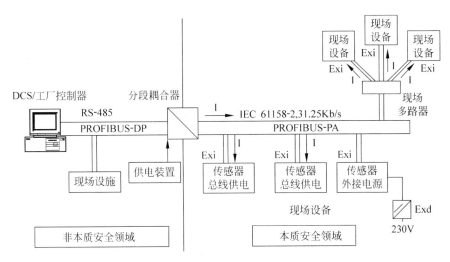

Exi：本质安全型防爆标志　　　Exd：隔爆型防爆标志

图 2-4　过程自动化典型结构图

表 2-4　标准供电装置（操作值）

型号	应用领域	供电电压/V	供电最大电流/mA	最大功率/W	典型站数
Ⅰ	Exia/ib Ⅱ C	13.5	110	1.8	8
Ⅱ	Exib Ⅱ C	13.5	110	1.8	8
Ⅲ	Exib Ⅱ B	13.5	250	4.2	22
Ⅳ	不具有本质安全	24	500	12	32

表 2-5　IEC 61158-2 传输设备的线路长度

供 电 装 置	Ⅰ型	Ⅱ型	Ⅲ型	Ⅳ型	Ⅴ型	Ⅵ型
供电电压/V	13.5	13.5	13.5	24	24	24
∑电流需要/mA	≤110	110	≤250	≤110	≤250	≤500
$q=0.8mm^2$ 的线长度（参考）/m	≤900	≤900	≤400	≤1900	≤1300	≤650
$q=1.5mm^2$ 的线长度（参考）/m	≤1000	≤1500	≤500	≤1900	≤1900	≤1900

3）光纤传输技术

在电磁干扰很大的环境下应用 PROFIBUS 系统时，可使用光纤导体，以增加高速传输的最大距离。便宜的塑料纤维导体供传输距离在 50m 以内时使用，玻璃纤维导体供传输距离在 1km 内时使用。许多厂商提供了专用的总线插头可将 RS-485 信号转换成光纤信号，或将光纤信号转换成 RS-485 信号，为在同一系统上使用 RS-485 和光纤传输技术提供了一套十分方便的开关控制方法。

3. 总线存取协议

PROFIBUS 的 DP、FMS 和 PA 均使用单一的总线存取协议，通过 OSI 参考模型的第2层实现,包括数据的可靠性以及传输协议和报文的处理。在 PROFIBUS 中,第2层称为现场总线控制数据链路(Fieldbus Data Link,FDL)。介质存取控制(Medium Access Control,MAC)具体控制数据传输的程序,MAC 必须确保在任何时刻只能有一个站点发送数据。PROFIBUS 协议的设计旨在满足介质存取控制的基本要求。

在复杂的自动化系统(主站)间通信,必须保证在确切限定的时间间隔中,任何一个站点要有足够的时间来完成通信任务;在复杂的程序控制器和简单的 I/O 设备(从站)间通信,应尽可能快速又简单地完成实时传输。因此,PROFIBUS 总线存取协议包括主站之间的令牌传递方式和主站与从站之间的主从方式,如图 2-5 所示。

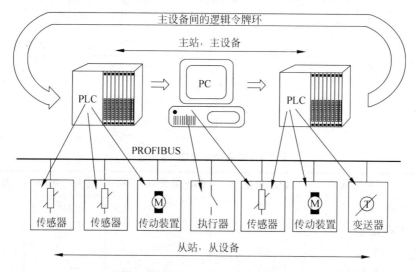

图 2-5   PROFIBUS 总线存取协议

令牌传递程序保证了每个主站在一个确切规定的时间框内得到总线存取权(令牌)。令牌是一条特殊的电文,它在所有主站中循环一周的最长时间是事先规定的。在 PROFIBUS 中,令牌只在各主站之间通信时使用。主从方式允许主站在得到总线存取令牌时与从站通信,每个主站均可向从站发送或索取信息,通过这种方法有可能实现下列系统配置:纯主—从系统、纯主—主系统(带令牌传递)和混合系统。图 2-5 中的 3 个主站构成令牌逻辑环,当某主站得到令牌电文后,该主站可在一定的时间内执行主站的工作。在这段时间内,它可依照主—从关系表与所有从站通信,也可依照主—主关系表与所有主站通信。

令牌环是所有主站的组织链,按照主站的地址构成逻辑环。在这个环中,令牌在规定的时间内按照地址的升序在各主站中依次传递。

在总线系统初建时,主站介质存取控制 MAC 的任务是制定总线上的站点分配并建立逻辑环。在总线运行期间,断电或损坏的主站必须从环中排除,新上电的主站必须加入逻辑环。另外,总线存取控制保证令牌按地址升序依次在各主站间传送,各主站令牌的具体保持时间的长短取决于该令牌配置的循环时间。此外,PROFIBUS 介质存取控制的特点是监测传输介质及收发器是否损坏,检查站点地址是否出错(如地址重复)以及令牌错误(如多个令牌丢失)。

第2层的另一个重要任务是保证数据的完整性,这是依靠所有电文的海明距离 HD=

4，按照国标标准 IEC 870-5-1 制定的使用特殊的起始和结束定界符、无间距的字节同步传输及每个字节的奇偶校验保证的(海明距离是衡量协议安全性的一个指标。HD＝4 意味着当一个数据包中有三个位同时出错时，仍然可以被系统校验出来，而不会当成是另外一个有效数据包)。

第 2 层按照非连接的模式操作，除提供点一点逻辑数据传输外，还提供多点通信(广播及有选择广播)功能。

在 PROFIBUS-FMS、PROFIBUS-DP 和 PROFIBUS-PA 中使用了第 2 层服务的不同子集，详见表 2-6，这项服务称为上层协议通过第 2 层的服务存取点(SAPS)。在PROFIBUS-FMS 中，这些服务存取点用来建立逻辑通信地址的关系表；在 PROFIBUS-DP 和 PROFIBUS-PA 中，每个 SAP 点都被赋予一个明确的功能。在各主站和从站当中，可同时存在多个服务存取点。服务存取点有源 SSAP 和目标 DSAP 之分。

表 2-6　PROFIBUS 数据链路层的服务

服　务	功　能	DP	PA	FMS
SDA	发送数据要应答			●
SRD	发送和请求回答的数据	●	●	●
SDN	发送数据不需应答	●	●	●
CSRD	循环性发送和请求回答的数据			●

2.1.2　PROFIBUS-DP

PROFIBUS-DP 用于设备级的高速数据传送。中央控制器通过高速串行线同分散的现场设备(如 I/O、驱动器、阀门等)进行通信，多数数据交换是周期性的。除此之外，智能化现场设备还需要非周期性通信，以进行配置、诊断和报警处理。

1. PROFIBUS-DP 的基本功能

中央控制器周期地读取从设备的输入信息并周期地向从设备发送输出信息，总线循环时间必须要比中央控制的程序循环时间短。除周期性用户数据传输外，PROFIBUS-DP 还提供了强有力的诊断和配置功能。数据通信是由主机和从机进行监控的。

PROFIBUS-DP 的基本功能如下：

1) 传输技术

(1) RS-485 双绞线、双线电缆或光缆。

(2) 波特率 9.6Kb/s～12Mb/s。

2) 总线存取

(1) 各主站间令牌传送，主站与从站间数据传送。

(2) 支持单主或多主系统。

(3) 主一从设备，总线上最多的站点数为 126。

3) 功能

(1) DP 主站和 DP 从站间的循环用户数据传送。

（2）各 DP 从站的动态激活和撤销。

（3）DP 从站组态的检查。

（4）强大的诊断功能，三级诊断信息。

（5）输入和输出的同步。

（6）通过总线给 DP 从站赋予地址。

（7）通过总线对 DP 主站（DPM1）进行配置。

（8）每个 DP 从站最大为 246 字节的输入和输出数据。

4）设备类型

（1）第二类 DP 主站（DPM2）：可编程、可组态、可诊断的设备。

（2）第一类 DP 主站（DPM1）：中央可编程控制器，如 PLC、PC 等。

（3）DP 从站：带二进制或模拟输入/输出的驱动器、阀门等。

5）诊断功能

经过扩展的 PROFIBUS-DP 诊断功能是对故障进行快速定位，诊断信息在总体上传输并由主站收集，这些诊断信息分为三类。

（1）本站诊断操作：诊断信息表示本站设备的一般操作状态，如温度过高、电压过低。

（2）模块诊断操作：诊断信息表示一个站点的某具体 I/O 口模块（如 8 位输出模块）出现故障。

（3）通道诊断操作：诊断信息表示一个单独的输入/输出位的故障（如输出通道 7 短路）。

6）系统配置

PROFIBUS-DP 允许构成单主站或多主站系统，这就为系统配置、组态提供了高度的灵活性。系统配置的描述包括站点数目、站点地址、输入/输出数据的格式、诊断信息的格式以及所使用的总体参数。

输入和输出信息量的大小取决于设备形式，目前允许的输入和输出信息最多不超过 246 字节。

单主站系统中，在总线系统操作阶段只有一个活动主站。图 2-6 所示为一个单主站系统的配置图，PLC 为一个中央控制部件。单主站系统可获得最短的总体循环时间。

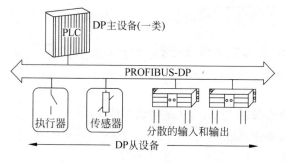

图 2-6　PROFIBUS-DP 单主站系统

在多主站配置中,总线上的主站与各自的从站构成相互独立的子系统,或是作为网上的附加配置和诊断设备,如图 2-7 所示。任何一个主站均可读取 DP 从站的输入/输出映像,但只有一个主站(在系统配置时指定的 DPM1)可对 DP 从站写入输出数据。多主站系统的循环时间要比单主站系统长。

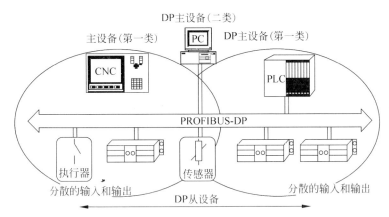

图 2-7　PROFIBUS-DP 多主站系统

7) 运行模式

PROFIBUS-DP 规范包括了对系统行为的详细描述,以保证设备的互换性。系统行为主要取决于 DPM1 的操作状态,这些状态由本地或总体的配置设备所控制,主要有以下三种。

(1) 运行:输入和输出数据的循环传送。DPM1 由 DP 从站读取输入信息,并向 DP 从站写入输出信息。

(2) 清除:DPM1 读取 DP 从站的输入信息,并使输出信息保持为故障—安全状态。

(3) 停止:只能进行主—主数据传送,DPM1 和 DP 从站之间没有数据传送。

DPM1 设备在一个预先设定的时间间隔内以有选择的广播方式,将其状态发送到每一个 DP 的有关从站。如果在数据传送阶段发生错误,系统将做出反应。

8) 通信

(1) 点对点(用户数据传送)或广播(控制指令)。

(2) 循环主—从用户数据在 DPM1 和有关 DP 从站之间的传输由 DPM1 按照确定的递归顺序自动执行。在对总体系统进行配置时,用户对从站与 DPM1 的关系下定义,并确定哪些 DP 从站被纳入信息交换的循环周期,哪些被排除在外。

DPM1 和 DP 从站之间的数据传送分为 3 个阶段:参数设定、组态配置和数据交换。除主—从功能外,PROFIBUS-DP 允许主—主之间的数据通信,如表 2-7 所示。这些功能可使配置和诊断设备通过总线对系统进行组态。

除加载和卸载功能外,主站之间的数据交换通过改变 DPM1 的操作状态,对 DPM1 与各个 DP 从站间的数据交换进行动态的使能或禁止。

表 2-7　PROFIBUS-DP 主—主功能

功　　能	含　　义	DMP1	DMP2
取得主站诊断数据	读取 DMP1 的诊断数据或从站的所有诊断数据	M	O
加载—卸载组合（开始，加载/卸载，结束）	加载或卸载 DPM1 及有关 DP 从站的全部配置参数	O	O
激活参数（广播）	同时激活所有已编址的 DPM1 的总线参数	O	O
激活参数	激活已编址的 DMP1 的总线，或改变其操作状态	O	O

注：M—必备功能；O—可选功能。

9）同步

（1）控制指令允许输入和输出的同步。

（2）同步模式：输出同步。

（3）锁定模式：输入同步。

10）可靠性和保护机制

（1）所有信息的传输在海明距离 HD=4 进行。

（2）DP 从站带看门狗定时器。

（3）DP 从站的输入/输出存取保护。

（4）DP 主站上带可变定时器的用户数据传送监视。

2. DP 扩展功能

DP 扩展功能允许非循环的读写功能，并中断并行于循环数据传输的应答。另外，对从站参数和测量值的非循环存取可用于某些诊断或操作员控制站（二类主站，DPM2）。有了这些扩展功能，PROFIBUS-DP 可满足某些复杂设备的要求，例如过程自动化的现场设备、智能化操作设备和变频器等，这些设备的参数往往在运行期间才能确定，而且与循环性测量值相比很少有变化。因此，与高速周期性用户数据传送相比，这些参数的传送具有低优先级。

DP 扩展功能可选，与 DP 基本功能兼容。实现 DP 扩展功能通常采用软件更新的办法。DP 扩展的详细规格参阅 PROFIBUS 技术准则 2.082 号。

1）DPM1 和 DP 从站间的扩展数据通信

一类 DP 主站（DPM1）与 DP 从站间的非循环通信功能是通过附加的服务存取点 51 来执行的。在服务序列中，DPM1 与从站建立的连接称为 MSAC-C1，它和 DPM1 与从站之间的循环数据传送紧密联系在一起。连接建立成功后，DPM1 可通过 MSCY-C1 连接进行循环数据传送，通过 MSAC-C1 连接进行非循环数据传送。

（1）DDLM 读写的非循环读写功能

这些功能用来读或写访问从站中任何所希望的数据，采用第 2 层的 SRD 服务，在 DDLM 读/写请求传送之后，主站用 SRD 报文查询，直到 DDLM 读/写响应出现。图 2-8 所示为读访问示例。

数据块寻址假定 DP 从站的物理设计是模块式的，或在逻辑功能单元（模块）的内部构成。此模型用于数据循环传送的 DP 基本功能，其中每个模块的输入或输出字节数是常量，并在用户数据报文中按固定位置来传送。寻址基于标识符（即输入或输出、数据字

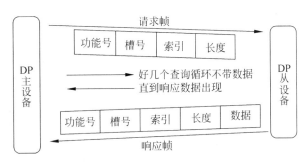

图 2-8　读服务执行过程

节等），从站的所有报文组成从站的配置，并在启动期间由 DPM1 检查。

此模型也用作新的非循环服务的基础。一切能进行读或写的数据块被认为是属于这些模块的。数据块通过槽号和索引寻址。槽号寻址、索引寻址属于模块的数据块，每个数据块多达 256 字节，如图 2-9 所示。

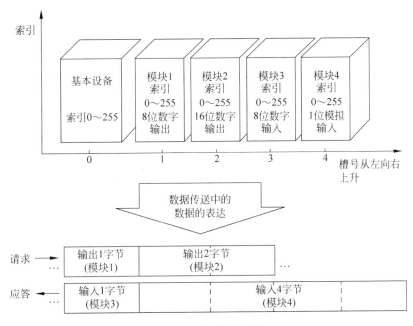

图 2-9　读写服务寻址

涉及模块时，模块的槽号是指定的，从 1 开始顺序递增，0 号留给设备本身。紧凑型设备当作虚拟的一个单元，也用槽号和索引寻址。

可以利用数据块中的长度信息对数据块的部分进行读写。如果数据存取成功，DP从站以实际的读写响应，否则 DP 从站给出否定应答，对问题准确分类。

（2）报警响应

PROFIBUS-DP 的基本功能允许 DP 从设备通过诊断信息向主设备自发地传送事件。当诊断数值迅速变化时，有必要将传送频率调到 PLC 的速度。新的 DDLM_Alarm_Ack 功能提供了这种流控制，它用来显性响应从 DP 从设备上收到的报警数据。

2）DPM2 与从站间的扩展数据传送

DP 扩展允许一个或几个诊断或操作员控制设备（DPM2）对 DP 从站的任何数据块进行非循环读/写服务。这种通信是面向连接的，称为 MSAC-C2。新的 DDLM_Initiate 服务用于在用户数据传输开始之前建立连接，从站用确认应答（DDLM_Initiate. res）确认连接成功。通过 DDLM 读写服务，现在的连接可用来为用户传送数据了。在传送用户数据的过程中，允许任何长度的间歇。需要的话，主设备在这些间歇中可以自动插入监视报文（Idle-PDU），这样，MSAC-C2 连接具有时间自动监控的连接。建立连接时，DDLM_Initiate 服务规定了监控间隔。如果连接监视器监测到故障，将自动终止主站和从站的连接，还可再建立连接或由其他伙伴使用。从站的服务访问点 40～48 和 DPM2 的服务访问点 50 保留，被 MSAC-C2 使用。

3. 设备数据库文件（GSD）允许开放式配置

PROFIBUS 设备具有不同的性能特征，特征的不同在于现有功能（即 I/O 信号的数量和诊断信息）的不同或可能的总线参数（例如波特率和时间的监控）不同。这些对于每种设备类型和每家生产厂来说均有差别。为达到 PROFIBUS 简单的即插即用配置，这些特性均在电子数据单中具体说明，有时称为设备数据库文件或 GSD 文件。标准化的 GSD 数据将通信扩大到操作人员控制一级，使用基于 GSD 的组态工具可将不同厂商生产的设备集成在一个总线系统中，简单、用户界面友好，如图 2-10 所示。

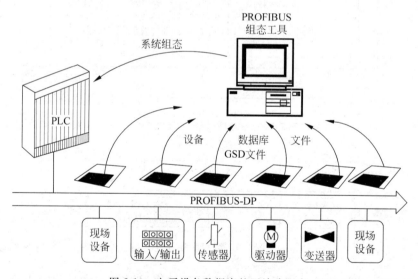

图 2-10   电子设备数据库的开放式组态

对于一种设备类型的特性，GSD 以一种准确定义的格式给出其全面而明确的描述。GSD 文件由生产商分别针对每一种设备类型准备，并以设备数据库清单的形式提供给用户。这种明确定义的文件格式便于读出任何一种 PROFIBUS-DP 设备的设备数据库文件，并且在组态总线系统时自动使用这些信息。在组态阶段，系统自动地对输入与整个系统有关数据的输入误差和前后一致性检查、核对。

GSD 分为以下三个部分。

（1）总体说明

总体说明包括厂商和设备名称，软、硬件版本情况，支持的波特率，可能的监控时间间隔及总线插头的信号分配。

（2）DP 主设备相关规格

DP 主设备相关规格包括所有只适用于 DP 主设备的参数（例如可连接的从设备的最多台数，或加载和卸载能力）。从设备没有这些规定。

（3）从设备的相关规格

从设备的相关规格包括与从设备有关的所有规定（例如 I/O 通道的数量和类型、诊断测试的规格及 I/O 数据的一致性信息）。

所有 PROFIBUS-DP 设备的 GSD 文件均按 PROFIBUS 标准进行了符合性试验。在 PROFIBUS 用户组织的 WWW SERVER 中有 GSD 库，可自由下载，网址为 http://www.profibus.com。

每种类型的 DP 从设备和每种类型的 1 类 DP 主设备一定有一个标识号。主设备用此标识号识别哪种类型的设备连接后不产生协议的额外开销。主设备将所连接的 DP 设备的标识号与在组态工具指定的标识号进行比较，直到具有正确站地址的正确的设备类型连接到总线上后，用户数据才开始传送。这可避免组态错误，大大提高安全级别。

厂商必须为每种 DP 从设备类型和每种 1 类 DP 主设备类型向 PROFIBUS 用户组织申请标识号，在其各地区办事处均可领取申请表格。

4. PROFIBUS-DP 行规

行规对用户数据的含义作了具体说明，并且具体规定了 PROFIBUS-DP 如何用于应用领域。利用行规，可使不同厂商所生产的不同零部件互换使用。下列 PROFIBUS-DP 行规是已更新过的，括号内的数字是文件编号。

（1）NC、PC 行规（3.052）

描述如何通过 PROFIBUS-DP 对操作机器人和装配机器人进行控制。根据详细的顺序图解，从高级自动化设施的角度描述机器人的运动和程序控制。

（2）编码器行规（3.062）

描述带单转或多转分辨率的旋转编码器、角度编码器和线性编码器与 PROFIBUS-DP 的连接。这些设备分两种等级定义了基本功能和附加功能，例如标定、中断处理和扩展的诊断。

（3）变速传动行规（3.071）

传动技术设备的主要生产厂共同制定了 PROFIDRIVE 行规。此行规规定了传动设备如何参数化，以及如何传送设定值和实际值。这样，不同厂商的传动设备可以互换。此行规包括对速度控制和定位的必要的规格参数，规定基本的传动功能，并为特殊应用扩展和进一步发展留有余地。

（4）操作员控制和过程监视行规

规定了操作员控制和过程监视设备（HMI）如何通过 PROFIBUS-DP 连接到更高级的自动化设备上。此行规使用扩展的 PROFIBUS-DP 功能进行通信。

2.1.3　PROFIBUS-PA

PROFIBUS-PA 是 PROFIBUS 的过程自动化解决方案。PA 将自动化系统与带有现场设备,例如压力、温度和液位变送器的过程控制系统连接起来。PA 可以取代 4~20mA 的模拟技术。PA 在现场设备的规划、电缆敷设、调试、投入运行和维护方面可节省成本超过 40%,并可提供多功能和安全性。图 2-11 所示为常规的 4~20mA 系统与基于 PROFIBUS-PA 的系统在布线方面的区别。

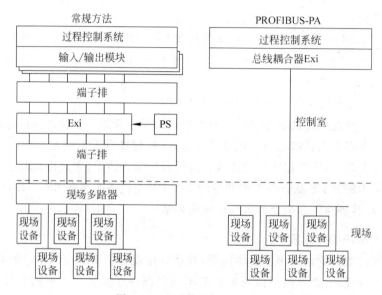

图 2-11　两种传输技术的比较

从现场设备到现场多路器的布线基本相同,但如果测量点很分散的话,PROFIBUS-PA 所需的电缆要少得多。使用常规的接线方法,每条信号线路必须连接在过程控制系统的 I/O 模块上。

在常规方法中,每台设备需要分别供电(必要时,甚至对潜在的爆炸区配备单独的供电电源)。相反的,使用 PROFIBUS-PA 时,只需要一条双绞线就可传送信息并向现场设备供电,这样不仅节省了布线成本,而且减少了过程控制系统所需的 I/O 模块数量。由于总线的操作电源来自单一的供电装置,也不再需要绝缘装置和隔离装置。PROFIBUS-PA 可通过一条简单的双绞线来进行测量、控制和调节,也允许向现场设备供电,即使在本质安全地区也如此。PROFIBUS-PA 允许设备在操作过程中进行维修、接通或断开,即使在潜在的爆炸区也不会影响到其他站点。PROFIBUS-PA 是在与过程工业(NAMUR)的用户们密切合作下开发的,满足这一应用领域的特殊要求,即

(1) 过程自动化独特的应用行规以及来自不同厂商的现场设备的互换性。

(2) 增加和去除总线站点,即使在本质安全地区也不会影响到其他站点。

(3) 过程自动化中的 PROFIBUS-PA 总线段和制造自动化中的 PROFIBUS-DP 总线段之间通过段耦合器实现通信透明化。

（4）同样的两条线，基于 IEC 61158-2 技术可进行远程供电和数据传输。

（5）在潜在的爆炸区使用防爆型"本质安全"或"非本质安全"。

本质安全应用于防爆场合，其主要方法是限制设备的工作电流在一定的程度之下，这样就不会引起火花而导致爆炸。国际上对本质安全的计算有相应的公式。

1. PROFIBUS-PA 传输协议

PROFIBUS-PA 使用 PROFIBUS-DP 的基本功能传输测量值和状态，使用 PROFIBUS-DP 扩展功能对现场设备设置参数及操作。

传输采用基于 IEC 61158-2 的两线技术。PROFIBUS 总线存取协议（第 2 层）和 IEC 61158-2 技术（第 1 层）之间的接口在 DIN 19245 系列标准的第 4 部分中作了规定。

在 IEC 61158-2 段传输时，报文被加上起始和结束界定符。图 2-12 所示为其原理图。

图 2-12　总线上 PROFIBUS-PA 数据传输原理图

2. PROFIBUS-PA 行规

PROFIBUS-PA 行规保证了不同厂商生产的现场设备的互换性和互操作性，它是 PROFIBUS-PA 的组成部分，可从 PROFIBUS 用户组织订购，订购号为 3.042。

PA 行规的任务是为现场设备类型选择实际需要的通信功能，并为这些设备功能和设备行为提供所有需要的规格说明。

PA 行规包括适用于所有设备类型的一般要求和用于各种设备类型组态信息的数据单。

PA 行规使用功能块模型，如图 2-13 所示。该模型也符合国际标准化的思路。目前，已对所有通用的测量变送器和以下类型的设备数据单作了规定：

（1）压力、液位、温度和流量的测量变送器。

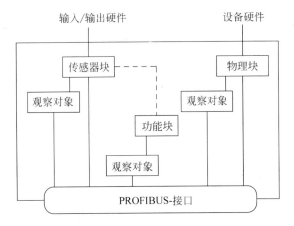

图 2-13　PROFIBUS-PA 功能块模型

26   现场总线技术与组态软件应用

（2）数字量输入和输出。

（3）模拟量输入和输出。

（4）阀门。

（5）定位器。

设备行为用标准化变量描述，变量取决于各测量变送器。图 2-14 所示为压力变送器的原理图，以"模拟量输入"功能块描述。每个设备都提供 PROFIBUS-PA 行规中规定的参数，如表 2-8 所示。

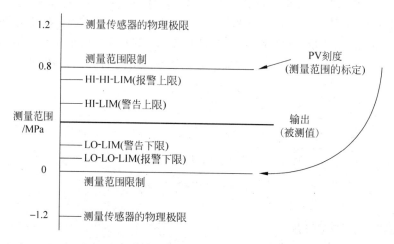

图 2-14   PROFIBUS-PA 压力传送器的原理图

表 2-8   模拟量输入功能块（AI）参数

参　　　数	读	写	功　　　能
OUT	●		过程变量和状态的当前测量值
PV-SCALE	●	●	测量范围上限和下限的过程变量的标定，单位编码和小数点后位数
PV-FTIME	●	●	功能块输出的上升时间，以秒表示
ALAEM-HYS	●	●	报警功能滞后以测量范围的百分比（%）表示
HI-HI-LIM	●	●	上限报警，如果超出，报警和状态位置 1
HI-LIM	●	●	上限警告，如果超出，报警和状态位置 1
LO-LIM	●	●	下限警告，如果低于，报警和状态位置 1
LO-LO-LIM	●	●	下限报警，如果低于，中断和状态位置 1
HI-HI-ALM	●		带时间标记的上限报警状态
HI-ALM	●		带时间标记的上限警告状态
LO-ALM	●		带时间标记的下限警告状态
LO-LO-ALM	●		带时间标记的下限报警状态

2.1.4   PROFIBUS-FMS

PROFIBUS-FMS 的设计旨在解决车间一级的通信。在这一级，可编程序控制器（PLC 和 PC）主要是互相通信。在此应用领域内，高级功能比快速系统的反应时间更重要。

1. PROFIBUS-FMS 的应用层

应用层提供用户可用的通信服务,有了这些服务,才可能存取变量、传送程序并控制执行,而且可传送事件。PROFIBUS-FMS 应用层包括以下两个部分:现场总线控制信息规范(FMS)描述通信对象和服务,低层接口(LLI)用于将 FMS 适配到第 2 层。

2. PROFIBUS-FMS 的通信模型

PROFIBUS-FMS 的通信模型可以使分散和应用过程利用通信关系表统一到一个共用的过程中。现场设备中用来通信的那部分应用过程叫做虚拟现场设备(VFD)。图 2-15 所示为实际现场设备和虚拟现场设备之间的关系,此例中,只有 VFD 中的某几个变量(如单元数、故障率和停机时间)可通过两个关系表读写。

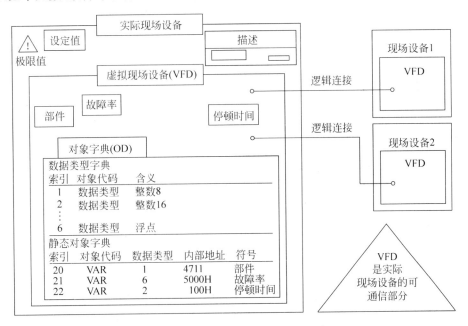

图 2-15　带对象字典的虚拟现场设备

3. 通信对象和对象字典(OD)

每个 FMS 设备的所有通信对象都填入该设备的本地对象字典中。对于简单设备,对象字典可能预先定义。涉及复杂设备时,对象字典可在本地或远程组态和加载。对象字典包括描述、结构和数据类型,以及通信对象的内部设备地址和它们在总线上的标志(索引或名称)之间的关系。

1) 对象字典包括的元素

(1) 头:包含对象字典结构的有关信息。

(2) 静态数据类型表:所支持的静态数据类型列表。

(3) 变量列表的动态列表:所有已知变量表列表。

(4) 动态程序列表:所有已知程序列表。

对象字典的各部分只有当设备实际支持这些功能时才提供。

静态通信对象填入静态对象字典中,它们可由设备的制造者预定义或在总线系统组态时指定。

2) FMS 能识别的通信对象

(1) 简单变量。

(2) 数组(一系列相同类型的简单变量)。

(3) 记录(一系列不同类型的简单变量)。

(4) 域。

(5) 事件。

3) FMS 能识别的动态通信对象

(1) 程序调用。

(2) 变量列表(一系列简单变量、数组或记录)。

逻辑寻址是 FMS 通信对象寻址的优选方法,用一个 16 位无符号数短地址(索引)进行存取。每个对象有一个单独的索引作为选项,对象可以用名称或物理地址寻址。

为避免非授权存取,每个通信对象可选存取保护,只有用一定的口令才能对一个对象进行存取,或对某设备组存取。在对象字典中,每个对象可分别指定口令或设备组。此外,可对存取对象的服务进行限制(如只读)。

4) PROFIBUS-FMS 服务

FMS 服务是 ISO 9506 制造信息规范(Manufacturing Message Specification,MMS)服务的子集,已在现场总线控制应用中被优化,而且增加了通信对象管理和网络管理功能。通过总线的 FMS 服务的执行用服务序列描述,包括被称作服务原语的几个互操作。服务原语描述请求者和应答者之间的互操作。

有关 FMS 服务的具体说明,详见 PROFIBUS 通信协议。

5) PROFIBUS-FMS 和 PROFIBUS-DP 混合操作

FMS 和 DP 设备在一条总线上的混合操作是 PROFIBUS 的一个主要优点。两种协议可以同时在一个设备上执行,该设备称作混合设备。

能够进行混合操作是因为两种协议均使用统一的传输技术和总线存取协议,不同的应用功能由第 2 层不同的服务存取点区分。

有关 FMS 的功能,详见 PROFIBUS 通信协议。

6) PROFIBUS-FMS 行规

FMS 提供了广泛的功能以满足普遍的应用。FMS 行规作了如下定义(括号中的数字为 PROFIBUS 用户组织的文件号):

(1) 控制器间通信(3.002)

控制器间通信行规定义了用于 PLC 控制器之间通信的 FMS 服务。根据控制器的等级,对每个 PLC 必须支持的服务、参数和数据类型作了规定。

(2) 楼宇自动化行规(3.011)

楼宇自动化行规用于提供特定的分类和服务,作为楼宇自动化的公共基础。行规描述了使用 FMS 的楼宇自动化系统如何进行监控、开环和闭环控制、操作员控制、报警处理和档案管理。

（3）低压开关设备（3.032）

低压开关设备是一个以行业为主的 FMS 应用行规，规定了 FMS 通信过程中的低压开关设备的应用行为。

2.2　PROFIBUS 通信协议

2.2.1　PROFIBUS 与 ISO/OSI 参考模型

如前所述，PROFIBUS 是一种现场总线控制技术，因此，可以将数字自动化设备从底级（传感器/执行器）到中间执行级（单元级）分散开来。通信协议按照应用领域进行了优化，故几乎不需要复杂的接口即可实现。参照 ISO/OSI 参考模型，PROFIBUS 只包含第 1 层、第 2 层和第 7 层。

PROFIBUS 协议层或子层如图 2-16 所示。

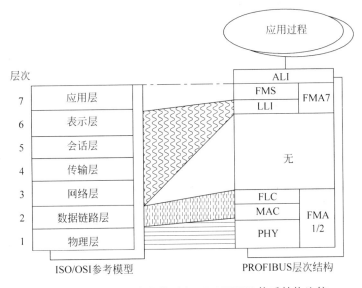

图 2-16　ISO/OSI 参考模型与 PROFIBUS 体系结构比较

1. PROFIBUS 第 1 层

第 1 层——PHY：第 1 层规定了线路介质、物理连接的类型和电气特性。PROFIBUS 通过采用差分电压输出的 RS-485 实现电连接。在线型拓扑结构下，采用双绞线电缆，树型结构中还可能用到中继器。

2. PROFIBUS 第 2 层

第 2 层——MAC：第 2 层的介质存取控制（MAC）子层描述了连接到传输介质的总线存取方法。PROFIBUS 采用一种混合访问方法。由于不能使所有设备在同一时刻传输,所以在 PROFIBUS 主设备(master)之间采用令牌的方法。为使 PROFIBUS 从设备(slave)之间也能传递信息,从设备由主设备循环查询。图 2-17 描述了上述两种方法。

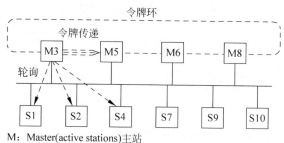

M: Master(active stations)主站
S: Slave(passive stations)从站

图 2-17　PROFIBUS 总线存取方法

第 2 层——FLC:第 2 层的现场总线链路控制(FLC)子层规定了对低层接口(LLI)有效的第 2 层服务,提供服务访问点(SAP)的管理和与 LLI 相关的缓冲器。

第 2 层——FMA1/2:第 2 层的现场总线控制管理(FMA1/2)完成第 2 层(MAC)特定的总线参数的设定和第 1 层(PHY)的设定。FLC 和 LLI 之间的 SAP 可以通过FMA1/2 激活或撤销。此外,第 1 层和第 2 层可能出现的错误事件会被传递到更高层(FMA7)。

3. PROFIBUS 第 3~6 层

第 3~6 层在 PROFIBUS 中没有具体应用,但是这些层要求的任何重要功能都已经集成在低层接口(LLI)中。例如,连接监控和数据传输的监控。

4. PROFIBUS 第 7 层

第 7 层——LLI:低层接口(LLI)将现场总线控制信息规范(FMS)服务映射到第2 层(FLC)的服务。除了上面已经提到的监控连接或数据传输外,LLI 还检查在建立连接期间用于描述一个逻辑连接通道的所有重要参数。可以在 LLI 中选择不同的连接类型,即主—主连接或主—从连接。数据交换可以是循环的,也可以是非循环的。

第 7 层——FMS:第 7 层的现场总线控制信息规范(FMS)子层将用于通信管理的应用服务和用于用户的用户数据(变量、域、程序、时间通告)分组。借助于此,才可能访问一个应用过程的通信对象。FMS 主要用于协议数据单元(PDU)的编码和译码。

第 7 层——FMA7:与第 2 层类似,第 7 层也有现场总线控制管理(FMA7)。FMA7保证 FMS 和 LLI 子层的参数化以及总线参数向第 2 层(FMA1/2)的传递。在某些应用过程中,还可以通过 FMA7 把各个子层的事件和错误显示给用户。

5. PROFIBUS ALI

位于第 7 层之上的应用层接口(ALI)构成了到应用过程的接口。ALI 的目的是将过程对象转换为通信对象。转换的原因是每个过程对象都是由它在所谓的对象字典(OD)中的特征(数据类型、存取保护、物理地址)所描述的。

2.2.2　PROFIBUS 系统配置

1. 根据设备是否具有 PROFIBUS 接口分为 3 种类型

（1）总线接口型

现场设备不具备 PROFIBUS 接口，采用分散式 I/O 作为总线接口与现场设备连接。这种形式在应用现场总线技术初期容易推广。如果现场设备能分组，组内设备相对集中，这种模式会更好地发挥现场总线技术的优点，其系统接口如图 2-18 所示。

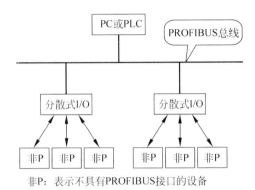

图 2-18　采用分散式 I/O 作为总线接口与现场设备连接

（2）单一总线型

现场设备都具备 PROFIBUS 接口，这是一种理想情况。可使用现场总线技术实现完全的分布式结构，可充分获得这一先进技术所带来的利益。新建项目可能具有这种条件，就目前来看，这种方案的设备成本较高，其系统框图如图 2-19 所示。

（3）混合型

现场设备部分具备 PROFIBUS 接口，这将是一种相当普遍的情况。这时应采用 PROFIBUS 现场设备加分散式 I/O 混合使用的办法。无论是旧设备改造还是新建项目，希望全部使用具备 PROFIBUS 接口的现场设备的场合可能不多，分散式 I/O 可作为通用的现场总线接口，是一种灵活的集成方案，其系统接口如图 2-20 所示。

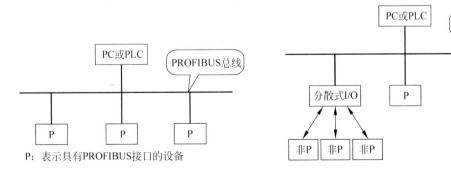

图 2-19　现场设备都具备 PROFIBUS 接口　　　　图 2-20　混合型系统接口

2. 根据实际应用需要的几种系统结构类型

1）结构类型 1

以 PLC 或控制器作为一类主站，不设监控站，但调试阶段配置一台编程设备。对于这种结构类型，PLC 或控制器完成总线通信管理、从站数据读写、从站远程参数化工作。结构类型 1 如图 2-21 所示。

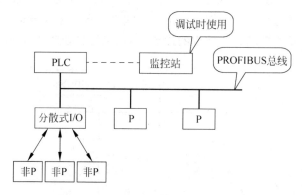

图 2-21   结构类型 1

2）结构类型 2

以 PLC 或控制器作为一类主站，监控站通过串口与 PLC 一对一地连接。对于这种结构类型，监控站不在 PROFIBUS 网上，不是二类主站，不能直接读取从站数据和完成远程参数化工作。监控站所需的从站数据只能从 PLC 或控制器中读取。结构类型 2 如图 2-22 所示。

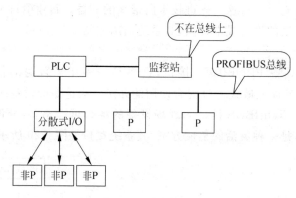

图 2-22   结构类型 2

3）结构类型 3

以 PLC 或其他控制器作为一类主站，监控站（二类主站）连接在 PROFIBUS 总线上。对于这种结构类型，监控站在 PROFIBUS 网上作为二类主站，可完成远程编程、参数化及在线监控功能。结构类型 3 如图 2-23 所示。

4）结构类型 4

使用 PC 加 PROFIBUS 网卡作为一类主站，监控站与一类主站一体化。这是一个低

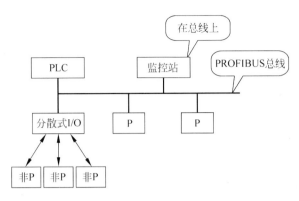

图 2-23　结构类型 3

成本方案,但 PC 应选用具有高可靠性、能长时间连续运行的工业级 PC。对于这种结构类型,PC 故障将导致整个系统瘫痪。另外,通信模板厂商通常只提供一个模板的驱动程序,总线控制、从站控制程序、监控程序可能要由用户开发,因此,应用开发的工作量可能会比较大。结构类型 4 如图 2-24 所示。

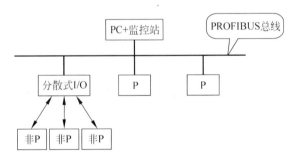

图 2-24　结构类型 4

5）结构类型 5

坚固式 PC(Compact Computer)＋PROFIBUS 网卡＋SOFTPLC 的结构形式。如果上述方案中的 PC 换成一台坚固式 PC,系统的可靠性将大大增强,足以使用户信服。但这是一台监控站与一类主站的一体化控制器工作站,要求其软件完成如下功能:

（1）支持编程,包括主站应用程序的开发、编辑和调试。

（2）执行应用程序。

（3）通过 PROFIBUS 接口对从站数据进行读写。

（4）从站远程参数化设置。

（5）主/从站故障报警及记录。

（6）主站设备图形监控画面设计、数据库建立等监控程序的开发与调试。

（7）设备状态在线图形监控、数据存储及统计、报表等功能。

近来出现一种称为 SOFTPLC 的软件产品,是将通用型 PC 改造成一台由软件(软逻辑)实现的 PLC。这种软件将 PLC 的编程(IEC 1131)及应用程序运行功能和操作员监控站的图形监控开发、在线监控功能集成到一台坚固式 PC 上,形成一个 PLC 与监控站一体的控制器工作站。这种产品结合现场总线技术，将有很好的发展前景。结构类型 5 如图 2-25 所示。

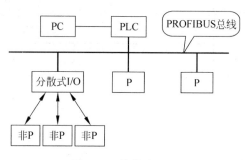

图 2-25   结构类型 5

2.2.3   应用 PROFIBUS 时应考虑的问题

当我们面对一个实际应用问题，希望应用现场总线技术构成一个系统时，可遵循以下步骤，逐一思考以下几个问题并给出答案或作出选择，最终即可得到一个应用现场总线技术的实际问题的解决方案。

1. 项目是否适于使用现场总线控制技术

世上没有包治百病的灵丹妙药，任何一种先进技术超出其适用范围，就不会得到好的效果。因此，可着重考虑以下几个问题。

（1）现场被控设备是否分散

这是决定使用现场总线控制技术的关键。现场总线控制技术适合于分散的、具有通信接口的现场受控设备的系统。现场总线的技术优势是节省了大量现场布线成本，使系统故障易于诊断与维护。对于具有集中 I/O 的单机控制系统，现场总线技术没有明显优势。当然，对于有些单机控制，在设备上很难留出空间布置大量的 I/O 走线，也可考虑使用总线技术。

（2）系统对底层设备有无信息集成的要求

现场总线控制技术适合对数据集成有较高要求的系统，如需要建立车间监控系统、建立全厂的 CIMS 系统。在底层使用现场总线技术可将大量丰富的设备及生产数据集成到管理层，为实现全厂的信息系统提供重要的底层数据。

（3）系统对底层设备有无较高的远程诊断、故障报警及参数优化要求

现场总线控制技术适合要求有远程操作及监控的系统。

2. 系统有无实时性要求

所谓系统的实时性，是指现场设备之间在最坏情况下完成一次数据交换，系统所能保证的最小时间。简单地说，就是现场设备的通信数据更新速度。

实际应用可能对系统的实时性提出以下要求。

（1）快速互锁联锁控制、故障保护：现场设备之间需要快速互锁联锁控制，完成设备

故障保护功能,或系统实时性影响到产品加工精度。系统实时性不高,可能会导致设备损坏,或影响产品加工质量。

（2）闭环控制：现场设备之间构成闭环控制系统,系统的实时性影响到产品质量,如产品薄厚不均、大小不一、成分不同等。

影响系统实时性的因素如下：

（1）现场总线数据传输速率高,具有更好的实时性。

（2）数据传输量小的系统具有更好的实时性。

（3）从站数目少的系统具有更好的实时性。

（4）主站数据处理速度快,使得系统具有更好的实时性。

（5）单机控制 I/O 方式比现场总线方式有更好的实时性。

（6）在一条总线上的设备比经过网桥或路由的设备具有更好的实时性。

（7）有时主站应用程序的大小、计算的复杂程度也影响系统响应时间,这与主站的设计原理有关。

如果实际应用问题对系统响应有一定的实时性要求,可根据具体情况,分析是否采用总线技术。

3. 有无应用先例

有无应用先例也是决定是否采用 PROFIBUS 技术的一个关键。因为对于一个实际应用项目来说,技术问题复杂,很难用精确的数学分析、仿真方法给出技术可行性论证。对于重大项目的决策,应用先例或应用业绩是简单而又颇具说服力的证明。一般来说,如在相同行业有类似应用,说明在一些关键技术上已经有所保证。PROFIBUS 技术已在制造业、流程行业、楼宇、电力、交通等许多行业有应用业绩。

4. 采用什么样的系统结构配置

用户决定采用现场总线 PROFIBUS 技术后,下一个问题就是采用什么样的系统结构配置。

（1）系统结构形式

根据生产工艺要求,决定系统结构。如何选择现场层？是否需要车间层监控？有多少从站？分布如何？从站设备如何连接？现场设备是否具备 PROFIBUS 接口？可否采用分散式 I/O 连接从站？哪些设备需选用智能型 I/O 控制？根据现场设备的地理分布进行分组,并确定从站个数及从站功能的划分。

有多少主站？分布如何？如何连接？系统结构类型如何？这些问题的处理见2.2.2 小节。

（2）选型

根据系统是离散量控制还是流程控制,来决定现场级选用 PROFIBUS-DP 或 PA。是否需要本质安全？根据系统对实时性的要求,决定现场总线数据传输速率。是否需要车间级监控？监控站数量是多少？选用 FMS、监控站及连接形式。根据系统可靠性要求及工程经费,决定主站形式及产品。

5. 如何与车间自动化系统或全厂自动化系统连接

（1）是否需要车间级监控

如果需要作车间级监控，或需要为车间级监控留出接口，主站应配置 FMS 接口，从站应接到 PROFIBUS-FMS 网上，因此，监控站也要考虑配置 PROFIBUS-FMS 网卡。

（2）设备层数据如何进入车间管理层数据库

设备层数据，如 PROFIBUS-DP 数据，进入车间管理层数据库，首先要进入监控层 PROFIBUS-FMS 的监控站。监控站的监控软件包具有一个在线监控数据库，这个数据库的数据分两个部分，一部分是在线数据，如设备状态、数值数据、报警信息等；另一部分为历史数据，是对在线数据进行了统计分类以后存储的数据，可作为生产数据完成日、月、年报表及设备运行记录报表。这部分历史数据通常需要进入车间级管理数据库。自动化行业流行的实时监控软件，如 FIX、INTOUCH、WIZCON、WINCC 和 RSVIEW 等，都具有 MICRO 系列数据库接口，如 Access、Sybase 和 FoxBase。工厂管理层数据库通过车间管理层得到设备层数据。

小结

本章主要介绍 PROFIBUS 现场总线控制技术的 3 种类型，即 DP、PA 和 FMS 的基本特性、传输特性及行规，还介绍了 PROFIBUS 的通信协议，重点介绍了 PROFIBUS 系统配置。本章最后介绍 PROFIBUS 应用应考虑的问题。

习题

2.1　设备数据库文件（GSD）的作用是什么？

2.2　PROFIBUS 通信模型与 ISO/OSI 通信模型的关系是什么？

2.3　PROFIBUS 系统配置有几种类型？

2.4　PROFIBUS 的 3 种类型都用到什么传输技术？

2.5　一个自动化系统的三级网络结构是什么？

第 3 章

PROFIBUS 实现方法及安装接线

3.1 PROFIBUS 实现方法

3.1.1 单片机+软件解决方案

1. 实现方法

（1）单片机＋UART（串口）。

（2）由软件实现数据链路层协议。

2. 技术局限性

波特率；波特率自适应；测试过程复杂。

3. 开发者基础知识

开发者必须了解协议相关内容的细节。

4. 方案优点

（1）优点：产品成本低。

（2）缺点：开发周期长；要求开发人员透彻了解 PROFIBUS 技术细节；开发产品技术指标低。

3.1.2 使用 PROFIBUS 通信专用 ASIC 芯片

1. 实现方法

（1）SPM2、LSPM2、SPC3、SPC4、DPC31、ASPC2。

（2）单片机＋Firmware（C 源程序）（可向西门子公司购买）。

（3）不用单片机。

（4）带光耦隔离的 RS-485 驱动。

2. 技术局限性

（1）取决于芯片的选择。

（2）取决于 Firmware。

（3）取决于带光耦隔离的 RS-485 驱动（可实现 PROFIBUS-DP、PROFIBUS-PA、主/从站，以及波特率 9.6Kb/s～12Mb/s）。

3. 开发者的工作和必要的技术基础

1）开发者的工作

（1）电路设计、制作。

（2）Firmware 编程单片机与 ASIC 芯片的结合。

（3）编程 GSD 文件。

（4）调试（若不成功，改进产品）。

2）必要的技术基础

（1）PROFIBUS 协议的相关内容，特别是基本概念、技术术语。不必了解细节，开发者是协议使用者。

（2）ASIC 芯片的技术内容。

（3）GSD 文件。

（4）选择可选功能时，如同步、锁定、安全模式、用户外部诊断及用户参数化报文等，需要对功能的概念、要求有细致的了解，并通过 Firmware 实现。

（5）能够搭建一个调试与测试平台，需要 PROFIBUS 系统配置有关技术基础。

4. 方案优缺点

1）优点

（1）产品成本较低。

（2）技术指标高。

（3）自主性高。

2）缺点

（1）开发周期长。

（2）要求开发人员了解一定的 PROFIBUS 技术细节。

（3）70％的首次开发产品在第一次认证测试时不合格。

3.1.3　应用总线桥技术的解决方案

1. 实现方法

（1）使用嵌入式 PROFIBUS 接口。

（2）按照接插件和管脚定义，修改产品电路板。

（3）将用户样板源程序连接到用户产品软件中。

（4）按照一个推荐的调试系统和 GSD 文件调试产品。

2. 技术局限性

仅取决于选择使用嵌入式 PROFIBUS 接口的型号。

3. 开发者的工作和必要的技术基础

1）开发者的工作

（1）按照接插件和管脚定义修改产品电路板。

（2）将用户样板源程序连接到用户产品软件中。

（3）按照一个推荐的调试系统和 GSD 文件调试产品。

2）必要的技术基础

（1）有单片机产品开发经验。

（2）有 PROFIBUS 产品应用经验。

4. 方案优缺点

1）优点

（1）开发人员不必了解 PROFIBUS 技术细节。

（2）开发周期短。

（3）技术指标高，技术升级快。

（4）拥有产品的自主知识产权。

（5）产品符合技术指标，测试认证快。

2）缺点

（1）产品结构复杂。

（2）成本高。

3.1.4　三种方案的比较

1. 单片机方案

（1）特点：产品成本低、技术指标低、开发周期长、技术要求高。

（2）适用范围：适合研究和学习 PROFIBUS 的学生、教师、研究人员。开发目标不是产品化，而是技术研究和教学。

2. 专用 ASIC 方案

（1）特点：开发技术要求高、开发周期长、产品成本较低、开发成本高。

（2）适用范围：PROFIBUS 产品市场批量大、技术资金雄厚的大企业。

3. 嵌入式 PROFIBUS 接口方案

（1）特点：开发周期短、开发成本低、产品技术指标高、开发技术要求不高。

（2）适用范围：专业制造现场设备仪表的企业，其产品可以带来新的市场和利润；企业没有 FCS 开发基础。

3.2　PROFIBUS 安装接线

PROFIBUS-DP、PROFIBUS-FMS 提供的连接器是 9 针 D 型连接器（为 RS-485）。插座部分被安装在设备上。如果其他连接器能提供必要的命令信号，也允许使用。

1. 针脚分配

针脚号	信　号	规　定
1	shield	屏蔽/保护地
2	m24	24V 输出电源地
3	RXD/TXD-P	接收/传输数据阳极（＋）
4	CNTR-P	中继器控制信号（方向控制）
5	DGND	数据传输电势位（对地 5V）
6	VP	终端电阻的供电电源（P5V）
7	P24	输出电压＋24V
8	RXD/TXD-N	接收/传输数据阴极（一）
9	CNTR-R	中继器控制信号（方向控制）

2. 拓扑

这里提供的拓扑是总线型，接线图如图 3-1 所示。

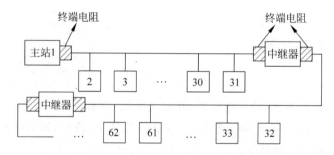

注：中继器没有站地址，但它们被计算在每段的最大站数中。

图 3-1　主站、从站接线图

（1）在总线的开头和结尾必须有终端电阻。

（2）一段可以由最多 32 个站组成。

安装 RS-485 接线图（1）、A 型电缆的总线终端电阻接线图、安装 RS-485 接线图（2）、RS-485 屏蔽接地接线图分别如图 3-2～图 3-5 所示。

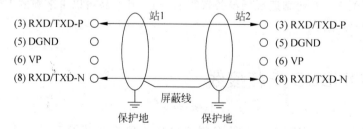

图 3-2　安装 RS-485 接线图（1）

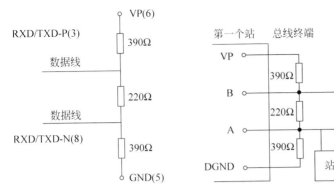

图 3-3　A 型电缆的总线终端
电阻接线图

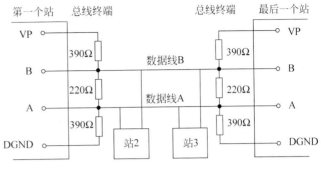

图 3-4　安装 RS-485 接线图（2）

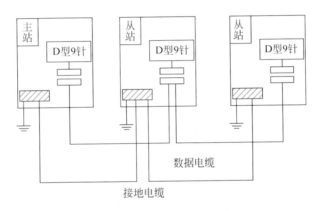

图 3-5　RS-485 屏蔽接地接线图

3.3　PROFIBUS 技术标准认证、测试

3.3.1　PROFIBUS 组织情况

1. PROFIBUS 国际组织 PI

PI 是 PROFIBUS 国际组织，成立于 1998 年，总部设在德国，其成员有技术研发单位、产品制造企业、系统集成商和主要应用企业等，是一个非营利社团组织。它负责组织开发现场总线（PROFIBUS）技术、研制现场总线产品、推广现场总线技术和产品的应用，为用户提供技术支持；它还制定现场总线的标准，并帮助建立该技术支持产品的测试实验室，同时参与国际标准的制定工作。由 PI 提出的 PROFIBUS、PROFINET 和 PROFI safe 标准都成为国际标准化组织 IEC TC65 制定标准的组成部分。

目前，PI 在世界上的 24 个国家或地区建立了地区性 PROFIBUS 用户组织，会员超过 1200 家，产品超过 2500 个；建立了 29 个 PROFIBUS 技术支持中心，7 个 PROFIBUS

产品测试中心。在世界上已安装的 PROFIBUS 总线节点数突破了 1000 万个，其中安装在流程工业应用中的节点数突破了 130 万个。

2. 中国 PROFIBUS 用户组织 CPO(Chinese PROFIBUS Use Organization)

中国 PROFIBUS 用户组织，简称 CPO，于 1997 年 7 月 3 日成立于中国机电一体化技术应用协会(CAMETA)，该组织是从事现场总线(PROFIBUS/PROFINET)技术研究开发、生产和应用的企事业单位、大专院校及有关团体自愿组成的社会团体。近几年，CPO 在协会的领导及支持下，不断开展各项活动，促进了现场总线技术在中国的开发、应用，它推动与 PROFIBUS/PROFINET 标准兼容产品的开发及应用，以整体提高我国机械工业自动化水平和新技术产业的发展，并与现场总线国际标准接轨。

CPO 的主要任务是：

（1）推广 PROFIBUS/PROFINET 技术及其成功的应用实例；

（2）支持 CPO 会员的市场开拓；

（3）支持 CPO 会员及有关企业开发 PROFIBUS/PROFINET 产品；

（4）开展中国现场总线市场的调研；

（5）参与我国有关现场总线的标准化工作；

（6）向 CPO 会员发送有关 PROFIBUS/PROFINET 技术资料及其他服务；

（7）支持 CPCC 和 CPPTL 的工作；

（8）与 PI 组织紧密合作，跟踪研究国际 PROFIBUS/PROFINET 技术发展动向。

3. 中国 PROFIBUS 技术资格中心 CPCC(China PROFIBUS Competence Center)

中国现场总线 PROFIBUS 技术资格中心是经国际 PROFIBUS 组织 PI 批准的为中国地区提供 PROFIBUS 技术支持与服务的机构。CPCC 接受中国现场总线 PROFIBUS 组织 CPO 和中国机电一体化技术应用协会的领导，负责中国地区 PROFIBUS 技术咨询服务、产品认证测试和技术应用推广工作。

CPCC 下属两个实验室和一个技术支持部，即系统集成与演示实验室、产品测试认证实验室和 PROFIBUS 技术支持部，其职能分别简述如下。

1）系统集成与演示实验室

（1）基于 PROFIBUS 技术的自动化系统的集成技术、组态技术实验；

（2）PROFIBUS 技术应用推广，面向实际应用给出解决方案；

（3）基于 PROFIBUS 技术的自动化系统演示。

2）产品测试认证实验室

（1）PROFIBUS 产品认证测试；

（2）为 PROFIBUS 产品开发提供技术支持。

3）技术支持部

（1）PROFIBUS 技术研究与产品开发的技术合作、技术支持服务；

（2）基于 PROFIBUS 技术的自动化系统集成项目的技术合作、支持与服务；

（3）现场总线 PROFIBUS 共有技术研究；

（4）参与国际 PROFIBUS 标准技术的研究工作。

4. 中国 PROFIBUS 产品测试实验室 CPPTL(China PROFIBUS Products Testing Laboratory)

中国 PROFIBUS 产品测试实验室是中国现场总线 PROFIBUS 技术资格中心所属的一个国际性实验室,是经过国际 PROFIBUS 组织 PI 批准授权,负责中国地区 PROFIBUS 产品认证技术测试工作的国际实验室。

PROFIBUS 产品测试实验室是一个中立、公正的技术测试机构,从事产品开发商委托的 PROFIBUS 产品的一致性与互操作性测试业务。它以其公正、严谨、准确的测试工作向 PROFIBUS 产品用户承诺,经过测试合格获取认证的产品符合 PROFIBUS 技术标准,并可以同第三方产品互连,即保证产品具有一致性与互操作性。

PROFIBUS 产品测试实验室的另一个重要工作是为中国地区的自动化产品制造商自主开发 PROFIBUS 产品提供技术支持与服务。

该实验室的主要业务是:

(1) PROFIBUS 产品认证测试;

(2) PROFIBUS 产品开发的技术支持与服务。

3.3.2　为什么要做 PROFIBUS 产品测试与认证

现场总线 PROFIBUS 的一个重要技术特征是标准化和开放性,即声明基于 PROFIBUS 技术的产品在技术上必须符合 PROFIBUS 标准,必须能够与第三方厂家的产品及系统互连。因此,PROFIBUS 产品的一致性和互操作性测试是必需的,是检验产品是否符合 PROFIBUS 技术标准,实现不同厂家的产品互连、互操作的技术保证。

测试、检验产品是否符合(遵守、兼容)PROFIBUS 技术标准,这就是产品的"一致性测试",即产品与标准的一致性。测试、检验产品是否能与其他厂家的系统与产品实现互连、互操作,这就是产品的"互操作性测试"。

PROFIBUS 产品测试实验室主要完成 PROFIBUS 产品的一致性与互操作性技术测试。

客户产品经过 PROFIBUS 产品测试实验室测试合格后,实验室以一个中立的技术机构的名义,向使用产品的客户保证,该产品在技术上满足了 PROFIBUS 标准的一致性和互操作性要求。

3.3.3　测试与认证对产品技术发展的重要性及给产品
##　　　　开发商带来的利益

PROFIBUS 产品测试将保证产品开发的技术标准化和产品的兼容性,保证 PROFIBUS 技术及产品开发技术的健康发展,规范市场竞争,在用户中建立良好的信誉。这将为所有从事 PROFIBUS 技术和产品开发的企业带来长久的利益。

PROFIBUS 产品测试可以帮助企业在技术上走上一条标准化、符合国际发展趋势、众多国内外企业产品支持的技术发展道路。

　　PROFIBUS 产品测试与认证可以提高产品在客户中的信任度,从而有利于产品在市场上的竞争。

3.3.4　PROFIBUS-DP 从站的主要测试内容

　　首先应该明确,PROFIBUS 产品测试是产品通信功能测试,即产品的一致性和互操作性测试。因此,该测试不包括产品性能品质的测试,如安全性测试、可靠性测试和抗EMC 干扰测试等。

　　PROFIBUS-DP 从站的主要测试内容如下:

　　(1) GSD 文件。

　　(2) RS-485 特性。

　　(3) 不同波特率条件下的传输特性。

　　(4) TSDR。

　　(5) 从站状态转换。

　　(6) 同步、锁存等功能。

　　(7) 与标准的一致性测试。

　　(8) 互操作性测试。

小结

　　本章介绍了 PROFIBUS 的 3 种实现方法及应用场合,安装接线方法,技术标准的认证与测试。

习题

　　3.1　PROFIBUS 有几种实现方法? 其特点和使用范围是什么?

　　3.2　为什么要进行 PROFIBUS 产品的测试和认证?

第 2 部分

组态软件应用

第4章

工程管理器

4.1 组态王软件的特点

1. 组态软件的基本概念

组态软件是指一些数据采集与过程控制的专用软件,一般英文简称有三种,分别为HMI/MMI/SCADA,对应全称分别为 Human and Machine Interface/Man and Machine Interface/Supervisory Control and Data Acquisition,中文译为人机界面/人机界面/监视控制和数据采集。

从组态软件的内涵上说,组态软件是指在软件领域内,操作人员根据应用对象及控制任务的要求,配置(包括对象的定义、制作和编辑,对象状态特征属性参数的设定等)用户应用软件的过程,也就是把组态软件视为"应用程序生成器"。从应用角度讲,组态软件是完成系统硬件与软件沟通、建立现场与监控层沟通的人机界面的软件平台,它的应用领域不仅仅局限于工业自动化领域。而工业控制领域是组态软件应用的重要阵地,伴随着集散型控制系统 DCS(Distributed Control System)的出现,组态软件已引入到工业控制系统。在工业过程控制系统中存在着两大类可变因素:一是操作人员需求的变化;二是被控对象状态的变化及被控对象所用硬件的变化。而组态软件正是在保持软件平台执行代码不变的基础上,通过改变软件配置信息(包括图形文件、硬件配置文件、实时数据库等),适应两大不同系统对两大因素的要求,构建新的监控系统的平台软件。以这种方式构建系统,既提高了系统的成套速度,又保证了系统软件的成熟性和可靠性,使用起来方便灵活,而且便于修改和维护。

在组态软件出现之前,工业控制领域的用户通过手工或委托第三方编写 HMI 应用,开发时间长,效率低,可靠性差;或者购买专用的工业控制系统,通常是封闭的系统,选择余地小,往往不能满足需求,很难与外界进行数据交互,升级和增加功能都受到严重的限制。组态软件的出现,把用户从这些困境中解脱出来,可以利用组态软件的功能,构建一套最适合自己的应用系统。随着它的快速发展,实时数据库、实时控制、SCADA(数据采集与监视控制系统)、通信及联网、开放数据接口、对 I/O(输入/输出)设备的广泛支持已经成为它的主要内容,随着技术的发展,监控组态软件将会不断被赋予新的内容。

组态软件从总体结构上看,一般都是由系统开发环境(或称组态环境)与系统运行环境两大部分组成。系统开发环境是自动化工程设计师为实施其控制方案,在组态软件的支持下进行应用程序的系统生成工作所必须依赖的工作环境,通过建立一系列用户数据文件,生成最终的图形目标应用系统,供系统运行环境运行时使用。系统运行环境是将目标应用程序装入计算机内存并投入实时运行时使用的,是直接针对现场操作使用的。系统开发环境和系统运行环境之间的联系纽带是实时数据库。

2. 组态软件在我国的发展及国内外主要产品介绍

1) 组态软件在我国的发展情况

组态软件产品于 20 世纪 80 年代初出现,并在 20 世纪 80 年代末期进入我国。但在 20 世纪 90 年代中期之前,组态软件在我国的应用并不普及。究其原因,大致有以下几点。

(1) 国内用户还缺乏对组态软件的认识,项目中没有组态软件的预算,或宁愿投入人力、物力,针对具体项目做长周期的、繁冗的上位机的编程开发,而不采用组态软件。

(2) 在很长时间里,国内用户的软件意识还不强,面对价格不菲的进口软件(早期的组态软件多为国外厂家开发),很少有用户愿意去购买。

(3) 当时国内的工业自动化和信息技术应用的水平还不高,组态软件提供了对大规模应用、大量数据进行采集、监控、处理并可以将处理的结果生成管理所需的数据,这些需求并未完全形成。

随着工业控制系统应用的深入,在面临规模更大、控制更复杂的控制系统时,人们逐渐意识到原有的上位机编程的开发方式对项目来说是费时费力、得不偿失的,同时,MIS (Management Information System,管理信息系统) 和 CIMS (Computer Integrated Manufacturing System,计算机集成制造系统)的大量应用,要求工业现场为企业的生产、经营、决策提供更详细和深入的数据,以便于优化企业生产经营中的各个环节。因此,在 1995 年以后,组态软件在国内的应用逐渐得到了普及。

2) 组态软件国内外主要产品介绍

(1) InTouch

美国 Wonderware(万伟)公司的 InTouch 软件是最早进入我国的组态软件。在20世纪 80 年代末、90 年代初,基于 Windows 3.1 的 InTouch 软件曾让我们耳目一新,并且 InTouch 提供了丰富的图库。但是,早期的 InTouch 软件采用 DDE(Dynamic Data Exchange,动态数据交换)方式与驱动程序通信,性能较差。最新的 InTouch 7.0 版已经完全基于 32 位的 Windows 平台,并且提供了 OPC(OLE for Process Control,是一个软件标准,它可以使自动化应用程序方便地读取工业企业的工厂级数据)支持。

(2) Fix

美国 Intellution 公司以 Fix 组态软件起家,1995 年被爱默生收购,现在是爱默生集团的全资子公司。Fix 6.x 软件提供工控人员熟悉的概念和操作界面,并提供完备的驱动程序(需单独购买)。美国 Intellution 公司将自己最新的产品系列命名为 iFiX,它提供了强大的组态功能,但新版本与以往的 6.x 版本并不完全兼容。在 iFiX 中,其产品与 Microsoft 的操作系统、网络进行了紧密的集成。它也是 OPC 组织的发起成员之一。 iFiX 的 OPC 组件和驱动程序同样需要单独购买。

（3）Citech

澳大利亚 CiT 公司的 Citech 也是较早进入中国市场的产品。Citech 具有简洁的操作方式，但其操作方式更多的是面向程序员，而不是工业控制用户。Citech 提供了类似 C 语言的脚本语言（就是一种简单的程序，由一些 ASCII 码组成，以文本形式存在，类似于一种命令，并可以用"记事本"等文本编辑器直接对其进行开发）进行二次开发，但与 iFiX 不同的是，Citech 的脚本语言并非是面向对象的，而是类似于 C 语言，这无疑为用户进行二次开发增加了难度。

（4）WinCC

德国西门子（Simens）公司的 WinCC 也是一套完备的组态开发环境，它提供类似 C 语言的脚本，包括一个调试环境。WinCC 内嵌 OPC 支持，并可对分布式系统进行组态。但 WinCC 的结构较复杂，用户最好经过西门子公司的培训以掌握 WinCC 的应用。

（5）组态王

组态王是北京亚控科技发展有限公司开发的，它是国内第一家较有影响的组态软件开发公司。组态王提供了资源管理器式的操作主界面，并且提供了以汉字作为关键字的脚本语言支持。组态王也提供多种硬件驱动程序。

（6）Controx（开物）

华富计算机公司的 Controx 2000 是全 32 位的组态开发平台，为工控用户提供了强大的实时曲线、历史曲线、报警、数据报表及报告功能。作为国内最早加入 OPC 组织的软件开发商，Controx 内建 OPC 支持，并提供数十种高性能驱动程序。

（7）ForceControl（力控）

大庆三维公司的 ForceControl 从时间概念上来说，也是国内较早就已经出现的组态软件之一。只是因为早期力控一直没有作为正式商品广泛推广，所以并不为大多数人所知。大约在 1993 年左右，力控就已形成了第一个版本，只是那时还是一个基于 DOS 和 VMS 的版本。后来随着 Windows 3.1 的流行，又开发出了 16 位 Windows 版的力控。但直至 Windows 95 版本的力控诞生之前，它主要用于公司内部的一些项目。32 位下的 1.0 版的力控，在体系结构上就已经具备了较为明显的先进性，其最大的特征之一就是其基于真正意义的分布式实时数据库的三层结构，而且其实时数据库结构为可组态的活结构。在 1999—2000 年期间，力控得到了长足的发展，最新推出的 2.0 版在功能的丰富性、易用性、开放性和 I/O 驱动数量等方面，都得到了很大的提高。在很多环节的设计上，力控都能从国内用户的角度出发，既注重实用性，又不失大软件的风范。

3. 组态王软件的产品特点

1）组态王的功能定位

（1）流程监控

① 工业过程动态可视化。

② 软逻辑控制。

③ 数据简单的回路调节。

（2）采集和管理

① 过程监控报警。

② 报表。

③ 为其他企业级程序提供数据。

2）组态王产品结构

（1）通过硬件加密锁区分版本和点数规模。

（2）开发版、运行版、NetView 版。

（3）WebServer 版：5 用户、10 用户、20 用户、50 用户。

3）组态王基本功能

（1）工程管理

组态王的工程管理器是一个功能强大的工程管理工具，可以集中管理用户本机上的所有工程，可对工程进行新建、删除、搜索、备份等操作，同时也可进行数据词典的管理、工程加密以及不同工程间的命令语言和画面的导入、导出操作。

（2）画面制作系统

① 功能强大的工具箱，支持无限色和过渡色，轻松构造逼真、美观的监控画面。

② 丰富的图库以及方便易用的图库精灵，工程人员可生成自己的个性化图形库。

③ 按钮有多种形状和效果，支持点位图按钮，用户可做出生动的控制效果。

④ 支持多种图形格式，如 GIF、JPG、BMP 等，用户可充分利用已有资源创建仿真实时监控画面。

⑤ 可视化动画连接向导，轻松完成复杂动画动作。

（3）报警和事件管理系统

该系统具有方便、灵活、可靠、易于扩展的特点。分布式报警管理提供多种管理功能，包括：基于事件的报警、报警分组管理、报警优先级、报警过滤、新增死区和延时概念等功能，以及通过网络的远程报警管理。实时记录应用程序事件和操作员信息，报警和事件具有多种输出方式，如文件、数据库、打印机和报警窗。

（4）报表系统

全新集成式报表系统，内部提供丰富的报表函数，专用报表工具条，符合 Excel 电子表格使用习惯，操作简单明了，开发和运行状态下均可进行预览和打印设置，轻松制作各种报表。

（5）丰富的控件

① 内置多种控件，如多种曲线控件和多媒体视频控件以及窗口控件。

② 支持 Windows 标准 ActiveX 控件（主要为可视控件），包括微软提供的标准 Active 控件和用户自制的 Active 控件，用户可灵活编制自身需要的控件或调用一个标准控件来完成复杂任务，无须做大量繁琐工作。

（6）功能丰富的历史趋势曲线

① 动态增加、删除曲线，多种曲线绘制方式。

② 实现无级缩放。

③ 历史数据比较。

④ 打印屏幕部分曲线。

⑤ 支持毫秒级数据的显示。

⑥ 同时支持组态王历史库和 ODBC(开放式数据库连接)数据源。

(7) 开放的数据交换功能

① 全面支持 OPC 标准,既可作为 OPC 客户,也可作为 OPC 服务器,开发人员可以从任何一个 OPC 服务器中直接获取动态数据,并集成到组态王中,同时也可向其他支持标准 OPC 的控制系统提供数据。

② 通过 ODBC 与数据库进行数据交换。

③ DDE 方式。

(8) 通信系统

① 数千种驱动程序,支持近百个厂家数千种设备。

② 支持远程的数据采集和远程诊断、远程拨号系统与驱动程序无缝连接,无须改动硬件设备程序,通过拨号方式进行连接,实时显示现场设备运行状况,现场报警信号自动上传,真正做到无人值守。

(9) 安全系统

采用分级和分区的双重保护策略,采用用户组和安全区两种管理方式,999 个不同级别的权限和 64 个安全区形成双重保护。

(10) 网络功能

① 完全基于网络功能,支持分布式历史数据库和分布式报警系统。

② 采用多种方式实现数据和画面的远程监控。

(11) 冗余系统

提供全面冗余功能,有效减少数据丢失的可能,增加系统的可靠性,方便了系统的维护。组态王提供三重意义上的冗余功能,即双设备冗余、双机冗余和双网络冗余。

4.2　工程管理器介绍

对于系统集成商和用户来说,一个系统开发人员可能保存有很多个组态王工程,对于这些工程的集中管理以及新开发工程中的工程备份等都是比较繁琐的事情。工程管理器实现了对组态王各种版本工程的集中管理,更使用户在进行工程开发和工程的备份、数据词典的管理上方便了许多,其主要作用就是为用户集中管理本机上的所有组态王工程。工程管理器的主要功能包括新建工程,删除工程,搜索指定路径下的所有组态王工程,修改工程属性,工程的备份、恢复,数据词典的导入、导出,以及切换到组态王开发或运行环境等。本章首先对工程管理器的各个菜单命令进行介绍,然后详细介绍每一功能实现的步骤和方法。

1. "文件"菜单

单击"文件(F)"菜单,或按下 Alt+F 热键,弹出下拉式菜单,如图 4-1 所示。

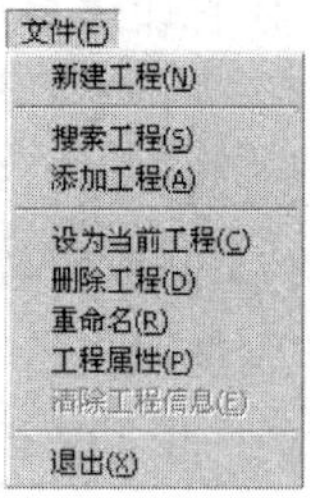

（1）新建工程（N）

执行该菜单命令，可新建一个组态王工程，但此处新建的工程，在实际上并未真正创建工程，只是在用户给定的工程路径下设置了工程信息。当用户将此工程作为当前工程，并且切换到组态王开发环境时，才真正创建工程。

（2）搜索工程（S）

执行该菜单命令，可搜索用户指定目录下的所有组态王工程（包括不同版本、不同分辨率的工程），并将工程名称、工程所在路

图 4-1 "文件"菜单

径、分辨率、开发工程时用的组态王软件版本、工程描述文本等信息加入到工程管理器中。搜索出的工程包括指定目录和其子目录下的所有工程。

（3）添加工程（A）

执行该菜单命令，主要是单独添加一个已经存在的组态王工程，并将其添加到工程管理器中（与搜索工程不同的是，搜索工程是添加搜索到的指定目录下的所有组态王工程）。

（4）设为当前工程（C）

执行该菜单命令，将工程管理器中选中加亮的工程设置为组态王的当前工程。以后进入组态王开发系统或运行系统时，系统将默认打开该工程。被设置为当前工程的工程在工程管理器信息框的表格的第一列中用一个图标（小红旗）来标识。

（5）删除工程（D）

执行该菜单命令，将删除在工程管理器信息显示区中当前选中加亮但没有被设置为当前工程的工程。

（6）重命名（R）

执行该菜单命令，弹出如图 4-2 所示的"重命名工程"对话框，将修改当前选中加亮的工程名称。

图 4-2 "重命名工程"对话框

在"工程原名"文本框中显示工程的原名称，该项不可修改。在"工程新名"文本框中输入工程的新名称，单击"确定"按钮确认修改结果，单击"取消"按钮退出工程重命名操作。

（7）工程属性（P）

执行该菜单命令，将修改当前选中加亮工程的工程属性。

（8）清除工程信息（E）

执行该菜单命令，将工程管理器中当前选中的高亮显示的工程信息条从工程管理器中清除，不再显示，执行该命令不会删除工程或改变工程。用户可以通过"搜索工程"或"添加工程"命令重新使该工程信息显示到工程管理器中。

（9）退出（X）

执行该命令将退出组态王工程管理器。

2. "视图"菜单

单击"视图（V）"菜单，或按下 Alt＋V 热键，弹出下拉式菜单，如图 4-3 所示。

（1）工具栏（T）

选择是否显示工具栏。当"工具栏"被选中时（有"√"标志），显示工具栏；否则不显示。

（2）状态栏（S）

选择是否显示状态栏。当"状态栏"被选中时（有"√"标志），显示状态栏；否则不显示。

（3）刷新（R）

刷新工程管理器窗口。

3. "工具"菜单

单击"工具（T）"菜单，或按下 Alt＋T 热键，弹出下拉式菜单，如图 4-4 所示。

图 4-3　"视图"菜单　　　　　图 4-4　"工具"菜单

（1）工程备份（B）

执行该菜单命令，将工程管理器中当前选中加亮的工程按照组态王指定的格式进行压缩备份。

（2）工程恢复（R）

执行该菜单命令，将组态王的工程恢复到压缩备份前的状态。

（3）数据词典导入（I）

为了使用户更方便地使用、查看、定义或打印组态王的变量，组态王提供了数据词典的导入/导出功能。数据词典导入命令是将 Excel 中定义好的数据，或将由组态王工程导出的数据词典导入到组态王工程中。该命令常和数据词典导出命令配合使用。

（4）数据词典导出（X）

执行该菜单命令，将组态王的变量导出到 Excel 格式的文件中。用户可以在 Excel 文件中查看或修改变量的一些属性，或直接在该文件中新建变量并定义其属性，然后导入到工程中。该命令常和数据词典导入命令配合使用。

（5）切换到开发系统（E）

执行该命令进入组态王开发系统，同时将自动关闭工程管理器。打开的工程为工程管理器中指定的当前工程（标有当前工程标志的工程）。

（6）切换到运行系统（V）

执行该命令进入组态王运行系统，同时将自动关闭工程管理器。打开的工程为工程管理器中指定的当前工程（标有当前工程标志的工程）。

4.“帮助”菜单

单击“帮助（H）”菜单，或按下 Alt＋H 热键，弹出下拉式菜单，如图 4-5 所示。将弹出组态王工程管理器的版本号和版权等信息。

5. 工程管理器工具条

组态王工程管理器工具条如图 4-6 所示。

图 4-5 “帮助”菜单

图 4-7 快捷菜单

图 4-6 组态王工程管理器工具条

6. 快捷菜单

在工程管理器内的任何一个工程信息条上右击，将弹出快捷菜单，如图 4-7 所示。快捷菜单的功能与普通菜单的功能一致。

4.3 新建工程

组态王提供新建工程向导。利用向导新建工程，使用户操作更简便。选择菜单栏“文件”|“新建工程”命令，或按工具条“新建”按钮，或选择快捷菜单“新建工程”命令后，将弹出“新建工程向导之一”对话框，如图 4-8 所示。

1. 新建工程向导之一

单击“取消”按钮，将退出新建工程向导。单击“下一步”按钮，继续新建工程，此时弹出“新建工程向导之二”对话框，如图 4-9 所示。

2. 新建工程向导之二

在对话框的文本框中输入新建工程的路径。如果输入的路径不存在，系统将自动提示用户。或单击“浏览”按钮，从弹出的路径选择对话框中选择工程路径（可在弹出的路径

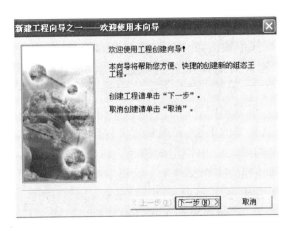

图 4-8　"新建工程向导之一"对话框

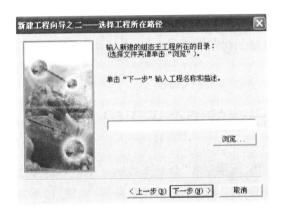

图 4-9　"新建工程向导之二"对话框

选择对话框中直接输入路径)。

　　单击"上一步"按钮,将返回上一页向导对话框。单击"取消"按钮,将退出新建工程向导。单击"下一步"按钮,将进入"新建工程向导之三"对话框,如图 4-10 所示。

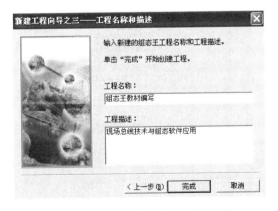

图 4-10　"新建工程向导之三"对话框

3. 新建工程向导之三

在"工程名称"文本框中输入新建工程的名称,名称的有效长度小于 32 个字符。在"工程描述"文本框中输入对新建工程的描述文本,描述文本的有效长度小于 40 个字符。

单击"上一步"按钮,将返回向导的上一页。单击"取消"按钮,将退出新建工程向导。单击"完成"按钮,将确认新建的工程,完成新建工程操作。

新建工程的路径是向导之二中指定的路径,在该路径下会以工程名称为目录建立一个文件夹。完成后弹出"是否将新建的工程设为组态王当前工程"对话框,如图 4-11 所示。单击"是"按钮,将新建的工程设置为组态王的当前工程;单击"否"按钮,不改变当前工程的设置。

图 4-11　新建工程设定

完成以上操作就可以新建一个组态王工程的工程信息了。此处新建的工程,在实际上并未真正创建工程,只是在用户给定的工程路径下设置了工程信息。当用户将此工程作为当前工程,并且切换到组态王开发环境时,才真正创建工程。

4.4　添加一个已有的组态王工程

在工程管理器中使用"添加工程"命令来找到一个已有的组态王工程,并将工程的信息显示在工程管理器的信息显示区中。选择菜单栏"文件"|"添加工程"命令或快捷菜单的"添加工程"命令后,弹出添加工程路径选择对话框,如图 4-12 所示。

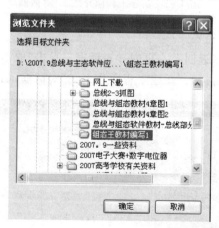

图 4-12　添加工程路径选择对话框

选择想要添加的工程所在的路径。单击"确定"按钮,将选定的工程路径下的组态王工程添加到工程管理器中,如图 4-13 所示。如果选择的路径不是组态王的工程路径,则添加不了。单击"取消"按钮,将取消添加工程操作。

工程名称	路径	分群率	版本	描述
Kingdemo2	c:\program files\kingview\example\kingdemo2	800*600	6.51	组态王6.51演示工程800X600
Kingdemo1	c:\program files\kingview\example\kingdemo1	640*480	6.51	组态王6.51演示工程640X480
Kingdemo3	c:\program files\kingview\example\kingdemo3	1024*768	6.51	组态王6.51演示工程1024X768
组态王教材编写	d:\2007.9总线与主态软件应用教材编写\2007.9总线与主...	1024*768	6.51	
组态王教材编写1	d:\2007.9总线与主态软件应用教材编写\组态王教材编写1	1024*768	6.51	现场总线技术与组态软件应用

图 4-13　添加工程操作图

如果添加的工程名称与当前工程信息显示区中存在的工程名称相同,则被添加的工程将动态生成一个工程名称,在工程名称后添加序号。当存在多个具有相同名称的工程时,将按照顺序生成名称,直到没有重复的名称为止。

4.5　搜索一些已有的组态王工程

添加工程只能单独添加一个已有的组态王工程,要想找到更多的组态王工程,只能使用"搜索工程"命令。选择菜单栏"文件"|"搜索工程"命令,或单击工具条"搜索"按钮,或选择快捷菜单"搜索工程"命令后,弹出搜索工程路径选择对话框,如图 4-14 所示。

路径的选择方法与 Windows 的资源管理器相同。选定有效路径之后,单击"确定"按钮,工程管理器开始搜索工程,将搜索指定路径及其子目录下的所有工程。搜索完成后,搜索结果自动显示在管理器的信息显示区内,工程路径选择对话框自动关闭。单击"取消"按钮,将取消搜索工程操作。

如果搜索到的工程名称与当前工程信息表格中存在的工程名称相同,或搜索到的工程中有相同的名称,在工程信息被添加到工程管理器时,将动态地生成工程名称,在工程名称后添加序号。当存在多个具有相同名称的工程时,将按照顺序生成名称,直到没有重复的名称为止。

图 4-14　搜索工程路径选择对话框

4.6　设置一个工程为当前工程

在工程管理器工程信息显示区中选中加亮想要设置的工程,选择菜单栏"文件"|"设为当前工程"命令或快捷菜单"设为当前工程"命令,即可设置该工程为当前工程。以后进入组态王开发系统或运行系统时,系统将默认打开该工程。被设置为当前工程的工程在

工程管理器信息显示区的第一列中用一个图标(小红旗)来标识,如图 4-15 所示。

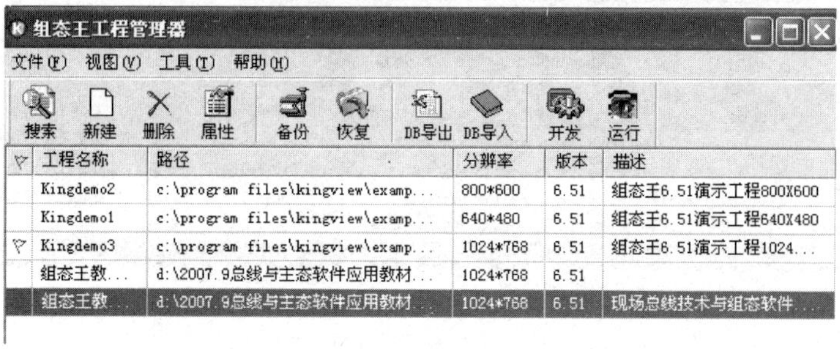

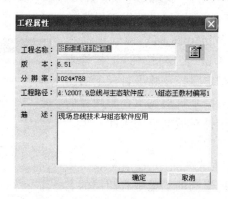

图 4-15　设置一个工程为当前工程

注意:只有当组态王的开发系统或运行系统没有打开时,该项有效。

4.7　修改当前工程的属性

工程属性主要包括工程名称和工程描述两个部分。选中要修改属性的工程,使之加亮显示,选择菜单栏"文件"|"工程属性"命令,或单击工具条"属性"按钮,或选择快捷菜单"工程属性"命令后,弹出修改工程属性的对话框,如图 4-16 所示。

图 4-16　工程属性修改对话框

"工程名称"文本框中显示的为原工程名称,用户可直接修改。"版本"、"分辨率"文本框中分别显示开发该工程的组态王软件版本和工程的分辨率。"工程路径"文本框中显示该工程所在的路径。"描述"文本框中显示该工程的描述文本,允许用户直接修改。

4.8　清除当前不需要显示的工程

选中要清除信息的工程,使之加亮显示,选择菜单栏"文件"|"清除工程信息"命令或快捷菜单"清除工程信息"命令后,将显示的工程信息条从工程管理器中清除,不再显示。

执行该命令不会删除工程或改变工程。用户可以通过执行"搜索工程"或"添加工程"命令，重新使该工程信息显示到工程管理器中。

注意："清除工程信息"命令只能将非当前工程的信息从工程管理器中删除。对于当前工程，该命令无效。

4.9   工程备份和恢复

执行备份命令，将选中的组态王工程按照指定的格式进行压缩备份。执行恢复命令，将组态王的工程恢复到压缩备份前的状态。下面分别讲解如何备份和恢复组态王工程。

4.9.1   工程备份

选中要备份的工程，使之加亮显示。选择菜单栏"工具"|"工程备份"命令，或单击工具条"备份"按钮，或选择快捷菜单"工程备份"命令后，弹出"备份工程"对话框，如图 4-17 所示。

工程备份文件分为两种形式，即不分卷与分卷。不分卷是指将工程压缩为一个备份文件，无论该文件有多大。分卷是指将工程备份为若干指定大小的压缩文件。系统的默认方式为不分卷。

选择"默认（不分卷）"选项，系统将把整个工程压缩为一个备份文件。单击"浏览"按钮，选择备份文件存储的路径和文件名称，如图 4-18 所示。工程被存储成扩展名为 .cmp 的文件，如 filename.cmp。工程备份完成后，生成一个 filename.cmp 文件。

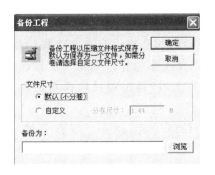

图 4-17   "备份工程"对话框

图 4-18   工程备份路径选择

选择"自定义"（即分卷）选项，系统将把整个工程按照给定的分卷尺寸压缩为给定大小的多个文件。"分卷尺寸"文本框变为有效，在该文本框中输入分卷的尺寸，即规定每个备份文件的大小，单位为 MB。分卷尺寸不能为空，否则系统会提示用户输入分卷尺寸大小。单击"浏览"按钮，选择备份文件存储的路径和文件名称。分卷文件存储时会自动生成一系列文件，生成的第一个文件的文件名为所定义的文件名 .cmp，其他依次为文件名 .c01，文件名 .c02，…。例如，定义的文件名为 filename，则备份产生的文件为 filename

. cmp,filename. c01,filename. c02,…。

如果用户指定的存储路径为软驱,在保存时若磁盘满,则系统会自动提示用户更换磁盘。在这种情况下,建议用户使用"自定义"方式备份工程。备份过程中,在工程管理器的状态栏的左边有文字提示,右边有备份进度条标识当前进度。

注意:备份的文件名不能为空。

4.9.2 工程恢复

选择要恢复的工程,使之加亮显示。选择菜单栏"工具"|"工程恢复"命令,或单击工具条"恢复"按钮,或选择快捷菜单"工程恢复"命令后,弹出"选择要恢复的工程"对话框,如图 4-19 所示。

选择组态王备份文件,即扩展名为. cmp 的文件,如上例中的 filename. cmp,单击"打开"按钮,弹出"恢复工程"对话框,如图 4-20 所示。

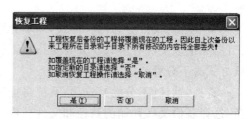

图 4-19 "选择要恢复的工程"对话框　　　　图 4-20 "恢复工程"对话框

单击"是"按钮,则以前备份的工程覆盖当前的工程。如果恢复失败,系统会自动将工程还原为恢复前的状态。恢复过程中,工程管理器的状态栏上会有文字提示信息和进度条,显示恢复进度。单击"取消"按钮,则取消恢复工程操作。单击"否"按钮,则另行选择工程目录,将工程恢复到别的目录下。单击后,弹出路径选择对话框,如图 4-21 所示。

在"恢复到此路径"义本框里输入恢复工程的新的路径,或单击"浏览..."按钮,在弹出的路径选择对话框中进行选择。如果输入的路径不存在,系统会提示用户自动创建该路径。路径输入完成后,单击"确定"按钮恢复工程。工程恢复期间,在工程管理器的状态栏上会有恢复信息和进度显示。工程恢复完成后,弹出恢复成功与否信息框,如图 4-22 所示。

图 4-21 工程恢复路径确认　　　　图 4-22 工程恢复确认

单击"是"按钮,将恢复的工程作为当前工程;单击"否"按钮,返回工程管理器。恢复的工程的名称若与当前工程信息表格中存在的工程名称相同,则恢复的工程添加到工程信息表格时将动态地生成一个工程名称,在工程名称后添加序号。例如,原工程名为"Demo",则恢复后的工程名为"Demo(2)"。恢复的工程路径为指定路径下的以备份文件名为子目录名称的路径。

4.10　工程删除

选中要删除的工程,该工程为非当前工程,使之加亮显示。选择菜单栏"文件"|"删除工程"命令,或单击工具条"删除"按钮,或选择快捷菜单"删除工程"命令后,为防止用户误操作,将弹出"删除工程"确认对话框,提示用户是否确定删除,如图 4-23 所示。单击"是"按钮,删除工程;单击"否"按钮,取消删除工程操作。删除工程将从工程管理器中删除该工程的信息,工程所在目录将被全部删除,包括子目录。

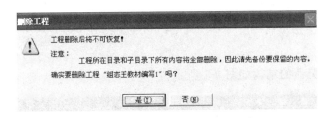

图 4-23　"删除工程"确认对话框

注意:删除工程将把工程的所有内容全部删除,不可恢复。用户应谨慎操作。

小结

本章主要介绍工程管理器的相关功能,重点介绍如何使用工程管理器来管理工程。

习题

4.1　工程管理器的作用是什么?

4.2　工程管理器的菜单有哪些?

第 5 章

工程浏览器

5.1 工程浏览器介绍

工程浏览器是组态王的一个重要组成部分,它将图形画面、命令语言、设备驱动程序、配方、报警和网络等工程元素集中管理,使工程人员可以一目了然地查看工程的各个组成部分。工程浏览器简便易学,操作界面和 Windows 中的资源管理器非常类似,为工程的管理提供了方便、高效的手段。组态王开发系统内嵌于组态王工程浏览器,又称为画面开发系统,是应用程序的集成开发环境,工程人员在这个环境里进行系统开发。

1. 概述

组态王工程浏览器的结构如图 5-1 所示。

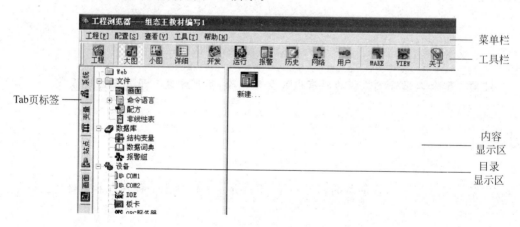

图 5-1 工程浏览器的结构

工程浏览器左侧是工程目录显示区,主要展示工程的各个组成部分,包括"系统"、"变量"、"站点"和"画面"四部分。这四部分的切换是通过工程浏览器最左侧的 Tab 标签实现的。

"系统"部分共有"Web"、"文件"、"数据库"、"设备"、"系统配置"和"SQL 访问管理器"六大项。"Web"为组态王 For Internet 功能画面发布工具。"文件"主要包括"画面"、"命令语言"、"配方"和"非线性表"。其中,"命令语言"又包括"应用程序命令语言"、"数据改变命令语言"、"事件命令语言"、"热键命令语言"和"自定义函数命令语言"。"数据库"主要包括"结构变量"、"数据词典"和"报警组"。"设备"主要包括"串口 1(COM1)"、"串口

2(COM2)"、"DDE"、"板卡"、"OPC 服务器"和"网络站点"。"系统配置"主要包括"设置开发系统"、"设置运行系统"、"报警配置"、"历史数据记录"、"网络配置"、"用户配置"和"打印配置"。"SQL 访问管理器"主要包括"表格模板"和"记录体"。

"变量"部分主要为变量管理，包括变量组。

"站点"部分显示定义的远程站点的详细信息。

"画面"部分用于对画面进行分组管理，创建和管理画面组。

工程浏览器右侧是目录内容显示区，其中将显示每个工程组成部分的详细内容，同时对工程提供必要的编辑、修改功能。

组态王的工程浏览器由 Tab 标签条、菜单栏、工具栏、工程目录显示区、目录内容显示区和状态栏组成。工程目录显示区以树形结构图显示功能节点，用户可以扩展或收缩工程浏览器中所列的功能项。

（1）工程目录显示区操作方法

① 打开功能配置对话框

双击功能项节点，则工程浏览器扩展该项的成员并显示出来。

② 扩展大纲节点

单击大纲项前面的"＋"号，则工程浏览器扩展该项的成员并显示出来。

③ 收缩大纲节点

单击大纲项前面的"－"号，则工程浏览器收缩该项的成员并只显示大纲项。

（2）目录内容显示区操作方法

组态王支持鼠标右键的操作，合理使用鼠标右键将大大提高使用组态王的效率。

2. "工程"菜单

单击菜单栏上的"工程"菜单，弹出下拉式菜单，如图 5-2 所示。

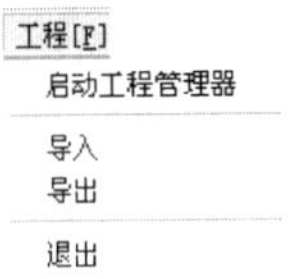

（1）启动工程管理器

此菜单命令用于打开工程管理器，选择"启动工程管理器"菜单，则弹出"工程管理器"画面，如图 5-3 所示。

利用组态王工程管理器，可以使用户集中管理本机上的所有组态王工程。工程管理器的主要功能包括新建、删除工程，对工程重

图 5-2　"工程"菜单

命名，搜索组态王工程，修改工程属性，工程的备份、恢复，数据词典的导入、导出，切换到组态王开发或运行环境等。

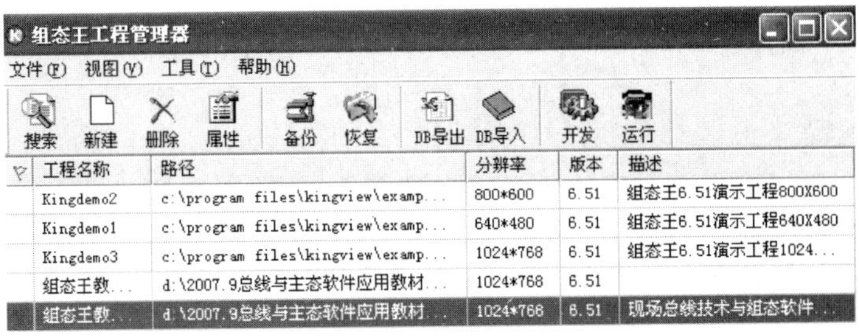

图 5-3　组态王工程管理器

（2）导入

此菜单命令用于将另一个组态王工程的画面和命令语言导入到当前工程中。

（3）导出

此菜单命令用于将当前组态王工程的画面和命令语言导出到指定文件夹中。

（4）退出

此菜单命令用于关闭工程浏览器，选择"退出"菜单，则退出工程浏览器。若界面开发系统中有的画面内容被改变而没有保存，程序会提示工程人员选择是否保存。

如果要保存已修改的画面内容，单击"是"按钮或按字母键"Y"；若不保存，单击"否"按钮或按字母键"N"，则可退出组态王工程浏览器。单击"取消"按钮取消退出操作，则不会退出工程浏览器。

3. "配置"菜单

单击菜单栏上的"配置"菜单，弹出下拉式菜单，如图5-4所示。

（1）开发系统（M）

此菜单命令用于对开发系统的外观进行设置。

（2）运行系统（V）

此菜单命令用于设置运行系统的外观、定义运行系统的基准频率、设定运行系统启动时自动打开的主画面等。选择"运行系统"命令，弹出"运行系统设置"对话框，如图5-5所示。

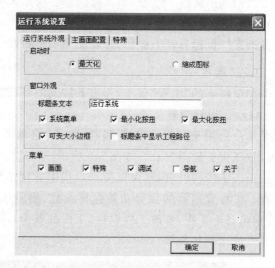

图 5-4 "配置"菜单   图 5-5 "运行系统设置"对话框

（3）报警配置

此菜单命令用于将报警和事件信息输出到文件、数据库和打印机中的配置。

（4）历史数据记录

此菜单命令和历史数据的记录有关，用于对历史数据记录文件保存路径和其他参数（如数据保存天数）进行配置，从而可以利用历史趋势曲线显示历史数据。也可进行分布式历史数据配置，使本机节点中的组态王能够访问远程计算机的历史数据。

（5）打印配置

此菜单命令用于配置"画面"、"实时报警"、"报告"打印时的打印机。

（6）设置串口

此菜单命令用于配置串口通信参数及对 Modem 拨号的设置。单击工程浏览器"工程目录显示区"中"设备"上的"COM1"或"COM2"，然后选择"配置"|"设置串口"命令，或者直接双击"COM1"或"COM2"，弹出"设置串口"对话框，如图 5-6 所示。

4."查看"菜单

单击菜单栏上的"查看"菜单，弹出下拉式菜单，如图 5-7 所示。

图 5-6 "设置串口"对话框   图 5-7 "查看"菜单

（1）工具条

此菜单命令用于显示/关闭工程浏览器的工具条。当工具条菜单左边出现"√"号时，显示工具条；当工具条菜单左边没有出现"√"号时，工具条消失。

（2）状态条

此菜单命令用于显示/关闭工程浏览器的状态条。当状态条菜单左边出现"√"号时，显示状态条；当状态条菜单左边没有出现"√"号时，状态条消失。

（3）大图标

此菜单命令用于将目录内容显示区中的内容以大图标显示。

（4）小图标

此菜单命令用于将目录内容显示区中的内容以小图标显示。

（5）详细资料

此菜单命令用于将目录内容显示区中各成员项所包含的全部详细内容显示出来。

5."工具"菜单

单击菜单栏上的"工具"菜单，弹出下拉式菜单，如图 5-8 所示。

（1）查找数据库变量

此菜单命令用于查找指定数据库中的变量，并且显示该变量的详细情况供用户修改。单击工程浏览器"工程目录显示区"中的"变量词典"项，该菜单命令由灰色（不可用）变为黑色（可用），并弹出"查找"对话框，如图 5-9 所示。

图 5-8 "工具"菜单

图 5-9 "查找"对话框

（2）变量使用报告

该命令用于统计组态王变量的使用情况，即变量所在的画面，以及使用变量的图素在画面中的坐标位置和使用变量的命令语言的类型。

（3）更新变量计数

数据库采用对变量引用进行计数的办法来表明变量是否被引用。"变量引用计数"为0，表明数据定义后没有被使用过。当删除、修改某些连接表达式，或删除画面，使变量引用计数变化时，数据库并不自动更新此计数值。用户需要使用更新变量计数命令来统计、更新变量使用情况。

一般情况下，工程人员不需要选择此命令，在应用设计结束后做最后的清理工作时才会用到此项功能。

（4）删除未用变量

数据库维护的大部分工作都是由系统自动完成的，设计者需要做的是在完成的最后阶段删除未用变量。在删除未用变量之前，需要更新变量计数，目的是确定变量是否有动画连接，或是否在命令语言中使用过。只有没使用过（变量计数＝0）的变量才可以删除。更新变量计数之前要关闭所有画面。

（5）替换变量名称

此菜单命令用于将已有的旧变量用新的变量名来替换，选择"工具"|"替换变量名称"命令，弹出"变量替换"对话框，如图 5-10 所示。

（6）工程加密

为了防止其他人员修改工程，可以对所开发的工程进行加密，也可以将加密的工程进行取消工程密码保护的操作。

6. "帮助"菜单

单击菜单栏上的"帮助"菜单，弹出下拉式菜单，如图 5-11 所示。

图 5-10 "变量替换"对话框

图 5-11 "帮助"菜单

此菜单用于弹出信息框,显示组态王的版本情况和组态王的帮助信息。

5.2　新建一个画面

使用工程管理器新建一个组态王工程后,进入组态王工程浏览器,新建组态王画面。新建画面的方法有 3 种。

第一种:在"系统"标签页的"画面"选项下新建画面。选择工程浏览器左边"工程目录显示区"中的"画面"项,将在浏览器右面的"目录内容显示区"中显示"新建"图标。双击该图标,弹出"新画面"对话框,如图 5-12 所示。

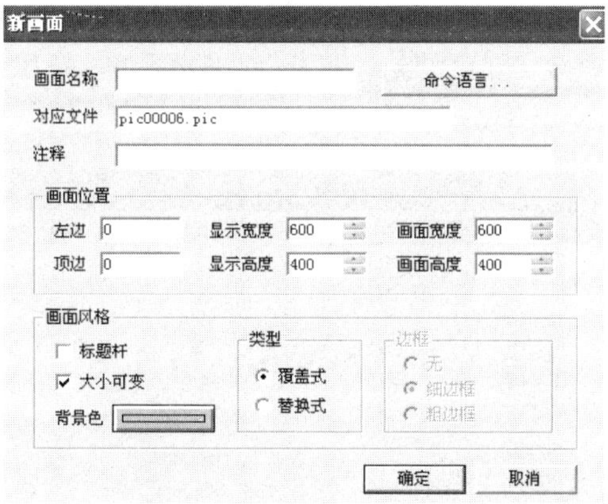

图 5-12　"新画面"对话框

第二种:在"画面"标签页中新建画面。

第三种:单击工具条上的"MAKE"按钮,或右击工程浏览器空白处,从显示的快捷菜单中选择"切换到 Make"命令,进入组态王"开发系统"。选择"文件"|"新画面"菜单命令,将弹出"新画面"对话框。

5.3　查找一个画面

在工程浏览器的工具栏中,提供了"大图"、"小图"和"详细"3 种控制画面在目录内容显示区中显示方式的工具。无论以哪种方式显示,画面在目录内容显示区中都是按照画面名称的顺序排列的。可以从排好顺序的画面中直接查找所需的画面。

另外,组态王还提供了查找画面的工具。选择工程浏览器左边"工程目录显示区"中的"画面"项,在右边的"目录内容显示区"的空白处右击显示快捷菜单,选择"查找"命令,弹出"查找"对话框,如图 5-13 所示。

图 5-13　"查找"对话框

输入所要查找的画面的名称,选择查找方式,即模糊查找或精确查找,然后选择是否查找到后直接编辑。选择完成后单击"确定"按钮,开始查找画面。如果查找到的话,将高亮显示所查找到的第一个符合条件的画面。如果没有找到,系统会提示没有找到画面。

5.4 组态王画面开发系统菜单详解

5.4.1 "文件"菜单

"文件"菜单中的各命令用于对画面进行建立、打开、保存、删除等操作。若某一菜单条为灰色,表明此菜单命令当前无效。单击"文件"菜单,弹出下拉式菜单,如图 5-14 所示。

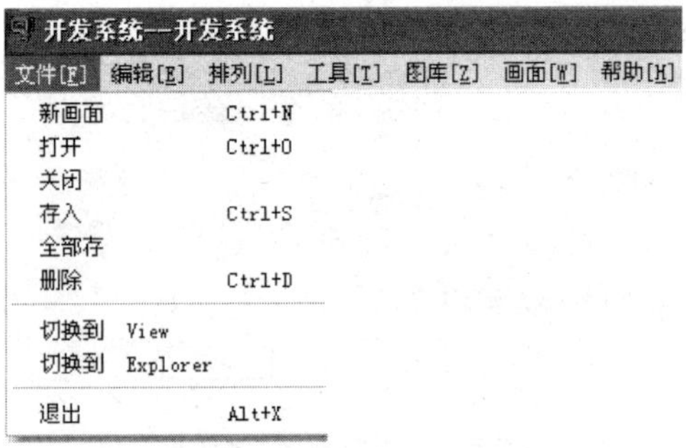

图 5-14 "文件"菜单

1. 新画面

此菜单命令用于新建画面。

在对话框中可定义画面的名称、大小、位置和风格,以及画面在磁盘上对应的文件名。该文件名可由组态王自动生成,工程人员可以根据自己的需要进行修改。输入完成后单击"确定"按钮,使当前操作有效;或单击"取消"按钮,放弃当前操作。

1)画面名称

在此编辑框内输入新画面的名称,画面名称最长为 20 个字符。如果在"画面风格"栏里选中"标题栏"选择框,此名称将出现在新画面的标题栏中。

2)对应文件

在此编辑框输入本画面在磁盘上对应的文件名,也可由组态王自动生成默认的文件名。工程人员也可根据需要输入。对应文件名称最长为 8 个字符。画面文件的扩展名必须为. pic。

3)注释

此编辑框用于输入与本画面有关的注释信息。注释最长为 49 个字符。

4）画面位置

输入 6 个数值决定画面显示窗口的位置、大小和画面大小。

5）左边、顶边

左边和顶边位置形成画面左上角坐标。

6）显示宽度、显示高度

指显示窗口的宽度和高度。以像素为单位计算。

7）画面宽度、画面高度

指画面的大小，是画面总的宽度和高度，总是大于或等于显示窗口的宽度和高度。

可以通过对画面属性中显示窗口大小和画面大小的设置来实现组态王的大画面漫游功能。大画面漫游功能也就是组态王制作的画面不再局限于屏幕大小，可以绘制任意大小的画面，通过拖动滚动条来查看，并且在开发和运行状态都提供画面移动和导航功能。

画面的最大宽度和高度为 4 个显示屏幕大小（以 1024×768 为标准显示屏幕大小），也就是说，可定义画面的最大宽度和高度为 4096×3072。如指定的画面宽度或高度小于显示窗口的大小，则自动设置画面大小为显示窗口大小。

8）画面风格——标题栏

此选择用于决定画面是否有标题栏。若有标题栏，选中此选项，在其前面的小方框中有"√"显示，开发系统画面标题栏上将显示画面名称。

9）画面风格——大小可变

此选择用于决定画面在开发系统（TouchExplorer）中是否能由工程人员改变大小。改变画面大小的操作与改变 Windows 窗口相同。鼠标移动到画面边界时，鼠标箭头变为双向箭头，拖动鼠标，可以修改画面的大小。

10）画面风格——类型

主要指在运行系统中，有覆盖式和替换式两种画面类型可供选择。覆盖式是指新画面出现时，它重叠在当前画面之上，关闭新画面后，被覆盖的画面又可见。替换式是指新画面出现时，所有与之相交的画面自动从屏幕上和内存中删除，即所有画面被关闭。建议使用替换式画面以节约内存。

11）画面风格——边框

画面边框有 3 种样式，可从中选择一种。只有当"大小可变"选项没被选中时，该选项才有效，否则灰色显示无效。

12）画面风格——背景色

此按钮用于改变窗口的背景色，按钮中间是当前默认的背景色。用鼠标按下此按钮后，出现一个浮动的调色板窗口，可从中选择一种颜色。

13）命令语言（画面命令语言）

根据程序设计者的要求，画面命令语言可以在画面显示时执行、隐含时执行，或者在画面存在期间定时执行。如果希望定时执行，还需要指定时间间隔。

执行画面命令语言的方式有 3 种，即显示时、存在时和隐含时。这 3 种执行方式的含义如下。

（1）显示时：每当画面由隐含变为显示时，"显示时"编辑框中的命令语言被执行一次。

（2）存在时：只要该画面存在，即画面处于打开状态，则"存在时"编辑框中的命令语言按照设置的频率被反复执行。

（3）隐含时：每当画面由显示变为隐含时，"隐含时"编辑框中的命令语言被执行一次。

2. 打开

此菜单命令用于打开画面，选择"文件"|"打开"命令，完后操作。

3. 关闭

此菜单命令用于关闭画面。

4. 存入

此菜单命令用于保存画面。

5. 全部存

此菜单命令用于保存全部画面。选择"文件"|"全部存"命令，组态王将所有已经打开并且内容发生改变的画面存入对应的文件。

6. 删除

此菜单命令用于删除画面。选择"文件"|"删除"命令，弹出"删除画面"对话框。

7. 切换到 View

此菜单命令用于从画面制作系统直接进入画面运行系统。

8. 切换到 Explorer

此菜单命令用于从画面制作系统直接进入工程浏览器。

9. 退出

此菜单命令将组态王开发系统制作程序最小化，并回到工程浏览器。

5.4.2 "编辑"菜单

"编辑"菜单的各命令用于对图形对象进行编辑。单击"编辑"菜单，弹出下拉式菜单，如图 5-15 所示。

为了使用这些命令，应首先选中要编辑的图形对象（对象周围出现 8 个小矩形），然后选择"编辑"菜单中合适的命令。菜单命令变成灰色，表示此命令对当前图形对象无效。

1. 取消

此菜单命令用于取消以前执行过的命令，从最后一次操作开始。

图 5-15　"编辑"菜单

2. 重做

此菜单命令用于恢复取消的命令,从最后一次操作开始。

3. 剪切

此菜单命令将选中的一个或多个图形对象从画面中删除,并复制到粘贴缓冲区中。剪切命令与拷贝命令的相同之处是都把当前选中的一个或多个图形对象复制到粘贴缓冲区中;不同之处是剪切命令删除当前画面中选中的一个或多个图形对象,而拷贝命令保留当前画面中选中的一个或多个图形对象,其操作方式与拷贝命令完全相同。

4. 拷贝

此菜单命令将当前选中的一个或多个图形对象拷贝到粘贴缓冲区中。当选中一个或多个图形对象时(对象周围出现 8 个小矩形),灰色的拷贝命令将变为正常的显示颜色,表示此命令可对当前选中的所有图形对象进行拷贝操作。执行该命令,将把选中的图形对象拷贝到粘贴缓冲区中。

5. 粘贴

此菜单命令将当前粘贴缓冲区中的一个或多个图形对象复制到指定位置。只有执行了拷贝命令或剪切命令后,此命令才有效,这时"粘贴"项由灰色变成正常颜色。

6. 删除

此菜单命令用于删除一个或多个选中的图形对象。只有选中图形对象后,删除命令才由灰色变成正常颜色,此时命令有效。

7. 复制

此菜单命令将当前选中的一个或多个图形对象直接在画面上进行复制,而不需要送到粘贴缓冲区中。当选中一个或多个图形对象时,灰色的"复制"命令将变为正常的显示颜色,表示此命令可对当前选中的一个或多个图形对象进行复制操作。执行"复制"命令后,在原先的图形对象上面出现一个新复制出来的图形对象。

8. 锁定

此菜单命令用于锁定、解锁图素。当图素锁定时,不能对图素的位置和大小进行操作,而复制、粘贴、删除、图素前移/后移等操作不会受到影响。

9. 粘贴点位图

此菜单命令用于将剪贴板中的点位图复制到当前选中的点位图对象中,并且复制的点位图将进行缩放,以适应点位图对象的大小。组态王中可以嵌入各种格式的图片,如Bmp、Jpg、Jpeg、Png、Gif 等。图形的颜色只受显示系统的限制。

向组态王点位图中加载图片有两种方法:一种是打开图片文件,选择所要加载的图片部分,使用"复制"命令或按热键 Ctrl+C 将选择的图片部分复制到 Windows 的剪贴板中。另一种方法是在组态王中进入开发系统画面,单击工具箱中的"点位图"按钮,在画面上绘制图片区域,然后使用"粘贴点位图"命令,将图片粘贴到组态王画面中。

10. 位图—原始大小

此菜单命令使选中的点位图对象中的点位图恢复到与图片本身一样的原有尺寸,而不管点位图对象矩形框的大小。点位图恢复到原有尺寸是为了避免缩放引起的图像失真。

11. 拷贝点位图

此菜单命令将当前选中的点位图对象中的点位图复制到剪贴板中。只有选中点位图对象后,拷贝点位图命令才有效。

12. 全选

此菜单命令使画面上所有图形对象都处于选中状态。

13. 画面属性

此菜单命令用于对画面属性进行修改。

14. 动画连接

此菜单命令用于弹出选中图形对象的"动画连接"对话框。在画面上选中图形对象后,单击"编辑"|"动画连接"菜单,弹出"动画连接"对话框。此命令的效果与双击图形对象相同。

15. 水平移动向导

此菜单命令用于使用可视化向导定义图素的水平移动的动画连接。在画面上选择图素,然后选择该命令,鼠标形状变为小"十"字形。选择图素水平移动的起始位置,单击鼠标左键,鼠标形状变为向左的箭头,表示当前定义的是运行时图素向左移动的距离,移动鼠标,箭头随之移动,并画出一条移动轨迹线。当向左移动到左边界后,单击鼠标左键,鼠标形状变为向右的箭头,表示当前定义的是运行时图素向右移动的距离,移动鼠标,箭头随之移动,并画出一条移动轨迹线。当到达水平移动的右边界时,单击鼠标左键,弹出"水平移动动画连接"对话框。

16. 垂直移动向导

此菜单命令用于使用可视化向导定义图素的垂直移动的动画连接。在画面上选择图素,然后选择该命令,鼠标形状变为小"十"字形。选择图素垂直移动的起始位置,单击鼠标左键,鼠标形状变为向上的箭头,表示当前定义的是运行时图素向上移动的距离,移动鼠标,箭头随之移动,并画出一条移动轨迹线。当向上移动到上边界后,单击鼠标左键,鼠标形状变为向下的箭头,表示当前定义的是运行时图素向下移动的距离,移动鼠标,箭头随之移动,并画出一条移动轨迹线。当到达垂直移动的下边界时,单击鼠标左键,弹出"垂直移动动画连接"对话框。

17. 滑动杆水平输入向导

此菜单命令用于使用可视化向导定义图素的水平滑动杆输入的动画连接。在画面上选择图素,然后选择该命令,鼠标形状变为小"十"字形。选择图素水平移动的起始位置,单击鼠标左键,鼠标形状变为向左的箭头,表示当前定义的是运行时图素向左移动的距离,移动鼠标,箭头随之移动,并画出一条移动轨迹线。当向左移动到左边界后,单击鼠标左键,鼠标形状变为向右的箭头,表示当前定义的是运行时图素向右移动的距离,移动鼠标,箭头随之移动,并画出一条移动轨迹线。当到达水平移动的右边界时,单击鼠标左键,弹出"水平滑动杆输入动画连接"对话框。

18. 滑动杆垂直输入向导

此菜单命令用于使用可视化向导定义图素的滑动杆垂直输入的动画连接。在画面上选择图素,然后选择该命令,鼠标形状变为小"十"字形。选择图素垂直移动的起始位置,单击鼠标左键,鼠标形状变为向上的箭头,表示当前定义的是运行时图素向上移动的距离,移动鼠标,箭头随之移动,并画出一条移动轨迹线。当向上移动到上边界后,单击鼠标左键,鼠标形状变为向下的箭头,表示当前定义的是运行时图素向下移动的距离,移动鼠标,箭头随之移动,并画出一条移动轨迹线。当到达垂直移动的下边界时,单击鼠标左键,弹出"垂直滑动杆输入动画连接"对话框。

19. 旋转向导

此菜单命令用于使用可视化向导定义图素的旋转的动画连接。在画面上选择图素,然后选择该命令,光标形状变为小"十"字形。在画面上的相应位置单击鼠标左键,选择图素旋转时的围绕中心,鼠标形状变为逆时针方向的旋转箭头,表示现在定义的是图素逆时针旋转的起始位置和旋转角度。移动鼠标,环绕选定的中心,则一个图素形状的虚线框会随鼠标的移动而转动。确定逆时针旋转的起始位置后,单击鼠标左键,鼠标形状变为顺时针方向的旋转箭头,表示现在定义的是图素顺时针旋转的起始位置和旋转角度,方法同逆时针定义。选定好顺时针的位置后,单击鼠标左健,弹出"旋转动画连接"对话框。

20. 变量替换

此菜单命令用于替换画面中引用的变量名,使该变量被替换为"数据词典"中已有的同类型的变量名。

（1）旧变量

输入想被替换的旧变量名,单击后面的"?"按钮,弹出"选择变量名"对话框,进行变量名选择。

（2）替换为

输入新的变量名,单击后面的"?"按钮,弹出"选择变量名"对话框,进行变量名选择。

（3）选中的图素

只将当前画面中选中图素的旧变量名替换为相应的新变量名。

（4）当前画面

只将当前画面中的该旧变量名替换为相应的新变量名。

（5）所有画面

无论引用此变量的画面是否打开,都将替换为相应的新变量名。

21. 字符串替换

此菜单命令用于将画面中的文本文字、按钮上的文字进行替换。

22. 插入控件

此菜单命令用于打开控件选择窗口,创建控件。

控件是组态王的重要特色。它不同于 ActiveX 控件,是由组态王开发的。组态王已经提供了多种功能强大、方便实用的控件,而且正在开发更多种类的控件。在"创建控件"对话框中,用户可以根据需要选择相应的控件插入到画面中。

23. 插入通用控件

此菜单命令用于打开通用控件选择窗口,创建通用控件。

5.4.3 "排列"菜单

"排列"菜单的各命令用于调整画面中图形对象的排列方式。单击"排列"菜单,弹出下拉式菜单,如图 5-16 所示。

在使用这些命令之前,首先要选中需要调整排列方式的两个或两个以上的图形对象,再从"排列"菜单项的下拉式菜单中选择命令,执行相应的操作。

1. 图素后移

此菜单命令使一个或多个选中的图素对象移至所有其他与之相交的图素对象后面,作为背景。此图素后移操作命令正好是图素前移操作命令的相反过程,两者的使用方法完全相同。

2. 图素前移

此菜单命令使一个或多个选中的图素对象移至所有其他与之相交的图素对象前面,

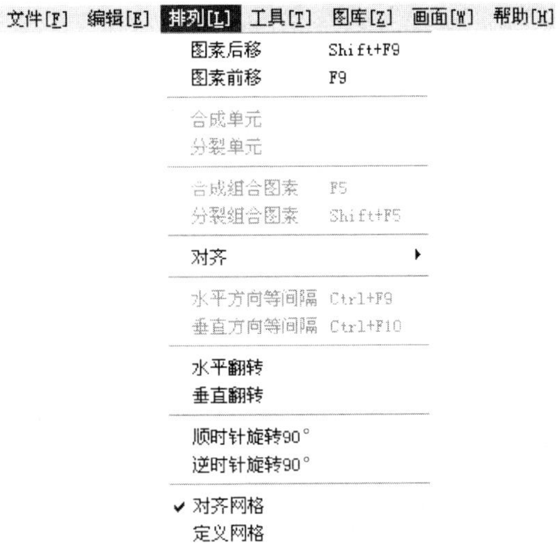

图 5-16　"排列"菜单

作为前景。

3. 合成单元

此菜单命令用于对所有图形元素或复杂对象进行合成。图形元素或复杂对象在合成前可以进行动画连接,合成后生成的新图形对象不能再进行动画连接。

4. 分裂单元

此菜单命令是"合成单元"命令的逆过程,把用"合成单元"命令形成的图形对象分解为合成前的单元,而且保持它们的原有属性不变。

5. 合成组合图素

此菜单命令将两个或多个选中的基本图素(没有任何动画连接)对象组合成一个整体,作为构成画面的复杂元素。按钮、趋势曲线、报警窗口、有连接的对象或另一个单元不能作为基本图素来合成复杂元素单元。合成后形成的新的图形对象可以进行动画连接。

6. 分裂组合图素

此菜单命令将选中的单元分解成为原来合成组合图素前所用的两个或多个基本图素对象,此命令正好是合成组合图素的逆操作。执行"分裂组合图素"命令后,原先组合图素中的动画连接会自动消失,恢复为组合前的图形对象没有任何动画连接的状态。

7. 对齐

1) 上对齐

此菜单命令使多个被选中对象的上边界与最上面的一个对象平齐。先选中多个图形对象,再操作。

2) 执行"上对齐"命令前/执行"上对齐"命令后

(1) 水平对齐

此菜单命令使两个或多个选中对象的中心处于同一水平线上。先选中多个图形对象,再操作。

（2）下对齐

此菜单命令使两个或多个选中对象的下边界与最下边的一个对象对齐。先选中多个图形对象,再操作。

（3）左对齐

此菜单命令使两个或多个选中对象的左边界与最左边的一个对象对齐。先选中多个图形对象,再操作。

（4）垂直对齐

此菜单命令使两个或多个选中对象的中心在竖直方向对齐。先选中多个图形对象,再操作。

（5）右对齐

此菜单命令使两个或多个选中对象的右边界与最右边的一个对象对齐。先选中多个图形对象,再操作。

8. 水平方向等间隔

此菜单命令使多个选中对象在水平方向上的间隔相等。先选中多个图形对象,再操作。

9. 垂直方向等间隔

此菜单命令使多个选中对象在竖直方向上的间隔相等。先选中多个图形对象,再操作。

10. 水平翻转

执行此菜单命令,把被选中的图素水平翻转,也可以翻转多个图素合成的组合图素。翻转的轴线是包围图素或组合图素的矩形框的垂直对称轴。不能同时翻转多个图素对象。

11. 垂直翻转

执行此菜单命令,把被选中的图素垂直翻转,也可以翻转多个图素合成的组合图素。翻转的轴线是包围图素或组合图素的矩形框的水平对称轴。不能同时翻转多个图素对象。

12. 顺时针旋转 90°

执行此菜单命令,把被选中的单个图素以图素中心为圆心顺时针旋转 90°,也可以旋转多个图素合成的组合图素,但是不能同时旋转多个图素对象。

13. 逆时针旋转 90°

执行此菜单命令,把被选中的单个图素以图素中心为圆心逆时针旋转 90°,也可以旋转多个图素合成的组合图素,但是不能同时旋转多个图素对象。

14. 对齐网格

此菜单命令用于显示/隐藏画面上的网格,并且决定画面上图形对象的边界是否与栅格对齐。对齐网格后,图形对象的移动也将以栅格为距离单位。

15. 定义网格

此菜单命令定义网格是否显示、网格的大小以及是否需要对齐网格。

选中"显示网格"时(选择框内出现"√"),画面背景上显示网格;选中"对齐网格"后,各图形对象的边界与栅格对齐,图形对象的移动也将以栅格为距离单位。

5.4.4 "工具"菜单

"工具"菜单的各命令用于激活绘制图素的状态,图素包括线、填充形状(封闭图形)和文本三类简单对象,以及按钮、趋势曲线、报警窗口等特殊复杂图素。每种对象都有影响其外观的属性,如线颜色、填充颜色、字体颜色等,可在绘制时定义。如果选中"工具"菜单中的某一个命令,则在该命令前面出现"√"。单击"工具"菜单,弹出下拉式菜单,如图 5-17 所示。

图 5-17　"工具"菜单

1. 选中图素

此菜单命令用于图形对象的选择、拖动和重定尺寸。这是鼠标的默认工作方式,又是其他绘图工具完成操作后的自动返回方式。

2. 改变图素形状

此菜单命令用于改变圆角矩形的圆角弧的半径、扇形或弧形的角度、多边形、直线或折线的各顶点的相对位置。

利用鼠标切换、拖动焦点，可改变图素的形状；也可用键盘的 Tab 键切换焦点；或用光标键拖动这些焦点，直到工程人员满意为止。

3. 圆角矩形

此菜单命令用于绘制矩形或圆角矩形。

4. 直线

此菜单命令用于绘制直线。

5. 椭圆

此菜单命令用于绘制椭圆（圆）。

6. 扇形（弧形）

此菜单命令用于绘制扇形（弧形）。

7. 点位图

此菜单命令用于绘制点位图对象。单击"工具"|"点位图"命令，此时鼠标光标变为"十"字形，操作方法如下：

（1）将鼠标光标置于一个起始位置，此位置就是点位图矩形的左上角。

（2）按下鼠标的左键并拖曳鼠标，牵拉出点位图矩形的另一个对角顶点即可。在牵拉点位图矩形的过程中，点位图的大小是以虚线表示的。

（3）使用绘图工具（如 Windows 的画笔）画出需要的点位图，再将此点位图拷贝到 Windows 的剪切板上，最后利用组态王的"编辑"|"粘贴点位图"命令将此点位图粘贴到点位图矩形内。

8. 多边形

此菜单命令用于绘制多边形。

9. 折线

此菜单命令用于绘制折线。可画出多条折线，但对多条折线所包围的区域不进行颜色填充。

10. 文本

此菜单命令用于输入文字字符。

11. 立体管道

此菜单命令用于在画面上放置立体管道图形。

12. 管道宽度

此菜单命令用于修改画面上选中的立体管道的宽度。先选中要修改的立体管道，再操作。

13. 填充属性

填充属性是指以何种画线方式来充满指定的封闭区域。

14. 线属性

线属性包括线型和线宽。系统提供了 6 种线型、5 种线宽。如果要改变一条直线或折线的线属性,先选中这个图形对象,然后选择"工具"|"线属性"命令,从中选择一种即可。

15. 字体

此菜单命令用于改变字体的默认设置。

16. 按钮

此菜单命令用于绘制按钮。

17. 菜单

此菜单命令允许用户将经常要调用的功能做成菜单形式,以方便管理。对该菜单可以设置权限,提高系统操作的安全性。选择"工具"|"菜单"命令,鼠标光标变为"十"字形,操作方法如下:

(1) 将鼠标光标置于一个起始位置,此位置就是矩形菜单按钮的左上角。

(2) 按下鼠标的左键并拖曳鼠标,牵拉出菜单按钮的另一个对角顶点即可。在牵拉矩形菜单按钮的过程中,其大小是以虚线矩形框表示的。松开鼠标左键,则菜单出现并固定,如图 5-18 所示。

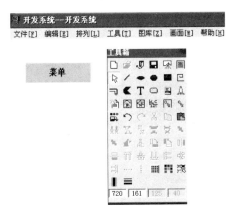

图 5-18　"菜单"图

绘制出菜单后,更重要的是对菜单进行功能定义,即定义菜单下的各功能项及其功能。双击绘制出的菜单按钮,或者在菜单按钮上右击,选择"动画连接",将弹出"菜单定义"对话框,如图 5-19 所示。

1) 菜单文本

用于定义主菜单的名称,用户可以输入任何文本(包括空格),但长度不能超过 31 个字符。

2) 菜单项

用于定义各个子菜单的名称。菜单项定义为树型结构,用户可以将各个功能做成下拉菜单的形式。运行时,通过单击该下拉菜单完成用户需要的功能。

自定义菜单支持到二级菜单。每级菜单最多可定义 255 个项或子项,两级菜单名都可输入任何文本(包括空格),但长度不能超过 31 个字符。两级菜单的定义方法如下。

(1) 一级菜单

右击"菜单项"下的编辑框,出现快捷菜单命令,如图 5-20 所示。

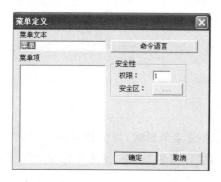

图 5-19　"菜单定义"对话框

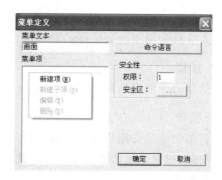

图 5-20　"菜单项"编辑框

选择"新建项"命令,菜单项内出现输入子菜单名称状态,即可新建第一级子菜单。当输入完一项后,按下回车键或是单击鼠标左键,即可完成新建项输入。或者直接使用快捷键 Ctrl+N,也可输入第一级子菜单名称。如图 5-21 所示,建立一个"画面"菜单按钮,新建"打印"一级菜单项。

(2) 二级菜单

用鼠标选中想要新建子菜单的一级菜单,单击右键,出现快捷菜单命令,如图 5-22 所示。

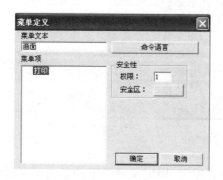

图 5-21　新建项

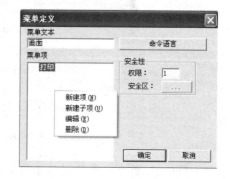

图 5-22　新建子项

选择"新建子项"命令,菜单项内出现输入子菜单名称状态,即可新建第二级子菜单。当输入完一项后,按下回车键或是单击鼠标左键,即可完成新建项输入。或者直接使用快捷键 Ctrl+U,也可输入第二级子菜单名称。如图 5-23 所示,在"打印"菜单项中建立两个二级菜单,即"打印实时数据报表"和"打印历史数据报表"。

还可以对已经建立好的各个菜单进行修改。选中想要修改的菜单,右击弹出快捷菜单,其中有"编辑(E)"和"删除(D)"两个命令。除此之外,组态王还提供了快捷键对菜单进行修改,即 Ctrl+N:新建菜单项;Ctrl+U:新建子菜单项;Ctrl+E:编辑当前选中的菜单(子)项;Ctrl+D:删除当前选中的菜单(子)项。

如图 5-24 所示,自定义一个菜单,它有两个一级菜单,分别为"打印"和"页面设置"。其中,"打印"菜单中有两个二级菜单,分别为"打印实时数据报表"和"打印历史数据报表"。

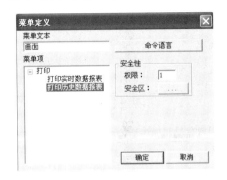
图 5-23　新建二级子项

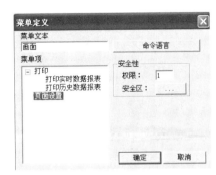
图 5-24　自定义菜单

3) 命令语言

自定义菜单就是允许用户在运行时单击菜单各项以执行已定义的功能。单击"命令语言"按钮可以调出"命令语言"界面,在编辑区书写命令语言来完成菜单各项要执行的功能。

该命令实际是执行一个系统函数 void OnMenuClick(LONG MenuIndex,LONG ChildMenuIndex)。函数的参数说明如下:

(1) MenuIndex:第一级菜单项的索引号;

(2) ChildMenuIndex:第二级菜单项的索引号。当没有第二级菜单项时,在命令语言中条件应为 ChildMenuIndex==-1。

在命令语言编辑区中按照工程需要对 MenuIndex 和 ChildMenuIndex 的不同值定义不同的功能。MenuIndex 和 ChildMenuIndex 都是从等于 0 开始。MenuIndex==0 表示一级菜单中的第一个菜单;ChildMenuIndex==0 表示所属一级菜单中的第一个二级菜单,如图 5-25 所示。

该命令语言的含义为:

(1) 当单击下拉菜单的第一项"打印"时,继续弹出下一级子菜单。单击子菜单第一项"打印实时数据报表"时,执行函数"ReportPrint2("实时数据报表");",即打印实时数据报表。

(2) 当单击"打印"子菜单第二项"打印历史数据报表"时,执行函数"ReportPrint2("历史数据报表");",即打印历史数据报表。

(3) 当单击下拉菜单的第二项"页面设置"时,执行函数"ReportPageSetup("历史数据报表");",即设置历史数据报表页面。

4) 安全性

定义菜单按钮运行时的权限,即没有授权的用户不可以操作该菜单按钮,不能执行菜

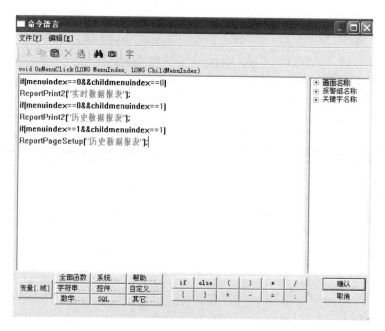

图 5-25　命令语言

单的各项功能。

（1）权限：在"权限"文本框中输入菜单按钮的操作优先级，范围为 1～999。

（2）安全区：单击右侧的按钮，弹出"选择安全区"画面，从中选择该菜单按钮的操作安全区。安全区只允许选择，不允许直接输入，以防止输入错误。

18. 按钮文本

此菜单命令用于修改按钮上的文本显示。只有选中按钮对象时，"按钮文本"菜单命令才由灰色（禁止使用）变成亮色（允许使用），表示此菜单命令有效。

19. 历史趋势曲线

此菜单命令用于绘制历史趋势曲线。历史趋势曲线可以把历史数据直观地显示在一张有格式的坐标图上。一个历史趋势曲线对象可同时为 8 个数据变量绘图，每个画面中可绘制数目不限的历史趋势曲线对象。

20. 实时趋势曲线

此菜单命令用于绘制实时趋势曲线。实时趋势曲线可以把数据的变化情况实时地显示在一张有格式的坐标图上，每个实时趋势曲线对象可同时为 4 个数据变量绘图，每个画面可绘制数目不限的实时趋势曲线对象。

21. 报警窗口

此菜单命令用于创建报警窗口。

22. 报表窗口

此菜单命令用于创建报表窗口。

23. 显示工具箱

此菜单命令用于浮动的图形工具箱在可见或不可见之间切换。工具箱默认是可见的,此时菜单选项左边有"√"。单击"工具"|"显示工具箱"命令,浮动的图形工具箱在画面上消失,同时菜单选项左边的"√"消失。再次单击该命令,工具箱又变为可见。

24. 显示导航图

此菜单命令用于浮动的导航图在可见或不可见之间切换。导航图默认是不可见的,此时菜单选项左边没有"√"显示。此菜单命令只有在画面宽度(高度)大于显示窗口宽度(高度)时才有效,即在定义了大画面功能时才会有效。

25. 显示调色板

此菜单命令用于浮动的图形调色板在可见或不可见之间切换。调色板默认是可见的,此时菜单选项左边有"√"。单击"工具"|"显示调色板"命令,浮动的调色板在画面上消失,同时菜单选项左边的"√"消失。再次单击该命令,调色板又变为可见。

26. 显示画刷类型

此菜单命令用于浮动的画刷类型在可见或不可见之间切换。画刷类型默认是不可见的,此时菜单选项左边没有"√"显示。单击"工具"|"显示画刷类型"命令,浮动的画刷类型在画面上显示,同时菜单选项左边有"√"。再次单击该命令,画刷类型又变为不可见。

27. 显示线形

此菜单命令用于浮动的线形类型在可见或不可见之间切换。线形类型默认是不可见的,此时菜单选项左边没有"√"显示。单击"工具"|"显示线形"命令,浮动的线形类型在画面上显示,同时菜单选项左边有"√"。再次单击该命令,线形类型又变为不可见。

28. 全屏显示

此菜单命令的功能与工具箱中的"全屏显示"按钮的功能相同,用于将画面开发环境整屏显示。单击"工具"|"全屏显示"命令,则画面开发系统的标题栏和菜单条消失;再用鼠标左键单击工具箱中的"全屏显示"按钮,则画面开发系统的标题栏和菜单条重新出现。

5.4.5　"图库"菜单

"图库"菜单用于打开图库、调出图库内容、创建新图库精灵及转化图素等操作。单击"图库"菜单,弹出下拉式菜单,如图 5-26 所示。

图 5-26　"图库"菜单

1. 创建图库精灵

此菜单命令用于把图素、复杂图素、单元或它们的任意组合转化为图库精灵。在画面上选中所有需要转换成图库精灵的图形对象，然后选用此命令。在弹出的对话框中输入图库精灵的名称。

2. 转换成普通图素

此菜单命令的功能与"创建图库精灵"相反，用于把画面上的图库精灵分解为组成精灵的各个图形对象。

3. 打开图库

此菜单命令用于打开图库管理器，从而在画面上加载各种图库精灵。

4. 生成精灵描述文本

此菜单命令用于对画面中选中的要制作图库精灵的图素生成 C 程序段的描述文本文件。该段描述文本将有助于用户用编程的方式来自制组态王图库精灵。

5.4.6 "画面"菜单

在"画面"菜单下方列出已经打开的画面名称，选取其中的一项可激活相应的画面，使之显示在屏幕上，当前画面的左边有"√"，如图 5-27 所示。

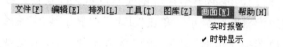

图 5-27 "画面"菜单

5.4.7 "帮助"菜单

此菜单命令用于查看组态王帮助文件，如图 5-28 所示。

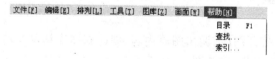

图 5-28 "帮助"菜单

1. 目录

此菜单命令用于查看组态王的帮助目录，包括 TouchVew(运行系统)的菜单帮助。

2. 查找

执行该命令，将弹出"搜索关键词"对话框，工程人员可按关键词查找帮助的内容。

3. 索引

执行该命令,将弹出"索引关键词"对话框,工程人员可按关键词查找帮助的内容。

小结

本章介绍工程浏览器和开发系统菜单及组成,重点介绍如何使用工程浏览器和开发系统菜单。

习题

5.1　工程浏览器的作用是什么？

5.2　组态王开发系统的菜单有哪些？

CHAPTER 6

变量的定义和管理

6.1 变量的类型

6.1.1 基本变量类型

变量的基本类型共有两类,即内存变量和 I/O 变量。I/O 变量是指可与外部数据采集程序直接进行数据交换的变量,如下位机数据采集设备(如 PLC、仪表等)或其他应用程序(如 DDE、OPC 服务器等)。这种数据交换是双向的、动态的,也就是说,在组态王系统运行过程中,每当 I/O 变量的值改变时,该值就会自动写入下位机或其他应用程序;每当下位机或应用程序中的值改变时,组态王系统中的变量值也会自动更新。所以,那些从下位机采集来的数据、发送给下位机的指令,比如"反应罐液位"、"电源开关"等变量,都需要设置成 I/O 变量。

内存变量是指那些不需要和其他应用程序交换数据,也不需要从下位机得到数据,只在组态王内需要的变量。例如,计算过程的中间变量就可以设置成内存变量。

6.1.2 变量的数据类型

组态王中,变量的数据类型与一般程序设计语言中的变量比较类似,主要有以下几种。

1. 实型变量

类似一般程序设计语言中的浮点型变量,用于表示浮点(float)型数据,取值范围 $10E-38\sim10E+38$,有效值 7 位。

2. 离散型变量

类似一般程序设计语言中的布尔(BOOL)变量,只有 0 和 1 两种取值,用于表示开关量。

3. 字符串型变量

类似一般程序设计语言中的字符串变量,可用于记录有特定含义的字符串,如名称、密码等。该类型的变量可以进行比较运算和赋值运算。字符串最大长度为 128 个字符。

4. 整数型变量

类似一般程序设计语言中的有符号长整数型变量,用于表示带符号的整型数据,取值范围－2147483648～2147483647。

5. 结构变量

当组态王工程中定义了结构变量时,在变量类型的下拉列表框中会自动列出已定义的结构变量。一个结构变量作为一种变量类型,结构变量下可包含多个成员,每一个成员就是一个基本变量。成员类型可以是内存离散型、内存整型、内存实型、内存字符串型、I/O 离散型、I/O 整型、I/O 实型、I/O 字符串型。

注意: 结构变量成员的变量类型必须在定义结构变量的成员时先定义,包括离散型、整型、实型、字符串型或已定义的结构变量。在变量定义的界面上只能选择该变量是内存型还是 I/O 型。

6.1.3　特殊变量类型

特殊变量类型有报警窗口变量、历史趋势曲线变量和系统预设变量三种。这几种特殊类型的变量正是体现了组态王系统面向工控软件、自动生成人—机接口的特色。

1. 报警窗口变量

这是工程人员在制作画面时通过定义报警窗口生成的。在报警窗口定义对话框中有一个选项为“报警窗口名”,工程人员在此处输入的内容即为报警窗口变量。此变量在数据词典中是找不到的,是组态王内部定义的特殊变量。可用命令语言编制程序来设置或改变报警窗口的一些特性,如改变报警组名或优先级,在窗口内上、下翻页等。

2. 历史趋势曲线变量

这是工程人员在制作画面时通过定义历史趋势曲线生成的。在历史趋势曲线定义对话框中有一个选项为“历史趋势曲线名”,工程人员在此处输入的内容即为历史趋势曲线变量(区分大小写)。此变量在数据词典中是找不到的,是组态王内部定义的特殊变量。工程人员可用命令语言编制程序来设置或改变历史趋势曲线的一些特性,如改变历史趋势曲线的起始时间或显示的时间长度等。

3. 系统预设变量

预设变量中有 8 个时间变量是系统已经在数据库中定义的,用户可以直接使用。

(1) $ 年

返回系统当前日期的年份。

(2) $ 月

返回 1～12 之间的整数,表示当前日期的月份。

(3) $ 日

返回 1～31 之间的整数,表示当前日期的日。

（4）＄时

返回 0～23 之间的整数，表示当前时间的时。

（5）＄分

返回 0～59 之间的整数，表示当前时间的分。

（6）＄秒

返回 0～59 之间的整数，表示当前时间的秒。

（7）＄日期

返回系统当前日期字符串。

（8）＄时间

返回系统当前时间字符串。

以上变量由系统自动更新，工程人员只能读取时间变量，而不能改变它们的值。

（9）＄用户名

在程序运行时，记录当前登录的用户名。

（10）＄访问权限

在程序运行时，记录当前登录的用户的访问权限。

（11）＄启动历史记录

表明历史记录是否启动（1＝启动；0＝未启动）。工程人员在开发程序时，可通过按钮弹起命令预先设置该变量为 1。在程序运行时，可由用户控制，按下按钮启动历史记录。

（12）＄启动报警记录

表明报警记录是否启动（1＝启动；0＝未启动）。工程人员在开发程序时，可通过按钮弹起命令预先设置该变量为 1。在程序运行时，可由工程人员控制，按下按钮启动报警记录。

（13）＄新报警

每当报警发生时，"＄新报警"被系统自动设置为 1。由工程人员负责把该值恢复到 0。工程人员在开发程序时，可通过数据变化命令语言设置当报警发生时，产生声音报警（用 PlaySound()函数）。在程序运行时，可由工程人员控制听到报警后将该变量置 0，确认报警，如图 6-1 所示。

（14）＄启动后台命令

表明后台命令是否启动（1＝启动；0＝未启动）。工程人员在开发程序时，可通过按钮弹起命令预先设置该变量为 1。在程序运行时，可由工程人员控制，按下按钮启动后台命令。

（15）＄双机热备状态

表明双机热备中主、从计算机所处的状态。该变量为整型（1＝主机工作正常；2＝主机工作不正常；－1＝从机工作正常；－2＝从机工作不正常；0＝无双机热备）。主、从机初始工作状态是由组态王中的网络配置决定的。该变量的值只能由主机修改，从机只能进行监视，而不能修改该变量的值。

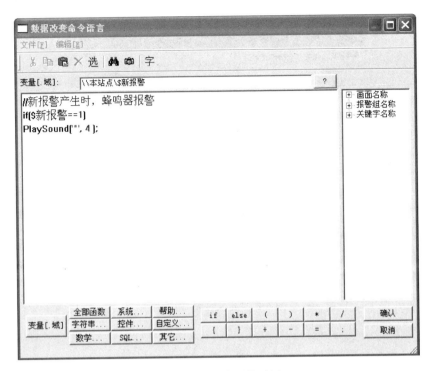

图 6-1 系统变量的引用

（16）$毫秒

返回当前系统的毫秒数。

（17）$网络状态

用户通过引用网络上计算机的"$网络状态"变量得到网络通信状态。

6.2 基本变量的定义

内存离散型、内存实型、内存长整数型、内存字符串型、I/O 离散型、I/O 实型、I/O 长整数型和 I/O 字符串型，这 8 种基本类型的变量是通过"变量属性"对话框定义的。在"变量属性"对话框的"属性"卡片中设置它们的部分属性。

在工程浏览器中左边的目录树中选择"数据词典"项，右侧的内容显示区会显示当前工程中所定义的变量。双击"新建"图标，弹出"定义变量"对话框。组态王的变量属性由基本属性、报警定义及记录和安全区 3 个属性页组成。采用这种卡片式管理方式，用户只要用鼠标单击卡片顶部的属性标签，则该属性卡片有效，用户就可以定义相应的属性。"定义变量"对话框如图 6-2 所示。

单击"确定"按钮，则用户定义的变量有效，并保存新建的变量名到数据库的数据词典中。若变量名不合法，会弹出提示对话框提醒工程人员修改变量名。单击"取消"按钮，则用户定义的变量无效，并返回"数据词典"界面。

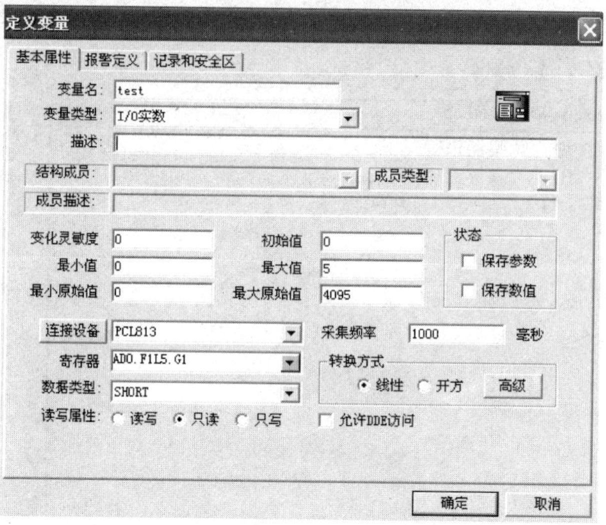

定义变量

基本属性 | 报警定义 | 记录和安全区

变量名: test

变量类型: I/O实数

描述:

结构成员: 　　　　　　　　　　成员类型:

成员描述:

变化灵敏度: 0　　　　初始值: 0　　　　状态

最小值: 0　　　　最大值: 5　　　　☐ 保存参数

最小原始值: 0　　　　最大原始值: 4095　　　☐ 保存数值

连接设备: PCL813　　　　采集频率: 1000　　毫秒

寄存器: ADO.F1L5.G1　　　　转换方式

数据类型: SHORT　　　　　● 线性　○ 开方　高级

读写属性: ○ 读写　● 只读　○ 只写　☐ 允许DDE访问

确定　　取消

图 6-2 "定义变量"对话框

6.3　I/O 变量的转换方式

对于 I/O 模拟变量,在现场实际中,可能要根据输入要求的不同将其按照不同的方式进行转换。比如,一般的信号与工程值都是线性对应的,可以选择线性转换;有些需要进行累计计算,则选择累计转换。组态王为用户提供了线性、开方、非线性表、直接累计、差值累计等多种转换方式。

6.3.1　线性转换方式

线性转换方式是指用原始值和数据库使用值的线性插值进行转换,如图 6-3 所示。

线性转换是将设备中的值与工程值按照固定的比例系数进行转换,如图 6-4 所示。

在变量基本属性定义对话框的"最大值"和"最小值"编辑框中输入变量工程值的范围,在"最大原始值"和"最小原始值"编辑框中输入设备中转换后的数字量值的范围(可以参考组态王驱动帮助中的介绍),则系统运行时,按照指定的量程范围进行转换,得到当前实际的工程值。线性转换方式是最直接也是最简单的一种 I/O 转换方式。

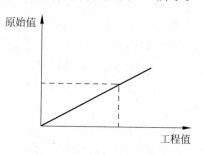

图 6-3　原始值与工程值的关系图

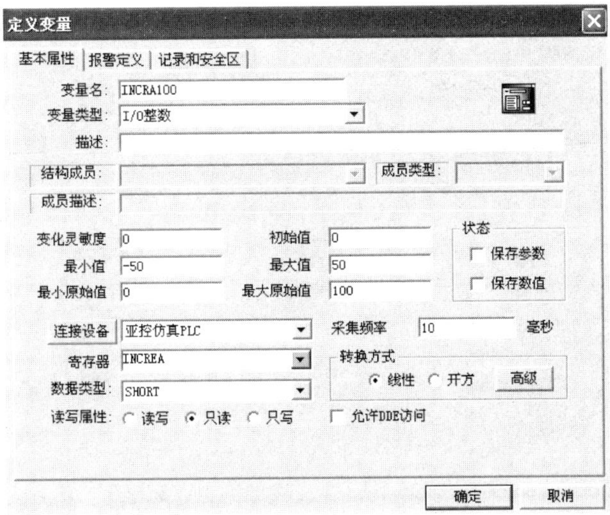

图 6-4 定义线性转换

1. PLC 电阻器连接的流量传感器的转换方法 1

与 PLC 电阻器连接的流量传感器在空流时产生 0 值,在满流时产生 9999 值。如果输入如下数值:

最小原始值＝0,最小值＝0

最大原始值＝9999,最大值＝100

转换比例＝(100－0)/(9999－0)＝0.01

则原始值为 5000,内部使用的值为 5000×0.01＝50。

2. PLC 电阻器连接的流量传感器的转换方法 2

与 PLC 电阻器连接的流量传感器在空流时产生 6400 值,在 300GPM 时产生 32000 值,应当输入下列数值:

最小原始值＝6400,最小值＝0

最大原始值＝32000,最大值＝300

转换比例＝(300－0)/(32000－6400)＝3/256

则原始值为 19200,内部使用的值为(19200－6400)×3/256＝150;原始值为 6400,内部使用的值为 0;原始值小于 6400,内部使用的值为 0。

6.3.2 开方转换方式

开方转换方式是指用原始值的平方根进行转换,即转换时将采集到的原始值进行开方运算,得到的值为实际工程值,该值的范围在变量基本属性定义的"最大值"和"最小值"范围内,如图 6-5 所示。

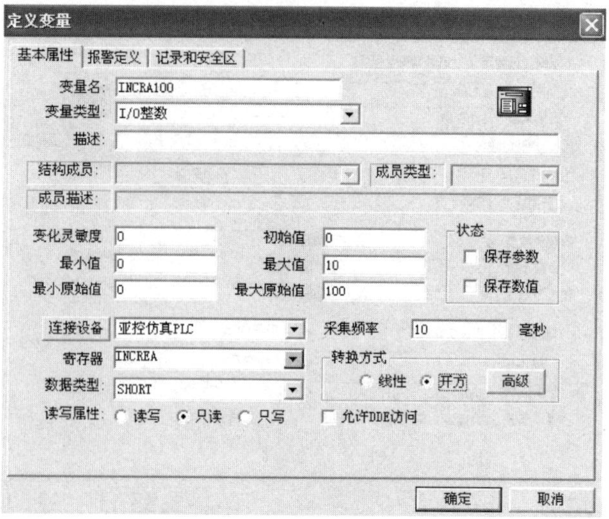

图 6-5   定义开方转换

6.3.3   非线性表转换方式

在实际应用中,采集到的信号与工程值不成线性比例关系,而是一个非线性的曲线关系。如果按照线性比例计算,得到的工程值误差将会很大,如图 6-6 所示。对一些模拟量的采集,如热电阻、热电偶等,其信号为非线性信号,如果采用一般的分段线性化的方法进行转换,不但要做大量的程序运算,而且会存在很大的误差,达不到要求。

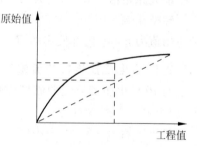

为了帮助用户得到更精确的数据,组态王中提供了非线性表。原始值和工程值可以是正比或反比的非线性关系,原始值和工程值可以是负数。

在组态王中引入了通用查表的方式进行数据的非线性转换。用户可以输入数据转换标准表,组态王将采集到的数据的设备原始值和变量原始值进行

图 6-6   非线性表转换原始值
与工程值的关系图

线性对应后(此处"设备原始值"是指从设备采集到的原始数据;"变量原始值"是指经过组态王的最大、最小值和最大、最小原始值转换后的值,包括开方和线性。"变量原始值"以下通称"原始值"),将通过查表得到工程值。在组态王运行系统中显示工程值,或利用工程值建立动画连接。非线性表是用户事先定义好的原始值和工程值一一对应的表格,当转换后的原始值在非线性表中找不到对应的项时,将按照指定的公式进行计算。非线性查表转换的定义分为两个步骤。

(1) 变量将按照"定义变量"对话框中的最大值、最小值、最大原始值和最小原始值进行线性转换,即将从设备采集到的原始数据经过组态王进行初步转换。

（2）将上述转换的结果按照非线性表进行查表转换，得到变量的工程值，用于在运行时显示、存储数据、进行动画连接等。

关于非线性查表转换方式的具体使用如下所述。

（1）建立非线性表

在工程浏览器的目录显示区中选中大纲项"文件"下的成员"非线性表"，双击"新建..."图标，弹出"分段线性化定义"对话框，如图 6-7 所示。

表格共 3 列，第一列为序号，增加点时系统自动生成；第二列是原始值，该值是指从设备采集到的原始数据经过与组态王"定义变量"对话框的最小值、最大值、最小原始值、最大原始值转换后的值；第三列为该原始值应该对应的工程值。

① 非线性表名称：在此编辑框内输入非线性表名称。非线性表名称唯一，表名可以为数字或字符。

② 增加点：增加原始值与工程值对应的关系点数。单击该按钮后，在"分段线性化定义"显示框中将增加一行，序号自动增加，值为空白或上一行的值。用户根据数据对应关系，在表格框中写入值，即对应关系。例如，对于非线性表"线性转换表"，用户建立10 组对应关系，如图 6-8 所示。

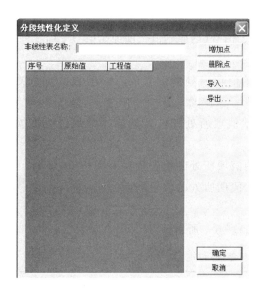

图 6-7　"分段线性化定义"对话框

图 6-8　定义非线性表

③ 删除点：删除表格中不需要的线性对应关系。选中表格中需要删除行中的任意一格，单击该按钮就可删除。

（2）对变量进行线性转换定义

在数据词典中选择需要查表转换的 I/O 变量，双击该变量名称后，弹出"定义变量"对话框。单击"转换方式"下的"高级"按钮，弹出"数据转换"对话框，如图 6-9 所示。默认选项为"无"。当用户需要对采集的数据进行线性转换时，请选中"查表"项，其右边的下拉列表框和"＋"按钮变为有效。

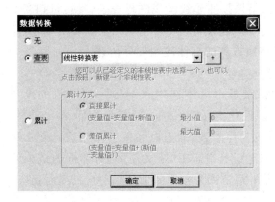

图 6-9 "数据转换"对话框

单击下拉列表框右边的箭头,系统会自动列出已经建好的所有非线性表,从中选取即可。如果还未建立合适的非线性表,可以单击"＋"按钮,弹出"分段线性化定义"对话框,用户可根据需要建立非线性表,使用方法见(1)。

运行时,变量的显示和建立动画连接都将采用查表转换后的工程值。查非线性表的计算公式为:

((后工程值－前工程值)×(当前原始值－前原始值)/(后原始值－前原始值))＋前工程值

① 当前原始值:当前变量的变量原始值。

② 后工程值:当前原始值在表格中的原始值项所处的位置的后一项数值对应关系中的工程值。

③ 前工程值:当前原始值在表格中的原始值项所处的位置的前一项数值对应关系中的工程值。

④ 后原始值:当前原始值在表格中的原始值项所处的位置的后一原始值。

⑤ 前原始值:当前原始值在表格中的原始值项所处的位置的前一原始值。

(3) 非线性列表数据对应关系

在建立的非线性列表中,数据的对应关系如表 6-1 所示。

表 6-1 非线性列表数据的对应关系

序号	原始值	工程值
1	4	8
2	6	14

当原始值为 5 时,其工程值的计算为

工程值＝((14－8)×(5－4)/(6－4))＋8＝11

在对话框中显示的该变量值为 11。

(4) 非线性表的导入、导出

当非线性表比较庞大,分段比较多时,在组态王中直接定义就显得很困难。为此,组态王为用户提供了非线性表的导入、导出功能,可以将非线性表导出为.csv 格式的文件;

也可将用户编辑的符合格式要求的 .csv 格式的文件导入到当前的非线性表中来。如
图 6-10 所示,打开已经定义的非线性表,单击"导出..."按钮,弹出"保存为"对话框,选择
保存路径及保存名称后单击"保存"按钮,可以将非线性表的内容保存到文件中。导出后
的文件内容如图 6-11 所示。

图 6-10　导出非线性表　　　　　　　　　图 6-11　导出的非线性表内容

用户也可以按照图 6-11 所示的文件格式制作非线性表,然后导入到工程中来。对于
非线性表的导入有两个途径:一是从其他工程导入或从 .csv 格式的文件导入,如图 6-12
所示。单击"分段线性化定义"对话框中的"导入..."按钮,弹出"导入非线性表"对话框。
该对话框分为两个部分,上半部分为当前工程管理器中的工程列表,用于选择非线性表所
在的工程;在下半部分的"非线性表"列表框中列出该工程中含有的非线性表名称。选择
所需表的名称,单击"导入"按钮,可以将非线性表导入到当前工程里来。

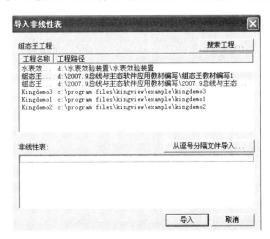

图 6-12　导入非线性表

另外一种导入非线性表的途径是选择文件导入。单击"从逗号分隔文件导入…"按钮,弹出文件选择对话框,从中选择要导入的文件即可。

总之,非线性表的导入、导出功能方便了用户对非线性表的重复利用和快速编辑,提高了工作效率。

6.3.4　累计转换方式

累计是在工程中经常用到的一种工作方式,如流量、电量等的计算。组态王的变量可以定义为自动进行数据累计。组态王提供两种累计算法:直接累计和差值累计。累计计算时间与变量采集频率相同,上述两种累计方式均需定义累计后的最大、最小值范围,如图 6-13 所示。

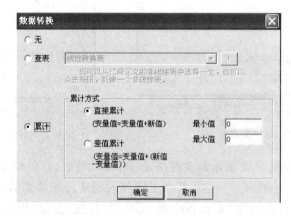

图 6-13　数据转换的累计功能定义对话框

当累计后的变量的数值超过最大值时,变量的数值将恢复为该对话框中定义的最小值。

1. 直接累计

直接累计是指从设备采集的数值经过线性转换后,直接与该变量的原数值相加,计算公式为

$$变量值＝变量值＋采集的数值$$

【例 6-1】　管道流量 S 的计算,采集频率为 1000ms,5s 之内采集的数据经过线性转换后,工程值依次为 $S_1=100$,$S_2=200$,$S_3=100$,$S_4=50$,$S_5=200$,那么 5s 内的直接累计流量结果为

$$S＝S_1＋S_2＋S_3＋S_4＋S_5＝650$$

2. 差值累计

变量在每次累计时,将变量实际采集到的数值与上次采集的数值求差值,对该差值进行累计计算,这叫做差值累计。当本次采集的数值小于上次数值,即差值为负时,将通过"定义变量"对话框中的最大值和最小值进行转化。

差值累计计算公式为

$$显示值＝显示旧值＋（采集新值－采集旧值）\qquad (6\text{-}1)$$

当变量新值小于变量旧值时，公式为

$$显示值＝显示旧值＋（采集新值－采集旧值）＋（变量最大值－变量最小值）\quad (6\text{-}2)$$

变量最大值是在"定义变量"对话框中的最大、最小值定义中的变量最大值。

【例 6-2】 要求如例 6-1，"定义变量"对话框中定义的变量初始值为 0，最大值为 300。那么，5s 之内的差值累计流量计算为

第 1 次：$S_1 = S_0 + (100-0) = 100$ （采用式(6-1)）

第 2 次：$S_2 = S_1 + (200-100) = 200$ （采用式(6-1)）

第 3 次：$S_3 = S_2 + (100-200) + (300-0) = 400$ （采用式(6-2)）

第 4 次：$S_4 = S_3 + (50-100) + (300-0) = 650$ （采用式(6-2)）

第 5 次：$S_5 = S_4 + (200-50) = 800$ （采用式(6-1)）

即 5s 之内的差值累计流量为 800。

6.4 变量管理工具一

当工程中拥有大量的变量时，会给开发者查找变量带来一定的困难。为此，组态王提供了变量分组管理的方式，即按照开发者的意图将变量放到不同的组中，在修改和选择变量时，只需到相应的分组中去寻找即可，缩小了查找范围，节省了时间，并且对变量的整体使用没有任何影响。

6.4.1 如何建立变量组

在组态王工程浏览器框架窗口上放置有 3 个标签，即"系统"、"变量"和"站点"。选择"变量"标签，左侧视窗中显示"变量组"。单击"变量组"，右侧视窗将显示工程中的所有变量。在"变量组"目录上右击，将弹出快捷菜单，从中选择"建立变量组"，则在"变量组"目录下出现一个编辑框。在编辑框中输入变量组的名称。如果按照默认项，系统自动生成名称并添加序号。变量组定义的名称是唯一的，而且要符合组态王变量命名规则。

变量组建立完成后，可以在变量组下直接新建变量。在该变量组下建立的变量属于该变量组。变量组中建立的变量可以在系统中的变量词典中全部看到。在变量组下，还可以建立子变量组。属于子变量组的变量同样属于上级变量组。

选择建立的变量组后右击，在弹出的快捷菜单中选择"编辑变量组"，可以修改变量组的名称。

6.4.2　如何在变量组中增加变量

变量组建立完成后,就可以在里面增加变量了。增加变量可以直接新建,即双击"新建..."图标直接新建变量;也可以从其他变量组中将已定义的变量移动到当前变量组来。

在某个变量组中选择要移动的变量后右击,在弹出的快捷菜单中选择"移动变量",然后选择目标变量组,在右侧的内容区域中右击,在弹出的快捷菜单中选择"放入变量组",则被选择的变量就被移动到目标变量组中。在系统变量词典中,属于变量组的变量图标与其他图标不相同。

在变量分组完成后,使用时,只需在变量浏览器中选择相应的变量组目录即可。变量的引用不受变量组的影响,所以变量可以被放置到任何一个变量组下。

6.4.3　如何在变量组中删除变量

如果不需要在变量组中保留某个变量,可以从变量组中删除该变量,也可以将该变量移动到其他变量组中。从变量组中删除的变量将不属于任何一个变量组,但变量仍然存在于数据词典中。

进入变量组目录,选中要删除的变量后右击,在弹出的快捷菜单中选择"从变量组删除",则该变量将从当前变量组中消失。如果选择"移动变量",可以将该变量移动到其他变量组。

6.4.4　如何删除变量组

当不再需要变量组时,可以将其删除。删除变量组前,首先要保证变量组下没有任何变量存在。另外,要先将子变量组删除。在要删除的变量组上右击,然后在快捷菜单上选择"删除变量组",系统提示删除确认信息,如果确认,当前变量组将被永久删除。

6.5　变量管理工具二

组态王中提供了很多变量管理和使用的工具和方法,如数据词典导入、导出,变量的更新、替换,获得变量的使用情况等。

6.5.1　数据词典导出到 Excel 中

为了使用户更方便地使用、查看、定义或打印组态王的变量,组态王提供了数据词典的导入/导出功能。组态王的变量被导出到 Excel 格式的文件中,用户就可以在 Excel 文件中查看、修改变量的属性,或直接在该文件中新建变量并定义其属性,然后导入到工程中。数据词典导出功能在工程管理器中。

打开工程管理器，关闭组态王开发和运行系统，在工程管理器的工程列表中选择要导出数据词典的工程。单击工程管理器工具条上的"DB 导出"按钮，或选择"工具"|"数据词典导出"命令，系统将弹出文件选择对话框，如图 6-14 所示。

图 6-14　输入数据词典导出的文件名

选择导出的数据词典文件的保存路径，并输入保存的文件名称，单击"保存"按钮，工程管理器的状态栏上会出现当前进程的提示和进度条显示。导出后的文件如图 6-15 所示。

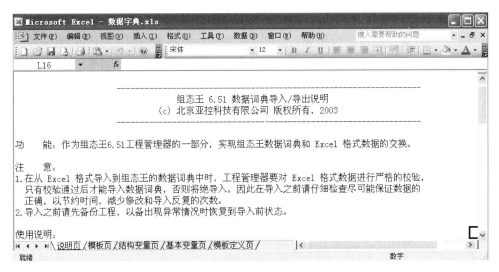

图 6-15　数据词典导出的文件

数据词典导出后的 Excel 文件共有 4 页，即说明页、模板页、结构变量页和基本变量页。

1. 说明页

说明页为数据词典导入、导出的使用说明。用户在导入、导出数据词典时，应参照该说明来操作。该页的内容不可修改。

2. 模板页

模板页为工程中定义的所有结构模板的信息。

（1）模板

模板 ID 是在结构模板中定义的模板的序号；模板名称为结构模板中定义的模板的名称；模板计数为在定义结构变量时应用该模板的次数。

（2）成员

成员 ID 是在结构模板中定义的成员的序号；成员名称为结构模板中定义的该结构的成员的名称；成员类型为结构模板中定义的该结构成员的数据类型。

3. 结构变量页

结构变量页为用户定义的结构变量的信息。

（1）变量 ID

变量 ID 是指该结构变量在定义的结构变量列表中的序号。

（2）变量名称

结构变量的名称，即定义基本变量为结构变量类型时，基本变量的变量名称。

（3）变量类型

变量类型是指定义基本变量为结构变量类型时选择的结构模板名称。

（4）变量使用计数

变量使用计数是指该结构变量类型的基本变量在组态王中被引用的次数。

（5）成员名称

成员名称是指该结构变量类型的基本变量的每个成员在组态王中的名称。

（6）成员基本变量 ID

成员基本变量 ID 是指该结构变量类型的基本变量的每个成员在基本变量中的 ID 号。

（7）注释

注释是指对于该结构变量的注释和基本变量的每个成员的注释。

4. 基本变量页

基本变量页将组态王的基本变量按照变量类型的不同分别列出。导出的每个变量的内容为变量名称、ID 号；变量是否记录数据、是否记录参数等选项的情况；变量各个域的值及其描述文本等。

6.5.2　从 Excel 中导入数据词典

数据词典的导入是指将 Excel 中定义好的数据或将由组态王工程导出的数据词典导入到组态王工程中。打开工程管理器，关闭组态王开发和运行系统，在工程管理器的工程列表中选择要导入数据词典的工程。单击工程管理器工具条上的"DB 导入"按钮，或选择"工具"|"数据词典导入"命令，将弹出"导入数据词典"提示信息框，如图 6-16 所示，提

示用户在导入数据词典之前是否备份工程。

图 6-16   导入数据词典提示信息框

单击"是"按钮,进行工程备份。单击"取消"按钮,取消导入数据词典的操作。单击"否"按钮,进行数据词典的导入。此时,将弹出文件选择对话框,如图 6-17 所示。

图 6-17   选择导入数据词典文件

数据词典既可以导入到原工程中,也可以导入到其他工程中。

6.5.3   如何获取变量使用情况信息和删除变量

工程人员往往需要知道工程中变量的使用情况,如变量在哪些地方被引用了,有哪些变量没有被工程所使用等。组态王中提供了相应的工具。

1. 如何得到变量使用信息

变量在工程中可能被多处引用,组态王提供了"变量使用报告"功能,为用户准确提供变量引用情况。选择工程浏览器中的"工具"|"变量使用报告"命令,系统将出现一个信息提示框,表明系统正在调入画面,查找变量的引用。查找完成后,弹出"变量使用报告"对话框,如图 6-18 所示。

在变量使用报告中,用树型结构列出了所有变量的使用和未使用情况,以及变量在哪个命令语言中被使用了和在画面中被引用的位置(坐标)。如果没有被引用,则在该变量的节点处没有含有子节点的标记。

在变量使用报告的状态栏中显示当前可使用点数,即使用的组态王加密锁点数,以及已使用点数,即已经使用的变量数。用户据此可以判断还可以使用的点数。

单击"保存"按钮,弹出"文件保存"对话框,可以将变量使用报告保存为.csv 格式的文件。单击"查找"按钮,弹出"查找"对话框,如图 6-19 所示。

图 6-18　"变量使用报告"对话框　　　图 6-19　"查找"对话框

查找变量有两个选项：精确查找和模糊查找。如果选择"精确查找"，则在查找的变量名编辑框中输入准确的变量名称，单击"确定"按钮开始查找。如果选择"模糊查找"，则在查找的变量名编辑框中输入变量名称的头若干个字符，单击"确定"按钮开始查找。"变量使用报告"对话框中的变量使用信息将直接定位到该变量，这样，用户可以很方便地查找到某个变量的情况（注意，"找到后进行编辑"在此处不起作用）。

2. 变量使用更新以及删除

（1）变量使用更新

通过变量使用更新，可以在增加或修改变量引用后，保证变量使用情况的确切信息。在工程浏览器中选择"工具"|"更新变量计数"命令，出现更新信息提示条，自动更新变量使用情况。这样，用户可以在查看变量使用报告时更准确地了解变量的使用情况。

（2）删除未用的变量

如果某些变量在工程中未被使用，可以将其删除。删除时有两种方法：直接在变量词典中删除；从组态王提供的未使用变量列表中删除。

如果用户确定数据词典中的某个变量未被使用，可以在变量词典中直接选中该变量，右击，在快捷菜单中选择"删除"，系统提示是否确定。选择"确定"后，将永久性删除该变量。在删除未用变量之前，使用"更新变量计数"命令刷新系统中变量的使用情况。

6.5.4　变量属性修改和变量替换

本部分包括查找数据库变量、多选修改变量属性和变量替换。

1. 查找数据库变量

进入工程浏览器中的数据词典，选择"工具"|"查找数据库变量"命令，或直接在数据词典中右击，在快捷菜单中选择"查找数据库变量"，系统将弹出"查找"对话框，如

图 6-20 所示。查找变量有两个选项：精确查找和模糊查找。如果选择"精确查找"，则在查找的变量名编辑框中输入准确的变量名称，单击"确定"按钮开始查找。如果选择"模糊查找"，则在查找的变量名编辑框中输入变量名称的头若干个字符，单击"确定"按钮开始查找。如果选择了"找到后进行编辑"选项，系统会在数据词典中从头开始查找与要查找的字符相匹配的变量，找到后，系统自动打开变量属性对话框，供用户编辑变量属性。

图 6-20　查找变量

2. 多选修改变量属性

组态王提供了允许用户同时选择多个变量（不包括结构变量）并修改其属性的功能，如图 6-21 所示。在数据词典中选择要修改属性的变量，选择时，按住 Ctrl 键任意多选，按住 Shift 键选择相邻的多个变量。右击，在快捷菜单中选择"编辑选中的变量"命令，系统将弹出"定义变量"对话框，如图 6-22 所示。相同的变量属性是允许用户编辑的，不同的属性选项则为灰色，不允许编辑。如果各变量的属性参数定义相同，则在相应项中显示出来；如果对于相同的属性，原来各变量定义的参数不相同，则系统在该项中不显示任何内容。如果用户不修改，则确认后，系统保留这些项原来的值；如果做了修改，则所有选中变量的对应属性都变成被修改的值。

图 6-21　多选变量

3. 变量替换

组态王提供了变量替换的功能，使用户不仅可以对本工程中的变量进行变量名称替换、变量使用替换，还可以对远程站点变量或非本工程变量进行站点名替换、标识符替换

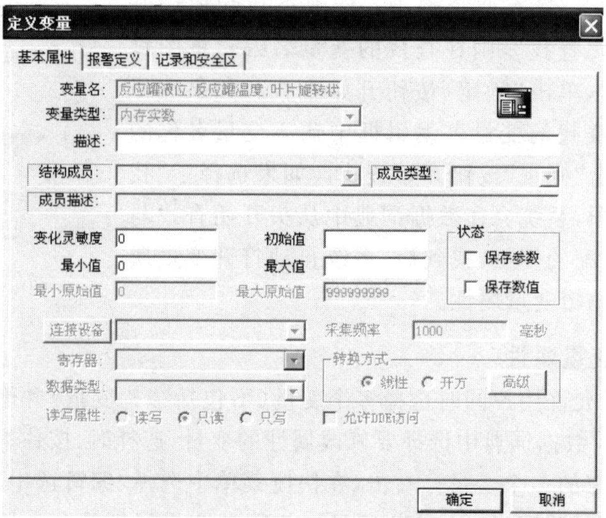

图 6-22   "定义变量"对话框

等。用户可以在工程中不同的范围内使用不同的替换方式进行变量替换。

4. 替换范围

组态王变量替换按替换的范围大小分为 4 种。

(1) 整个工程,包括所有画面和脚本;

(2) 选中的画面组中的所有画面和脚本;

(3) 当前画面及脚本;

(4) 当前画面中选中的图素。

5. 替换方式

变量替换有以下几种方式:变量更名、变量替换、站点名替换和标识符替换为变量。下面以"整个工程"替换范围为例分别介绍以上替换方式,其他替换范围的替换方式含义相同。

整个工程范围内的变量替换包含全部 4 种替换方式。

(1) 变量更名(更改数据词典)

在工程浏览器中选择"工具"|"替换变量名称"命令,或在数据词典中选择右键菜单命令"变量名称替换",弹出如图 6-23 所示对话框。对已定义和使用的变量更换变量名称,系统会同时自动修改数据词典中对应的变量名称。

其中,"原名称"必须是工程中存在的变量,即已定义的变量。可以单击"?"按钮选择变量。在"替换为"编辑框中输入新的变量名称,该变量名称不能与数据词典中已有的变量名称或其他名称相同,要符合组态王变量命名规则。

输入要替换的内容后,单击"替换"按钮,将工程中指定的变量名替换为新的变量名,"原变量"即不存在于工程中。

这种替换方式只在整个工程和画面组范围内使用。

（2）变量替换

如图 6-24 所示，在"变量替换"对话框的"替换方式"中选择"变量替换"。这种替换方式为将工程选择范围内的画面和脚本中已使用的"原名称"变量替换为指定的"替换为"中输入的变量。其中，"原名称"和"替换为"中所输入的变量必须在当前工程中存在，而且其数据类型必须相同，否则不能完成替换。

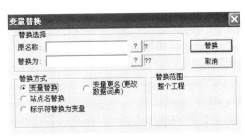

图 6-23　变量更名　　　　　　　　　　图 6-24　变量替换

（3）站点名替换

组态王网络功能中提供了远程变量引用功能。如果用户在服务器和客户端要浏览相同的画面，可以把服务器上的画面直接导入到客户端的工程中，然后在客户端工程中使用"站点名替换"，将变量的站点名称自动修改为远程服务器的名称，这大大减少了工程人员的工作量。

在"原名称"中输入本地工程要被替换的站点名，在"替换为"编辑框中输入目标站点名，然后选择"替换"按钮，系统将自动完成站点名称替换。

（4）标识符替换为变量

组态王提供了画面和脚本的导入、导出功能。在这些操作完成后，在目标工程中被导入的画面或脚本中可能会含有本工程不存在的变量，组态王将其作为一个"标识符"。如果不替换这些变量，在组态王运行时，画面对应点的数据无法刷新，脚本无法执行。所以要使用"标识符替换为变量"功能来对"标识符"进行替换。

6.6　自定义变量

为方便用户使用，组态王在命令语言中提供了用户自定义变量的功能。用户在命令语言中声明变量类型和变量名称，然后同组态王变量一样，直接在命令语言中用于计算、赋值等操作。自定义变量的作用区域为当前使用的命令语言模块，当命令语言执行完成后，系统将自动释放该命令语言中的自定义变量。自定义变量有自定义基本变量和自定义结构变量两类。

组态王中的数据有 BOOL、LONG、FLOAT 和 STRING 4 种类型。自定义变量的数据类型也有这几种。在命令语言中，自定义变量如图 6-25 所示。自定义变量在命令语言中使用前，需要先定义。自定义变量只有值，没有变量域的概念，所以自定义变量不能引用变量的域。自定义变量可以与组态王变量进行数据交换，相互赋值；可以作为自定义函数的参数使用；也可以作为组态王函数的参数使用。自定义变量名称在使用时区分大小写。

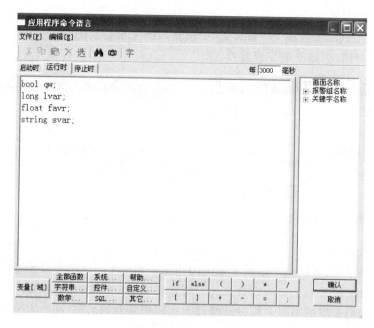

图 6-25　自定义变量

自定义变量在命令语言中可以随时定义，随时使用，不占系统点数。

小结

本章介绍组态王数据库的相关知识，重点介绍如何定义及使用数据字典，还介绍了结构变量的使用和变量组的使用。

习题

6.1　变量的基本类型有哪几种？

6.2　变量的基本属性有哪几种？

6.3　变量的 I/O 转换方式有哪几种？

6.4　自定义变量的基本类型有哪几种？

第 7 章

I/O 设备管理

7.1 设备管理

组态王的设备管理结构列出已配置的与组态王通信的各种 I/O 设备名,每个设备名实际上是具体设备的逻辑名称(简称逻辑设备名,以此区别 I/O 设备生产厂家提供的实际设备名)。每一个逻辑设备名对应一个相应的驱动程序,以此与实际设备相对应。组态王的设备管理增加了驱动设备的配置向导,工程人员只要按照配置向导的提示进行相应的参数设置,选择 I/O 设备的生产厂家、设备名称、通信方式,指定设备的逻辑名称和通信地址,则组态王自动完成驱动程序的启动和通信,不再需要人工进行。组态王采用工程浏览器界面来管理硬件设备,已配置好的设备统一列在工程浏览器界面下的设备分支,如图 7-1 所示。

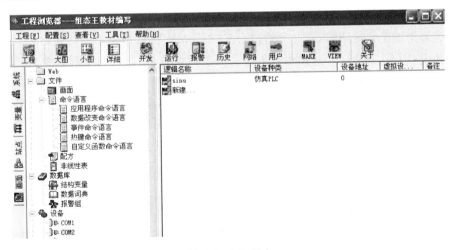

图 7-1   I/O 设备

7.1.1   组态王逻辑设备

组态王对设备的管理是通过对逻辑设备名的管理实现的,具体讲就是每一个实际 I/O 设备都必须在组态王中指定一个唯一的逻辑名称,此逻辑设备名对应着该 I/O 设备的生产厂家、实际设备名称、设备通信方式、设备地址、与上位 PC 的通信方式等内容(逻辑设备名的管理方式就如同对城市长途区号的管理,每个城市都有一个唯一的区号,这个区号就可以认为是该城市的逻辑城市名,比如北京市的区号为010,则查看长途区号就可以知道010代表北京)。在组态王中,具体 I/O 设备与逻辑设备名是一一对应的,有一个 I/O 设备,就必须指定一个唯一的逻辑设备名,特别是设备型号完全相同的多台 I/O 设备,要指定不同的逻辑设备名。组态王中,变量、逻辑设备与实际设备的对应关系如图 7-2 所示。

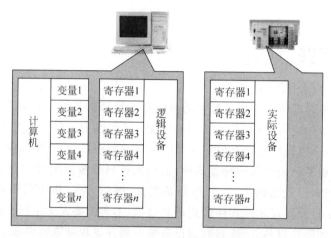

图 7-2　变量、逻辑设备与实际设备的对应关系

设有两台三菱公司 FX2-60MR PLC 作下位机控制工业生产现场,这两台 PLC 均要与装有组态王的上位机通信,则必须给两台 FX2-60MR PLC 指定不同的逻辑名,如图 7-3 所示。其中,PLC1 和 PLC2 是由组态王定义的逻辑设备名(此名由工程人员自己确定),而不一定是实际的设备名称。

另外,组态王中的 I/O 变量与具体 I/O 设备的数据交换是通过逻辑设备名来实现的。当工程人员在组态王中定义 I/O 变量属性时,要指定与该 I/O 变量进行数据交换的逻辑设备名。I/O 变量与逻辑设备名之间的关系如图 7-4 所示。一个逻辑设备可与多个 I/O 变量对应。

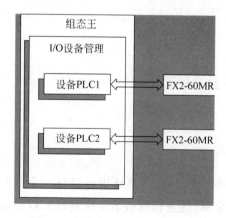

图 7-3　逻辑设备与实际设备示例

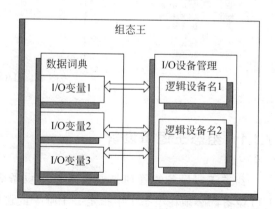

图 7-4　I/O 变量与逻辑设备名间的对应关系

7.1.2 组态王逻辑设备的分类

组态王设备管理中的逻辑设备分为 DDE 设备、板卡类设备(即总线型设备)、串口类设备、人一机界面卡和网络模块。工程人员可根据实际情况通过组态王的设备管理功能来配置、定义这些逻辑设备。下面分别介绍这 5 种逻辑设备。

1. DDE 设备

DDE 设备是指与组态王进行 DDE 数据交换的 Windows 独立应用程序,因此,DDE 设备通常代表一个 Windows 独立应用程序,该独立应用程序的扩展名通常为 .EXE。组态王与 DDE 设备之间通过 DDE 协议交换数据。例如,Excel 是 Windows 的独立应用程序,当 Excel 与组态王交换数据时,就是采用 DDE 的通信方式进行。又如,北京亚控公司开发的莫迪康 Micro37 的 PLC 服务程序也是一个独立的 Windows 应用程序,此程序用于组态王与莫迪康 Micro37 PLC 之间的数据交换,可以给服务程序定义一个逻辑名称作为组态王的 DDE 设备,组态王与 DDE 设备之间的关系如图 7-5 所示。

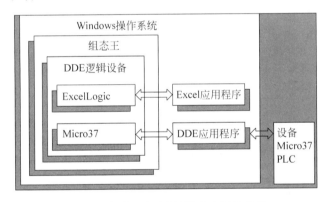

图 7-5 组态王与 DDE 设备之间的关系

通过此结构图,可以进一步理解 DDE 设备的含义。显然,组态王、Excel 和 Micro37 都是独立的 Windows 应用程序,而且都要处于运行状态,再通过给 Excel、Micro37 DDE 分别指定一个逻辑名称,则组态王通过 DDE 设备就可以和相应的应用程序进行数据交换。

2. 板卡类设备

板卡类逻辑设备实际上是组态王内嵌的板卡驱动程序的逻辑名称。内嵌的板卡驱动程序不是一个独立的 Windows 应用程序,而是以 DLL 形式供组态王调用。这种内嵌的板卡驱动程序对应着实际插入计算机总线扩展槽中的 I/O 设备。因此,一个板卡逻辑设备也就代表了一个实际插入计算机总线扩展槽中的 I/O 板卡。组态王与板卡类逻辑设备之间的关系如图 7-6 所示。

显然,组态王根据工程人员指定的板卡逻辑设备自动调用相应内嵌的板卡驱动程序,因此,对工程人员来说,只需要在逻辑设备中定义板卡逻辑设备,其他的事情由组态王自动完成。

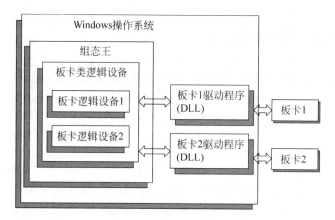

图 7-6   组态王与板卡类逻辑设备之间的关系

3. 串口类设备

组态王与串口类逻辑设备之间的关系如图 7-7 所示。

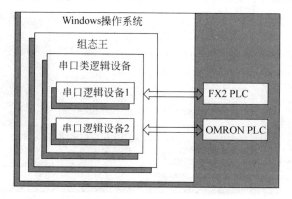

图 7-7   组态王与串口类逻辑设备之间的关系

串口类逻辑设备实际上是组态王内嵌的串口驱动程序的逻辑名称。内嵌的串口驱动程序不是一个独立的 Windows 应用程序,而是以 DLL 形式供组态王调用。这种内嵌的串口驱动程序对应着实际与计算机串口相连的 I/O 设备。因此,一个串口逻辑设备代表了一个实际与计算机串口相连的 I/O 设备。

4. 人—机界面卡

人—机界面卡又称为高速通信卡,它既不同于板卡,也不同于串口通信,它往往由硬件厂商提供,如西门子公司的 S7-300 用的 MPI 卡、莫迪康公司的 SA85 卡。

通过人—机界面卡,可以使设备与计算机进行高速通信,而不占用计算机本身所带的 RS-232 串口,因为这种人—机界面卡一般插在计算机的 ISA 板槽上。

5. 网络模块

组态王利用以太网和 TCP/IP 协议与专用的网络通信模块进行连接。

7.1.3 如何定义 I/O 设备

在了解了组态王逻辑设备的概念后,工程人员可以轻松地在组态王中定义所需的设备了。进行 I/O 设备的配置时将弹出相应的配置向导页,使用这些配置向导页可以方便、快捷地添加、配置、修改硬件设备。组态王提供大量不同类型的驱动程序,工程人员可根据实际安装的 I/O 设备选择相应的驱动程序。

1. 如何定义 DDE 设备

工程人员根据设备配置向导就可以完成 DDE 设备的配置,操作步骤如下:

1) 在工程浏览器的目录显示区用鼠标左键单击大纲项"设备"下的成员"DDE",则在目录内容显示区出现"新建"图标,如图 7-8 所示。

选中"新建"图标后用鼠标左键双击,弹出"设备配置向导"对话框;或者右击,将弹出浮动式菜单,选择菜单命令"新建 DDE 节点",也弹出"设备配置向导"对话框,如图 7-9 所示。

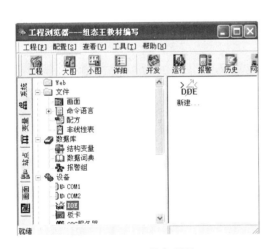

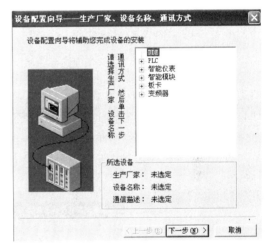

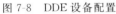

图 7-8 DDE 设备配置   图 7-9 "设备配置向导"对话框

用户可从树形设备列表区中选择 DDE 节点。

2) 单击"下一步"按钮,弹出"设备配置向导——逻辑名称"对话框,如图 7-10 所示。

在对话框的编辑框中为 DDE 设备指定一个逻辑名称,如"ExcelToView"。单击"上一步"按钮,可返回上一个对话框。

3) 单击"下一步"按钮,则弹出"设备配置向导——DDE"对话框,如图 7-11 所示。

工程人员要为 DDE 设备指定 DDE 服务程序名、话题名和数据交换方式。若要修改 DDE 设备的逻辑名称,单击"上一步"按钮,返回上一个对话框。对话框中各项的含义为:

(1) 服务程序名

服务程序名是与组态王交换数据的 DDE 服务程序名称,一般是 I/O 服务程序,或者是 Windows 应用程序。本例中是 Excel.exe。

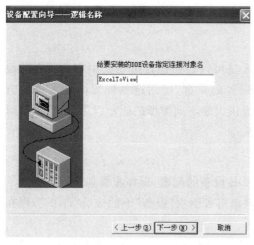

图 7-10　填入设备逻辑名　　　　图 7-11　填入 DDE 服务器配置信息

（2）话题名

话题名是本程序和服务程序进行 DDE 连接的话题名称（Topic）。图 7-11 中所示为 Excel 程序的工作表名 sheet1。

（3）数据交换方式

数据交换方式是指 DDE 会话的方式。"高速块交换"是北京亚控科技发展有限公司开发的通信程序采用的方式，它的交换速度快；如果工程人员是按照标准的 Windows DDE 交换协议开发自己的 DDE 服务程序，或者是在组态王和一般的 Windows 应用程序之间交换数据，应选择"标准的 Windows 项目交换"选项。

4）单击"下一步"按钮，则弹出"设备安装向导——信息总结"对话框，如图 7-12 所示。

图 7-12　DDE 设备配置信息汇总

此向导页显示已配置的 DDE 设备的全部设备信息供工程人员查看。如果需要修改，单击"上一步"按钮，返回上一个对话框进行修改；如果不需要修改，单击"完成"按钮，则工程浏览器设备节点下的 DDE 节点处显示已添加的 DDE 设备。

5）DDE 设备配置完成后，分别启动 DDE 服务程序和组态王的 TouchVew 运行环境。

2. 如何定义板卡类设备

工程人员根据设备配置向导就可以完成板卡设备的配置，操作步骤同定义 DDE 设备。

3. 如何定义串口类设备

工程人员根据设备配置向导就可以完成串口设备的配置。组态王最多支持 128 个串口，操作步骤同定义 DDE 设备。

设备在发生通信故障时，系统尝试恢复通信的策略参数如下。

1）尝试恢复时间：在组态王运行期间，如果有一台设备，如 PLC1，发生故障，组态王能够自动诊断并停止采集与该设备相关的数据，但会每隔一段时间尝试恢复与该设备的通信，一般尝试时间间隔为 30s。

2）最长恢复时间：若组态王在一段时间之内一直不能恢复与 PLC1 的通信，则不再尝试恢复与之通信，这一时间就是最长恢复时间。如果将此参数设为 0，表示最长恢复时间参数设置无效，也就是说，系统对通信失败的设备将一直进行尝试恢复，不再有时间上的限制。

3）使用动态优化：组态王对全部通信过程采取动态管理的办法，只有在数据被上位机需要时才被采集，这部分变量称为活动变量。活动变量包括：

（1）当前显示画面上正在使用的变量；

（2）历史数据库正在使用的变量；

（3）报警记录正在使用的变量；

（4）命令语言中（应用程序命令语言、事件命令语言、数据变化命令语言、热键命令语言、当前显示画面用的画面命令语言）正在使用的变量。

同时，组态王对于那些暂时不需要更新的数据不进行通信。这种方法可以大大缓解串口通信速率慢的矛盾，有利于提高系统的效率和性能。

4. 如何设置串口参数

对于不同的串口设备，其串口通信的参数是不一样的，如波特率、数据位和校验位等。所以在定义完设备之后，还需要对计算机通信时串口的参数进行设置。如定义设备时选择了 COM1 口，则在工程浏览器的目录显示区选择"设备"，双击"COM1"图标，将弹出"设置串口——COM1"对话框，如图 7-13 所示。

在"通信参数"栏中选择设备对应的波特率、数据位、校验类型、停止位等，这些参数的选择可以参考组态王的设备帮助信息，或按照设备中通信参数的配置来选择。"通信超时"为默认值，除非特殊说明，一般不需要修改。"通信方式"是指计算机一侧串口的通信方式，是 RS-232 或 RS-485。一般情况下，计算机一侧都为 RS-232，按实际情况选择相应的类型即可。

图 7-13 设置串口参数

7.2 组态王提供的模拟设备——仿真 PLC

程序在实际运行中是通过 I/O 设备和下位机交换数据的。当程序在调试时,可以使用仿真 I/O 设备模拟下位机向画面程序提供数据,为画面程序的调试提供方便。组态王提供一个仿真 PLC 设备,用来模拟实际设备向程序提供数据,供用户调试。

7.2.1 仿真 PLC 的定义

在使用仿真 PLC 设备前,首先要定义它。实际 PLC 设备都是通过计算机的串口向组态王提供数据,所以仿真 PLC 设备也是模拟安装到串口 COM 上,定义过程和步骤同定义 DDE 设备。

7.2.2 仿真 PLC 的寄存器

仿真 PLC 提供 5 种类型的内部寄存器变量,即 INCREA、DECREA、RADOM、STATIC 和 CommErr。INCREA、DECREA、RADOM 和 STATIC 寄存器变量的编号为 1~1000,变量的数据类型均为整型(即 INT)。下面对这 5 类寄存器变量分别进行介绍。

1. 自动加 1 寄存器 INCREA

该寄存器变量的最大变化范围是 0~1000。寄存器变量的编号原则是在寄存器名后加上整数值,此整数值同时表示该寄存器变量的递增变化范围。例如,INCREA100 表示该寄存器变量从 0 开始自动加 1,其变化范围是 0~100。关于寄存器变量的编号及变化范围如表 7-1 所示。

表 7-1　自动加 1 寄存器 INCREA 表

寄存器变量	变化范围
INCREA1	0～1
INCREA2	0～2
⋮	⋮
INCREA1000	0～1000

2. 自动减 1 寄存器 DECREA

该寄存器变量的最大变化范围是 0～1000。寄存器变量的编号原则是在寄存器名后加上整数值,此整数值同时表示该寄存器变量的递减变化范围。例如,DECREA100 表示该寄存器变量从 100 开始自动减 1,其变化范围是 0～100。关于寄存器变量的编号及变化范围如表 7-2 所示。

表 7-2　自动减 1 寄存器 DECREA 表

寄存器变量	变化范围
DECREA1	0～1
DECREA2	0～2
⋮	⋮
DECREA1000	0～1000

3. 随机寄存器 RADOM

该寄存器变量的值是一个随机值,可供用户读出。此变量是只读型的,用户写入的数据无效。该寄存器变量的编号原则是在寄存器名后加上整数值,此整数值同时表示该寄存器变量产生数据的最大范围。例如,RADOM100 表示随机值的范围是 0～100。关于寄存器变量的编号及随机值的范围如表 7-3 所示。

表 7-3　随机寄存器 RADOM 表

寄存器变量	随机值的范围
RADOM1	0～1
RADOM2	0～2
⋮	⋮
RADOM1000	0～1000

4. 静态寄存器 STATIC

该寄存器变量是一个静态变量,可保存用户下发的数据。当用户写入数据后就保存下来,并可供用户读出,直到再一次写入新的数据。该寄存器变量的编号原则是在寄存器名后加上整数值,此整数值同时表示该寄存器变量能存储的最大数据范围。例如,STATIC100 表示该寄存器变量能接收 0～100 中的任意一个整数。关于寄存器变量的编号及接收数据范围如表 7-4 所示。

表 7-4　静态寄存器 STATIC 表

寄存器变量	接收数据范围
STATIC1	0～1
STATIC2	0～2
⋮	⋮
STATIC1000	0～1000

5. CommErr 寄存器

该寄存器变量为可读写的离散变量,用来表示组态王与设备之间的通信状态。CommErr＝0 表示通信正常;CommErr＝1 表示通信故障。用户通过控制 CommErr 寄存器状态来控制运行系统与仿真 PLC 通信。将 CommErr 寄存器置为打开状态时,中断通信;置为关闭状态后,恢复运行系统与仿真 PLC 之间的通信。

7.3　组态王提供的通信的其他特殊服务

7.3.1　开发环境下的设备通信测试

为保证方便地使用硬件,在完成设备配置与连接后,用户在组态王开发环境中即可以对硬件进行测试。对于测试的寄存器,可以直接将其加入到变量列表中。当用户选择某设备后,右击弹出浮动式菜单,除 DDE 外的设备均有菜单项"测试　设备名"。如定义亚控仿真 PLC 设备时,在设备名称上右击,弹出快捷菜单,如图 7-14 所示。

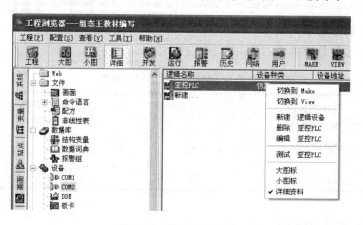

图 7-14　硬件设备测试

进行设备测试时,单击"测试..."后,对于不同类型的硬件设备,将弹出不同的对话框。例如,对于串口通信设备(如串口设备——亚控仿真 PLC),将弹出如图 7-15 所示的对话框。对话框共分为两个属性页:通信参数和设备测试。"通信参数"属性页中主要定义设备连接的串口的参数及设备的定义。

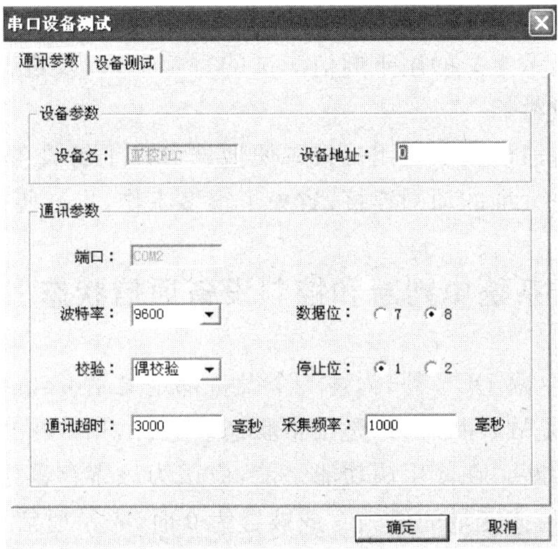

图 7-15 串口设备测试——通信参数属性

1. 寄存器

从寄存器列表中选择寄存器名称,并填写寄存器的序号。

2. 添加

单击"添加"按钮,将定义的寄存器添加到"采集列表"中,等待采集。

3. 删除

如果不再需要测试某个采集列表中的寄存器,在采集列表中选择该寄存器,单击"删除"按钮,将所选的寄存器从采集列表中删除。

4. 读取/停止

当没有进行通信测试的时候,"读取"按钮可见,单击该按钮,对采集列表中定义的寄存器进行数据采集。同时,"停止"按钮变为可见。当需要停止通信测试时,单击"停止"按钮,停止数据采集,同时"读取"按钮变为可见。

5. 向寄存器赋值

如果定义的寄存器是可读写的,则在测试过程中,在"采集列表"中双击该寄存器的名称,将弹出"数据输入"对话框。在"输入数据"编辑框中输入数据后单击"确定"按钮,数据便被写入该寄存器。

6. 加入变量

为当前在采集列表中选择的寄存器定义一个变量添加到组态王的数据词典中。

7. 全部加入

将当前采集列表中的所有寄存器按照给定的第一个变量名称全部添加到组态王的变量列表中,各个变量的变量名称为定义的第一个变量名称后增加序号。如定义的第一个变量名称为"变量",则以后的变量依次为变量 1,变量 2,…。

8. 采集列表

采集列表主要是显示定义的用于通信测试的寄存器,以及进行通信时显示采集的数据、数据的时间戳、质量戳等。

开发环境下的设备通信测试使用户很方便地就可以了解设备的通信能力,而不必先定义很多的变量和做一大堆的动画连接,省去了很多工作,也方便了变量的定义。

7.3.2   如何在运行系统中判断和控制设备通信状态

组态王的驱动程序(除 DDE 外)为每一个设备都定义了 CommErr 寄存器,该寄存器表征设备通信的状态,是故障状态,还是正常状态。另外,用户可以通过修改该寄存器的值来控制设备通信的通断。在使用该功能之前,应该为该寄存器定义一个 I/O 离散型变量,变量为读写型的。当该变量的值为 0 或被置为 0 时,表示通信正常或恢复通信;当变量的值为 1 或被置为 1 时,表示通信出现故障或暂停通信。另外,当某个设备通信出现故障时,画面上与故障设备相关联的 I/O 变量的数值输出显示都变为"???";当通信恢复正常后,该符号消失,恢复为正常数据显示。

小结

本章介绍组态王与外围设备的连接,重点介绍如何配置 DDE、板卡、PLC 等设备的驱动程序,还介绍了组态王仿真 PLC 的使用。

习题

7.1   组态王的逻辑设备有哪些?

7.2   仿真 PLC 的寄存器有哪些?

图形画面与动画连接

8.1 动画连接概述

8.1.1 连接概述

工程人员在组态王开发系统中制作的画面都是静态的,那么,它们如何才能反映工业现场的状况呢?这就需要通过实时数据库,因为只有数据库中的变量才是与现场状况同步变化的。数据库变量的变化又如何导致画面的动画效果呢?通过动画连接。所谓"动画连接",就是建立画面的图素与数据库变量的对应关系。这样,工业现场的数据,比如温度、液面高度等,当它们发生变化时,通过 I/O 接口,将引起实时数据库中变量的变化,如果设计者曾经定义了一个画面图素,比如指针与这个变量相关,将会看到指针在同步偏转。

动画连接的引入是设计人—机接口的一次突破,它把工程人员从重复的图形编程中解放出来,为工程人员提供了标准的工业控制图形界面,并且由可编程的命令语言连接来增强图形界面的功能。图形对象与变量之间有丰富的连接类型,给工程人员设计图形界面提供了极大的方便。组态王系统还为部分动画连接的图形对象设置了访问权限,这对于保障系统的安全具有重要的意义。图形对象可以按动画连接的要求改变颜色、尺寸、位置以及填充百分数等,一个图形对象又可以同时定义多个连接。把这些动画连接组合起来,应用程序将呈现出图形动画效果。

8.1.2 "动画连接"对话框

给图形对象定义动画连接是在"动画连接"对话框中进行的。在组态王开发系统中双击图形对象(不能有多个图形对象同时被选中),将弹出"动画连接"对话框,如图 8-1 所示。

对话框的第一行标识出被连接对象的名称和左上角在画面中的坐标,以及图形对象的宽度和高度。

对话框的第二行提供"对象名称"和"提示文本"编辑框。"对象名称"是为图素提供的唯一的名称,供以后的程序开发使用,目前暂时不能使用。"提示文本"的含义为当图形对象定义了动画连接时,在运行的时候,鼠标放在图形对象上,将出现开发中定义的提示文本。

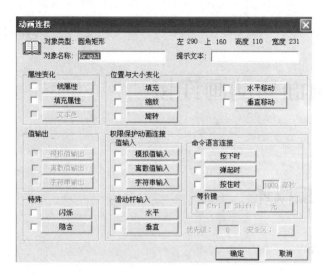

图 8-1　"动画连接"对话框

下面分别介绍所有的动画连接种类。

1. 属性变化

属性变化共有三种连接(线属性、填充属性和文本色),它们规定了图形对象的颜色、线型、填充类型等属性如何随变量或连接表达式的值的变化而变化。单击任一按钮将弹出相应的连接对话框。线类型的图形对象可定义线属性连接,填充形状的图形对象可定义线属性、填充属性连接,文本对象可定义文本色连接。

2. 位置与大小变化

这五种连接(水平移动、垂直移动、缩放、旋转和填充)规定了图形对象如何随变量值的变化而改变位置或大小。不是所有的图形对象都能定义这五种连接。单击任一按钮,将弹出相应的连接对话框。

3. 值输出

只有文本图形对象能定义三种值输出连接中的某一种。这种连接用来在画面上输出文本图形对象的连接表达式的值。运行时,文本字符串将被连接表达式的值所替换,输出的字符串的大小、字体和文本对象相同。单击任一按钮,将弹出相应的输出连接对话框。

4. 值输入

所有的图形对象都可以定义为三种用户输入连接中的一种。输入连接使被连接对象在运行时为触敏对象。当 TouchVew 运行时,触敏对象周围出现反显的矩形框,可由鼠标或键盘选中此触敏对象。按 Space 键、Enter 键或鼠标左键,会弹出输入对话框,可以从键盘输入数据以改变数据库中变量的值。

5. 特殊

所有的图形对象都可以定义闪烁、隐含两种连接,这是两种规定图形对象可见性的连接。单击任一按钮,将弹出相应连接对话框。

6. 滑动杆输入

所有的图形对象都可以定义两种滑动杆输入连接中的一种。滑动杆输入连接使被连接对象在运行时为触敏对象。当 TouchView 运行时，触敏对象周围出现反显的矩形框。用鼠标左键拖动有滑动杆输入连接的图形对象，可以改变数据库中变量的值。

7. 命令语言连接

所有的图形对象都可以定义三种命令语言连接中的一种。命令语言连接使被连接对象在运行时成为触敏对象。当 TouchVew 运行时，触敏对象周围出现反显的矩形框，可由鼠标或键盘选中。按 Space 键、Enter 键或鼠标左键，就会执行定义命令语言连接时用户输入的命令语言程序。单击相应按钮，将弹出连接的命令语言对话框。

8. 等价键

设置被连接的图素在被单击执行命令语言时与鼠标操作相同功能的快捷键。

9. 优先级

此编辑框用于输入被连接的图形元素的访问优先级级别。当软件在 TouchVew 中运行时，只有优先级级别不小于此值的操作员才能访问它，这是组态王保障系统安全的一个重要功能。

10. 安全区

此编辑框用于设置被连接元素的操作安全区。当工程处在运行状态时，只有在设置安全区内的操作员才能访问它。安全区与优先级一样，是组态王保障系统安全的一个重要功能。

8.2　通用控制项目

8.2.1　图形编辑工具箱

1. 图形编辑工具

组态王的工具箱经过精心设计，把使用频率较高的命令集中在一块面板上，非常便于操作，而且节省屏幕空间，方便用户查看整个画面的布局。工具箱中的每个工具按钮都有"浮动提示"，帮助用户了解工具的用途。

2. 工具箱简介

图形编辑工具箱是绘图菜单命令的快捷方式。本节介绍动画制作时常用的图形编辑工具箱和其他几个常用工具。每次打开一个原有画面或建立一个新画面时，图形编辑工具箱都会自动出现，如图 8-2 所示。

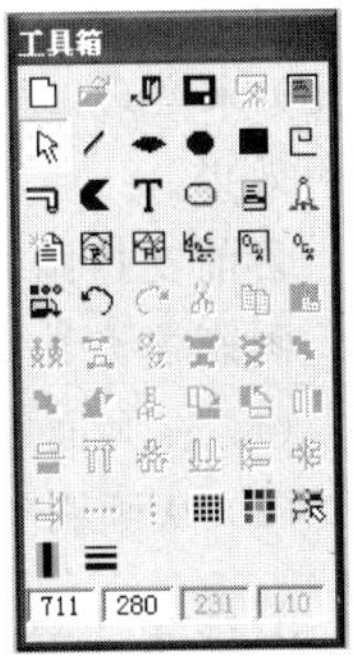

在菜单"工具"|"显示工具箱"的左端有"√"，表示选中菜单；没有"√"时，屏幕上的工具箱同时消失，再一次选择此菜单，"√"出现，

图 8-2　工具箱

工具箱又显示出来。也可以使用 F10 键来切换工具箱的显示与隐藏。

工具箱提供了许多常用的菜单命令,也提供了菜单中没有的一些操作。当鼠标放在工具箱任一按钮上时,立刻出现一个提示条,标明此工具按钮的功能。

用户在每次修改工具箱的位置后,组态王会自动记忆工具箱的位置,当用户下次进入组态王时,工具箱返回上次用户使用时的位置。

提示:如果由于不小心操作导致找不到工具箱,从菜单中也打不开了,请进入组态王的安装路径"kingview"下,打开 toolbox.ini 文件,查看最后一项[Toolbox]的位置坐标是否不在屏幕显示区域内。用户可以在该文件中修改。注意不要修改别的项目。

3. 工具箱速览

工具箱中的工具大致分为四类。

(1) 画面类:提供对画面的常用操作,包括新建、打开、关闭、保存、删除和全屏显示等。

(2) 编辑类:包括绘制各种图素(矩形、椭圆、直线、折线、多边形、圆弧、文本、点位图、按钮、菜单、报表窗口、实时趋势曲线、历史趋势曲线、控件、报警窗口)的工具;剪切、粘贴、复制、撤销、重复等常用的编辑工具;合成、分裂组合图素以及合成、分裂单元的工具;对图素进行前移、后移、旋转及镜像等操作的工具。

(3) 对齐方式类:这类工具用于调整图素之间的相对位置,能够以上、下、左、右、水平、垂直等方式把多个图素对齐;或者把它们水平等间隔、垂直等间隔放置。

(4) 选项类:提供其他一些常用操作,比如全选、显示调色板、显示画刷类型、显示线型、网格显示/隐藏、激活当前图库、显示调色板等。

在工具箱底部的文本框中显示被选中对象的 x,y 坐标和对象大小信息,如图 8-3 所示。第一个文本框显示被选中对象的 x 坐标(左边界)。第二个文本框显示被选中

图 8-3　光标位置

对象的 y 坐标(上边界)。第三个文本框显示被选中对象的宽度。第四个文本框显示被选中对象的高度。用户可以修改文本框中的任何一项,修改对象的位置或大小,方便地编辑图形。

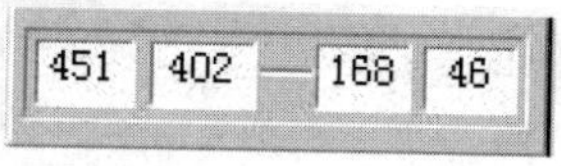

4. 画刷类型工具的使用

组态王提供 8 种画刷(填充)类型和 24 种画刷(填充)过渡色类型。显示/隐藏画刷类型工具条可通过选择菜单"工具"|"显示画刷类型"或单击工具箱的按钮"▮"(显示画刷类型)来实现。画刷类型工具条可使工程人员方便地选用各种画刷填充类型和不同的过渡色效果。

目前支持画刷填充和过渡色的图素有圆角矩形、椭圆、圆弧(或扇形)及多边形。

画刷填充类型及使用方法为:

(1) 在画面中选中需改变画刷填充类型的图素。

(2) 从画刷类型工具条中单击画刷填充类型按钮。画刷填充支持 8 种类型。

5. 线型工具的使用

组态王系统支持 11 种线型。线型窗口可方便工程人员改变图素线条的类型。

6. 调色板的使用

调色板就是颜料盒,有无限种颜色。显示/隐藏调色板可通过选择菜单"工具"|"显示调色板"或单击工具箱中的"显示调色板"按钮来实现。应用调色板可以对各种图形、文本及窗口等进行颜色修改,图形包括圆角矩形、椭圆、直线、折线、扇形、多边形、管道、文本以及窗口背景色等。调色板具有无限色功能,即除了可以选定"基本颜色"外,还可以利用"无限色"来编辑各种颜色,并能保存和读取调色信息。

8.2.2　变量浏览器的使用

变量浏览器是供用户在进行动画连接或书写命令语言时选择变量或变量域时用的。在动画连接输入表达式对话框中单击右边的"?"按钮,可以打开"选择变量名"窗口,用于查看、选择本机和其他站点已定义的基本变量、结构变量以及变量域,如图 8-4 所示。

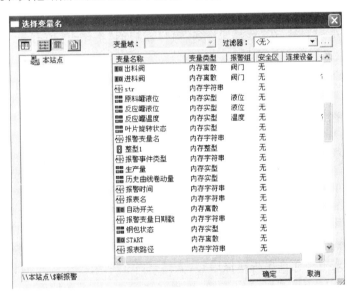

图 8-4　选择变量名和变量浏览器快捷菜单

左上角的 4 个按钮的功能描述如下。

1. 显示/隐藏变量树

单击此按钮,可以显示/隐藏左边的变量树。按钮凹下时显示变量树,凸起时隐藏变量树。

2. 小图标/报表格式显示基本变量

单击此按钮,按钮凹下时,右边变量显示窗口中的变量以小图标的形式显示,没有变量的详细列表。当单击"报表格式/小图标显示基本变量"按钮时,该按钮变为凸起。

3. 格式/小图标显示基本变量

单击此按钮,按钮凹下时,右边变量显示窗口中的变量以报表的形式显示,有变量的详细列表,例如变量类型、报警组、安全区、连接设备、备注等。变量可以根据单击列表第一列表头出现的文本自动排序。当单击"小图标/报表格式显示基本变量"按钮时,该按钮变为凸起。

4. 新建变量

单击此按钮,弹出"定义变量"窗口,可直接新建变量,方法与在数据词典中定义变量相同。

（1）变量域

单击变量域列表框按钮,下拉列表框中会显示当前变量的所有可用域。

（2）过滤器

过滤器的功能是用户可以选择过滤条件,滤掉列表中不符合条件的变量,以方便选择变量。单击过滤器列表框按钮,可以从下拉列表框中看到定义好的过滤条件。如果用户没有定义过滤条件,则列表框中只显示"无"。单击右侧的"..."按钮可弹出定义、浏览和选择过滤器信息的"定义过滤条件"对话框。

（3）结构变量的选择

如果定义了结构变量,在"选择变量名"窗口左边的"本站点"前有一个"＋"标志。单击"＋",显示出定义好的结构变量。

（4）其他站点变量的选择

如果定义了其他站点,则会在变量浏览器左边的目录树中显示出站点名称和该站点下结构变量的名称。选择方法与本站点变量的选择方法相同。

8.2.3　表达式和运算符

连接表达式是定义动画连接的主要内容,因为连接表达式的值决定了画面上图素的动画效果。表达式由数据字典中定义的变量、变量域、报警组名、数值常量以及各种运算符组成,与 C 语言中的表达式非常类似。

在连接表达式中不允许出现赋值语句,表达式的值在组态王运行时计算。变量名和报警组名可以直接从变量浏览器中选择,出现在表达式中,不必加引号,但区分大小写。变量的域名不区分大小写。

连接表达式中可用到的运算符如表 8-1 所示。

表 8-1　表达式和运算符表

～	取补码,将整型变量变成 2 的补码	& &	逻辑与
＊	乘法	||	逻辑或
／	除法	＜	小于
％	模运算	＞	大于
＋	加法	＜＝	小于或等于
－	减法（双目）	＞＝	大于或等于
＆	整型量按位与	＝＝	等于
|	整型量按位或	！＝	不等于
＾	整型量异或		

下面列出运算符的运算次序。首先计算最高优先级的运算符,再依次计算较低优先级的运算符。同一行的运算符有相同的优先级。

( )   最高优先级
－(单目),!,～
*,/,%
+,－
<,>,<=,>=,==,!=
&,|,^
&& || 最低优先级
=

8.3　动画连接详解

在"动画连接"对话框中单击任一种连接方式,将会弹出"设置"对话框。本节将详细解释各种动画连接的设置。

8.3.1　线属性连接

在"动画连接"对话框中单击"线属性"按钮,将弹出"线属性连接"对话框,如图 8-5 所示。

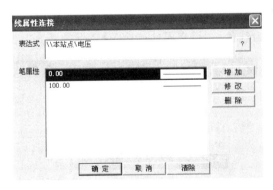

图 8-5　"线属性连接"对话框

线属性连接使被连接对象的边框、线的颜色和线型随连接表达式的值而改变。定义这类连接需要同时定义分段点(阈值)和对应的线属性。利用连接表达式的多样性,可以构造出许多很有用的连接。

"线属性连接"对话框中各项设置的意义如下。

1. 表达式
用于输入连接表达式,单击右侧的"?"按钮,可以查看已定义的变量名和变量域。

2. 增加

增加新的分段点。单击"增加"按钮,将弹出"输入新值"对话框,在对话框中输入新的分段点(阈值)并设置笔属性。按鼠标左键单击"笔属性—线形"按钮,弹出漂浮式窗口,移动鼠标进行选择;也可以使"线属性"按钮获得输入焦点,按空格键弹出漂浮式窗口,用Tab 键在颜色和线型间切换,用移动键选择,按空格键或回车键确定选择。具体设置如图 8-6 所示。

图 8-6　输入阈值

3. 修改

修改选中的分段点。"修改"对话框的用法同"输入新值"对话框。

4. 删除

删除选中的分段点。

8.3.2　填充属性连接

填充属性连接使图形对象的填充颜色和填充类型随连接表达式的值而改变,通过定义一些分段点(包括阈值和对应的填充属性),使图形对象的填充属性在一段数值内为指定值。

本例为封闭图形对象定义填充属性连接,阈值为 0 时,填充属性为白色;阈值为 100 时,填充属性为黄色;阈值为 200 时,填充属性为红色。画面程序运行时,当变量"电流"的值在 0～100 之间时,图形对象为白色;在 100～200 之间时,图形对象为黄色;变量值大于 200 时,图形对象为红色。"填充属性连接"对话框如图 8-7 所示。

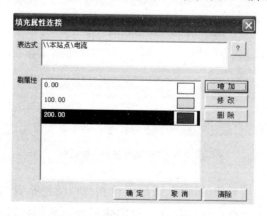

图 8-7　"填充属性连接"对话框

填充属性动画连接的设置方法为:在"动画连接"对话框中单击"填充属性"按钮,弹出的对话框(如图 8-7 所示)中各项含义如下。

1. 表达式

用于输入连接表达式,单击右侧的"?"按钮,将可以查看已定义的变量名和变量域。

2. 增加

增加新的分段点。单击"增加"按钮,弹出"输入新值"对话框,如图 8-8 所示。

在"输入新值"对话框中输入新的分段点的阈值和
画刷属性,按鼠标左键单击"画刷属性—类型"按钮,弹
出画刷类型漂浮式窗口,移动鼠标进行选择;也可以使
"填充属性"按钮获得输入焦点,按空格键弹出漂浮式窗
口,用 Tab 键在颜色和填充类型间切换,用移动键选择,
按空格键或回车键结束选择。按鼠标左键单击"画刷属
性—颜色"按钮,将弹出画刷颜色漂浮式窗口,用法与
"画刷属性—类型"选择相同。

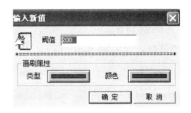

图 8-8　"输入新值"对话框

3. 修改

修改选中的分段点。"修改"对话框的用法同"输入新值"对话框。

4. 删除

删除选中的分段点。

8.3.3　文本色连接

文本色连接是使文本对象的颜色随连接表达式的值而改变,通过定义一些分段点(包
括颜色和对应数值),使文本颜色在特定数值段内为指定颜色。如定义某分段点,阈值是
0,文本色为红色。定义另一分段点,阈值是 100,则当"压力"的值在 0~100 之间时(包括
0),"压力"的文本色为红色;当"压力"的值大于等于 100 时,"压力"的文本色为蓝色。
"文本色连接"对话框如图 8-9 所示。

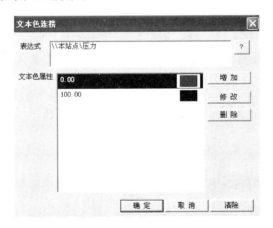

图 8-9　"文本色连接"对话框

文本色连接的设置方法为：在"动画连接"对话框中单击"文本色"按钮，弹出的对话框（如图 8-9 所示）中的各项设置的含义如下。

1. 表达式

用于输入连接表达式，单击右侧的"？"按钮可以查看已定义的变量名。

2. 增加

增加新的分段点。单击"增加"按钮，将弹出"输入新值"对话框，如图 8-10 所示。

在"输入新值"对话框中输入新的分段点的阈值和颜色，按鼠标左键单击"文本色"按钮，弹出漂浮式窗口，移动鼠标进行选择；也可以使"颜色"按钮获得输入焦点，按空格键弹出漂浮式窗口，用移动键选择，按空格键或回车键结束。

图 8-10　"输入新值"对话框

3. 修改

修改选中的分段点。"修改"对话框的用法同"输入新值"对话框。

4. 删除

删除选中的分段点。

8.3.4　水平移动连接

水平移动连接是使被连接对象在画面中随连接表达式值的改变而水平移动。移动距离以像素为单位，以被连接对象在画面制作系统中的原始位置为参考基准。水平移动连接常用来表示图形对象实际的水平运动。

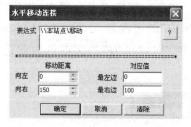

水平移动连接的设置方法为：在"动画连接"对话框中单击"水平移动"按钮，弹出"水平移动连接"对话框，如图 8-11 所示。

图 8-11　"水平移动连接"对话框

对话框中各项设置的含义如下。

1. 表达式

在此编辑框内输入合法的连接表达式，单击右侧的"？"按钮可查看已定义的变量名和变量域。

2. 向左

输入图素在水平方向向左移动（以被连接对象在画面中的原始位置为参考基准）的距离。

3. 最左边

输入与图素处于最左边时相对应的变量值。当连接表达式的值为对应值时，被连接对象的中心点向左(以原始位置为参考基准)移到最左边规定的位置。

4. 向右

输入图素在水平方向向右移动(以被连接对象在画面中的原始位置为参考基准)的距离。

5. 最右边

输入与图素处于最右边时相对应的变量值。当连接表达式的值为对应值时,被连接对象的中心点向右(以原始位置为参考基准)移到最右边规定的位置。

8.3.5　垂直移动连接

垂直移动连接是使被连接对象在画面中的位置随连接表达式的值而垂直移动。移动距离以像素为单位,以被连接对象在画面制作系统中的原始位置为参考基准。垂直移动连接常用来表示对象实际的垂直运动,单击"动画连接"对话框中的"垂直移动"按钮,弹出"垂直移动连接"对话框,如图 8-12 所示。

对话框中各项设置的含义如下。

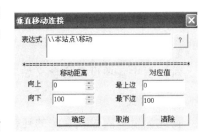

图 8-12　"垂直移动连接"对话框

1. 表达式

在此编辑框内输入合法的连接表达式,单击右侧的"?"按钮可以查看已定义的变量名和变量域。

2. 向上

输入图素在垂直方向向上移动(以被连接对象在画面中的原始位置为参考基准)的距离。

3. 最上边

输入与图素处于最上边时相对应的变量值。当连接表达式的值为对应值时,被连接对象的中心点向上(以原始位置为参考基准)移到最上边规定的位置。

4. 向下

输入图素在垂直方向向下移动(以被连接对象在画面中的原始位置为参考基准)的距离。

5. 最下边

输入与图素处于最下边时相对应的变量值。当连接表达式的值为对应值时,被连接对象的中心点向下(以原始位置为参考基准)移到最下边规定的位置。

8.3.6　缩放连接

缩放连接是使被连接对象的大小随连接表达式的值而变化。例如,建立一个温度计,用一个矩形表示水银柱(将其设置"缩放连接"动画连接属性),以反映变量"温度"的变化,如图 8-13 所示。左图是设计状态,右图是在 TouchVew 中的运行状态。

缩放连接的设置方法是:在"动画连接"对话框中单击"缩放连接"按钮,弹出对话框,如图 8-14 所示。

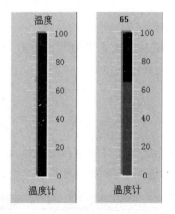

图 8-13 缩放连接实例

图 8-14 "缩放连接"对话框

对话框中各项设置的含义如下。

1. 表达式

在此编辑框内输入合法的连接表达式,单击右侧的"?"按钮可以查看已定义的变量名和变量域。

2. 最小时

输入对象最小时占据的被连接对象的百分比(占据百分比)及对应的表达式的值(对应值)。百分比为 0 时,此对象不可见。

3. 最大时

输入对象最大时占据的被连接对象的百分比(占据百分比)及对应的表达式的值(对应值)。若此百分比为 100,当表达式值为对应值时,对象大小为制作时该对象的大小。

4. 变化方向

选择缩放变化的方向。变化方向共有 5 种,用"方向选择"按钮旁边的指示器来形象地表示。箭头是变化的方向,蓝点是参考点。单击"方向选择"按钮,可选择 5 种变化方向之一。

8.3.7 旋转连接

旋转连接是使对象在画面中的位置随连接表达式的值而旋转。

例如,建立一个有指针仪表,以指针旋转的角度表示变量"泵速"的变化。图 8-15 中,左图是设计状态,右图是在 TouchVew 中的运行状态。

旋转连接的设置方法为:在"动画连接"对话框中单击"旋转连接"按钮,弹出对话框,

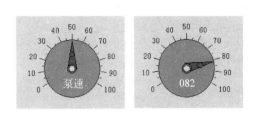

图 8-15 旋转连接实例   图 8-16 "旋转连接"对话框

如图 8-16 所示。

对话框中各项设置的含义如下。

1. 表达式

在此编辑框内输入合法的连接表达式,单击右侧的"?"按钮可以查看已定义的变量名和变量域。

2. 最大逆时针方向对应角度

被连接对象逆时针方向旋转所能达到的最大角度及对应的表达式的值(对应数值)。角度值限于 $0°\sim360°$,Y 轴正向是 $0°$。

3. 最大顺时针方向对应角度

被连接对象顺时针方向旋转所能达到的最大角度及对应的表达式的值(对应数值)。角度值限于 $0°\sim360°$,Y 轴正向是 $0°$。

4. 旋转圆心偏离图素中心的大小

被连接对象旋转时所围绕的圆心坐标距离被连接对象中心的值,其水平方向为圆心坐标水平偏离的像素数(正值表示向右偏离),垂直方向为圆心坐标垂直偏离的像素数(正值表示向下偏离)。该值可由坐标位置窗口(在组态王开发系统中用热键 F8 激活)帮助确定。

8.3.8 填充连接

填充连接是使被连接对象的填充物(颜色和填充类型)占整体的百分比随连接表达式的值而变化。

填充连接的设置方法是:在"动画连接"对话框中单击"填充连接"按钮,弹出的对话框如图 8-17 所示。

对话框中各项设置的含义如下。

1. 表达式

在此编辑框内输入合法的连接表达式,单击右侧的"?"按钮可以查看已有的变量名和变量域。

图 8-17　"填充连接"对话框

2.最小填充高度

输入对象填充高度最小时所占据的被连接对象的高度（或宽度）的百分比（占据百分比）及对应的表达式的值（对应数值）。

3.最大填充高度

输入对象填充高度最大时所占据的被连接对象的高度（或宽度）的百分比（占据百分比）及对应的表达式的值（对应数值）。

4.填充方向

规定填充方向，由"填充方向"按钮和填充方向示意图两部分组成。共有 4 种填充方向，单击"填充方向"按钮，可选择其中之一。

5.缺省填充画刷

若本连接对象没有填充属性连接，则运行时用此缺省填充画刷。按鼠标左键单击"类型"按钮，弹出漂浮式窗口，移动鼠标进行选择；也可以使"类型"按钮获得输入焦点，按空格键弹出浮动窗口，用 Tab 键在颜色和填充类型间切换，用移动键选择，按空格键或回车键结束选择。按鼠标左键单击"颜色"按钮，弹出漂浮式窗口，移动鼠标进行选择。

8.3.9　模拟值输出连接

模拟值输出连接是使文本对象的内容在程序运行时被连接表达式的值所取代。

模拟值输出连接的设置方法是：在"动画连接"对话框中单击"模拟值输出"按钮，弹出对话框，如图 8-18 所示。

对话框中各项设置的含义如下。

1.表达式

在此编辑框内输入合法的连接表达式，单击右侧的"?"按钮可以查看已定义的变量名和变量域。

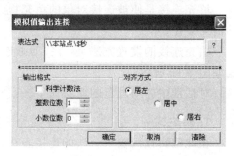

图 8-18　"模拟值输出连接"对话框

2. 整数位数

输出值的整数部分占据的位数。若实际输出时的值的位数少于此处输入的值,则高位填 0。例如,规定整数位是 4 位,而实际值是 12,则显示为 0012。如果实际输出的值的位数多于此值,则按照实际位数输出。例如,实际值是 12345,则显示为 12345。若不想有前补零的情况出现,则可令整数位数为 0。

3. 小数位数

输出值的小数部分位数。若实际输出时值的位数小于此值,则填 0 补充。例如,规定小数位是 4 位,而实际值是 0.12,则显示为 0.1200。如果实际输出的值的位数多于此值,则按照实际位数输出。

4. 科学计数法

规定输出值是否用科学计数法显示。

5. 对齐方式

运行时输出的模拟值字符串与当前被连接字符串在位置上按照左、中、右方式对齐。

8.3.10　离散值输出连接

离散值输出连接是使文本对象的内容在运行时被连接表达式的指定字符串所取代。

离散值输出连接的设置方法是:在“动画连接”对话框中单击“离散值输出”按钮,弹出对话框,如图 8-19 所示。

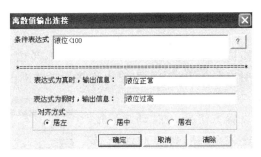

图 8-19　“离散值输出连接”对话框

对话框中各项设置的含义如下。

1. 条件表达式

可以输入合法的连接表达式。单击右侧的“?”按钮可以查看已定义的变量名和变量域。

2. 表达式为真时,输出信息

规定表达式为真时,被连接对象(文本)输出的内容。

3. 表达式为假时，输出信息

规定表达式为假时，被连接对象（文本）输出的内容。

4. 对齐方式

运行时输出的离散量字符串与当前被连接字符串在位置上按照左、中、右方式对齐。

8.3.11　字符串输出连接

字符串输出连接是使画面中文本对象的内容在程序运行时被数据库中的某个字符串变量的值所取代。

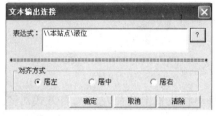

图 8-20　"文本输出连接"对话框

字符串输出连接的设置方法是：在"动画连接"对话框中单击"字符串输出"按钮，弹出对话框，如图 8-20 所示。

对话框中各项设置的含义如下。

1. 表达式

输入要显示内容的字符串变量。单击右侧的"?"按钮可以查看已定义的变量名和变量域。

2. 对齐方式

选择运行时输出的字符串与当前被连接字符串在位置上的对齐方式。

8.3.12　模拟值输入连接

模拟值输入连接是使被连接对象在运行时为触敏对象，单击此对象或按下指定热键，将弹出输入值对话框。用户在对话框中可以输入连接变量的新值，以改变数据库中某个模拟型变量的值。

模拟值输入连接的设置方法是：在"动画连接"对话框中单击"模拟值输入"按钮，弹出对话框，如图 8-21 所示。

对话框中各项设置的含义如下。

1. 变量名

要改变的模拟类型变量的名称。单击右侧的"?"按钮可以查看已定义的变量和变量域。

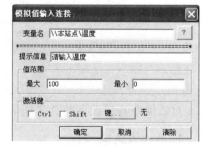

图 8-21　"模拟值输入连接"对话框

2. 提示信息

运行时出现在弹出对话框中用于提示输入内容的字符串。

3. 值范围

规定输入值的范围。它应该是要改变的变量在数据库中设定的最大值和最小值。

4. 激活键

定义激活键,这些激活键可以是键盘上的单键,也可以是组合键(Ctrl、Shift 和键盘单键的组合)。在 TouchVew 运行画面时可以用激活键随时弹出输入对话框,以便输入、修改新的模拟值。

8.3.13　离散值输入连接

离散值输入连接是使被连接对象在运行时为触敏对象,单击此对象后弹出输入值对话框。可在对话框中输入离散值,以改变数据库中某个离散类型变量的值。

离散值输入连接的设置方法是:在"动画连接"对话框中单击"离散值输入"按钮,弹出对话框,如图 8-22 所示。

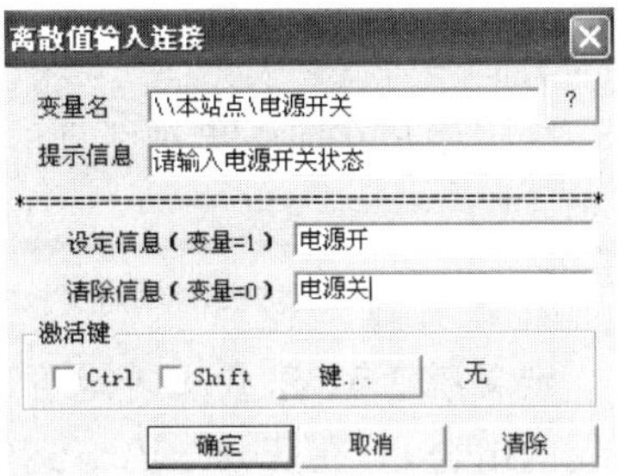

对话框中各项设置的含义如下。

1. 变量名

要改变的离散类型变量的名称。单击右侧的"?"按钮可以查看已定义的变量和变量域。

图 8-22　"离散值输入连接"对话框

2. 提示信息

运行时出现在弹出对话框中用于提示输入内容的字符串。

3. 设定信息

运行时出现在弹出对话框中第一个按钮上的文本内容,此按钮用于将离散变量值设为 1。

4. 清除信息

运行时出现在弹出对话框中第二个按钮上的文本内容,此按钮用于将离散变量值设为 0。

5. 激活键

定义激活键,这些激活键可以是键盘上的单键,也可以是组合键(Ctrl、Shift 和键盘单键的组合)。在 TouchVew 运行画面时可以用激活键随时弹出输入对话框,以便输入、修改新的离散值。当 Ctrl 和 Shift 字符左边出现"√"时,分别表示 Ctrl 和 Shift 键有效。

8.3.14　字符串输入连接

字符串输入连接是使被连接对象在运行时为触敏对象,用户可以在运行时改变数据库中的某个字符串类型变量的值。

字符串输入连接的设置方法是:单击"动画连接"对话框中的"字符串输入"按钮,弹

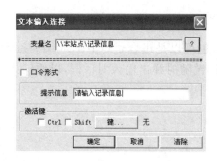

图 8-23　"文本输入连接"对话框

出对话框,如图 8-23 所示。

对话框中各项设置的含义如下。

1. 变量名

要改变的字符串类型变量的名称。单击右侧的"?"按钮可以查看已定义的变量和变量域。

2. 提示信息

运行时出现在弹出对话框中用于提示输入内容的字符串。

3. 口令形式

规定用户在向弹出对话框的编辑框中输入字符串内容时,编辑框中的字符是否以口令形式(∗∗∗∗∗∗∗)显示。

4. 激活键

定义激活键,这些激活键可以是键盘上的单键,也可以是组合键(Ctrl、Shift 和键盘单键的组合)。在 TouchVew 运行画面时可以用激活键随时弹出输入对话框,以便输入、修改新的字符串值。当 Ctrl 和 Shift 字符左边出现"√"时,分别表示 Ctrl 和 Shift 键有效。

8.3.15　闪烁连接

闪烁连接是使被连接对象在条件表达式的值为真时闪烁。闪烁效果易于引起注意,故常用于出现非正常状态时的报警。

闪烁连接的设置方法是:在"动画连接"对话框中单击"闪烁"按钮,弹出对话框,如图 8-24所示。

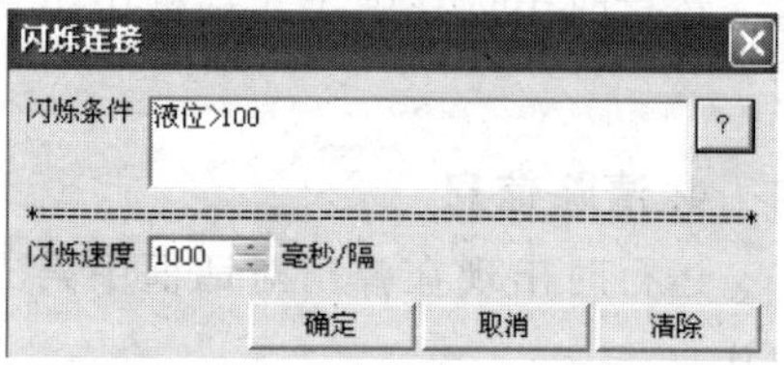

对话框中各项设置的含义如下。

1. 闪烁条件

输入闪烁的条件表达式。当此条件表达式的

图 8-24　"闪烁连接"对话框

值为真时,图形对象开始闪烁;表达式的值为假时,闪烁自动停止。单击右侧的"?"按钮可以查看已定义的变量名和变量域。

2. 闪烁速度

规定闪烁的频率。

8.3.16　隐含连接

隐含连接是使被连接对象根据条件表达式的值而显示或隐含。

隐含连接的设置方法是:在"动画连接"对话框中单击"隐含"按钮,弹出对话框,如

图 8-25　"隐含连接"对话框

图 8-25 所示。

对话框中各项设置的含义如下。

1. 条件表达式

输入显示或隐含的条件表达式,单击右侧的"?"按钮可以查看已定义的变量名和变量域。

2. 表达式为真时

规定当条件表达式值为 1(TRUE)时,被连接对象是显示还是隐含;当表达式的值为假时,定义了"显示"状态的对象自动隐含,定义了"隐含"状态的对象自动显示。

8.3.17　水平滑动杆输入连接

当有滑动杆输入连接的图形对象被鼠标拖动时,与之连接的变量的值将会被改变。当变量的值改变时,图形对象的位置也会发生变化。

水平滑动杆输入连接的设置方法是:在"动画连接"对话框中单击"水平滑动杆输入"按钮,弹出对话框,如图 8-26 所示。

对话框中各项设置的含义如下。

图 8-26　"水平滑动杆输入连接"对话框

1. 变量名

输入与图形对象相联系的变量,单击右侧的"?"按钮可以查看已定义的变量名和变量域。

2. 向左

图形对象从设计位置向左移动的最大距离。

3. 向右

图形对象从设计位置向右移动的最大距离。

4. 最左边

图形对象在最左端时变量的值。

5. 最右边

图形对象在最右端时变量的值。

8.3.18　垂直滑动杆输入连接

垂直滑动杆输入连接与水平滑动杆输入连接类似,只是图形对象的移动方向不同。设置方法是:在"动画连接"对话框中单击"垂直滑动杆输入"按钮,弹出对话框,如图 8-27 所示。

图 8-27　"垂直滑动杆输入连接"对话框

对话框中各项的含义如下。

1. 变量名

与产生滑动输入的图形对象相联系的变量。单击右侧的"?"按钮查看所有已定义的变量名和变量域。

2. 向上

图形对象从设计位置向上移动的最大距离。

3. 向下

图形对象从设计位置向下移动的最大距离。

4. 最上边

图形对象在最上端时变量的值。

5. 最下边

图形对象在最下端时变量的值。

8.3.19　动画连接命令语言

命令语言连接会使被连接对象在运行时成为触敏对象。当 TouchVew 运行时,触敏对象周围出现反显的矩形框。命令语言有 3 种,即"按下时"、"弹起时"和"按住时",分别表示鼠标左键在触敏对象上按下、弹起和按住时执行连接的命令语言程序。定义"按住时"的命令语言连接时,还可以指定按住鼠标后每隔多少毫秒执行一次命令语言,这个时间间隔在编辑框内输入。可以指定一个等价键,工程人员在键盘上用等价键代替鼠标,等价键的按下、弹起和按住 3 种状态分别等同于鼠标的按下、弹起和按住状态。单击任一种"命令语言连接"按钮,将弹出对话框,用于输入命令语言连接程序,如图 8-28 所示。

在对话框下边有一些能产生提示信息的按钮,可让用户选择已定义的变量名及域、系统预定义函数名、画面窗口名、报警组名、算符和关键字等,还提供剪切、复制、粘贴、复原等编辑手段,使用户可以从其他命令语言连接中复制已编好的命令语言程序。

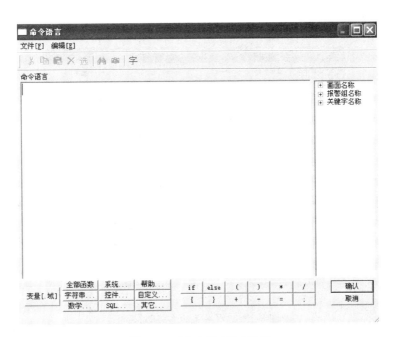

图 8-28　"命令语言"对话框

8.4　动画连接向导的使用

组态王提供可视化动画连接向导供用户使用。该向导的动画连接包括水平移动、垂直移动、旋转、滑动杆水平输入、滑动杆垂直输入等 5 个部分。使用可视化动画连接向导，可以简单、精确地定位图素动画的中心位置、移动起止位置和移动范围等。

8.4.1　水平移动动画连接向导

使用水平移动动画连接向导的步骤为：

（1）在画面上绘制水平移动的图素，如圆角矩形。

（2）选中该图素，选择菜单命令"编辑"｜"水平移动向导"，或在该圆角矩形上右击，在弹出的快捷菜单上选择"动画连接向导"｜"水平移动连接向导"命令，鼠标形状变为小"十"字形。

（3）选择图素水平移动的起始位置，单击鼠标左键，鼠标形状变为向左的箭头，表示当前定义的是运行时图素由起始位置向左移动的距离。水平移动鼠标，箭头随之移动，并画出一条水平移动轨迹线。

（4）当鼠标箭头向左移动到左边界后，单击鼠标左键，鼠标形状变为向右的箭头，表示当前定义的是运行时图素由起始位置向右移动的距离。水平移动鼠标，箭头随之移动，并画出一条移动轨迹线。当到达水平移动的右边界时，单击鼠标左键，弹出"水平移动连接"对话框,如图 8-29 所示。

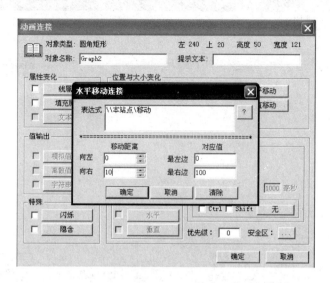

图 8-29 "水平移动连接"对话框

在"表达式"文本框中输入变量或单击右侧的"?"按钮选择变量。在"移动距离"的"向左"、"向右"文本框中的数据为利用向导建立动画连接产生的数据,用户可以按照需要修改该项。单击"确定"按钮,完成动画连接。

8.4.2　垂直移动动画连接向导

使用垂直移动动画连接向导的步骤为:

(1) 在画面上绘制垂直移动的图素,如圆角矩形。

(2) 选中该图素,选择菜单命令"编辑"|"垂直移动向导",或在该圆角矩形上右击,在弹出的快捷菜单上选择"动画连接向导"|"垂直移动连接向导"命令,鼠标形状变为小"十"字形。

(3) 选择图素垂直移动的起始位置,单击鼠标左键,鼠标形状变为向上的箭头,表示当前定义的是运行时图素由起始位置向上移动的距离。垂直移动鼠标,箭头随之移动,并画出一条垂直移动轨迹线。

(4) 当鼠标箭头向上移动到上边界后,单击鼠标左键,鼠标形状变为向下的箭头,表示当前定义的是运行时图素由起始位置向下移动的距离。垂直移动鼠标,箭头随之移动,并画出一条垂直移动轨迹线。当到达垂直移动的下边界时,单击鼠标左键,弹出"垂直移动连接"对话框,如图 8-30 所示。

在"表达式"文本框中输入变量或单击右侧的"?"按钮选择变量。在"移动距离"的"向上"、"向下"文本框中的数据为利用向导建立动画连接产生的数据,用户可以按照需要修改该项。单击"确定"按钮,完成动画连接。

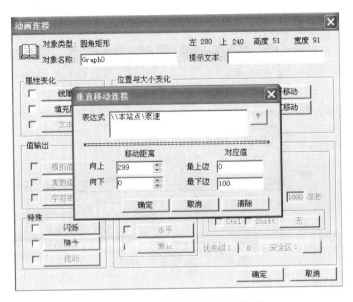

图 8-30　"垂直移动连接"对话框

8.4.3　滑动杆输入动画连接向导

滑动杆的水平输入和垂直输入动画连接向导的使用与水平移动、垂直移动动画连接向导的使用方法相同。

8.4.4　旋转动画连接向导

使用旋转动画连接向导的步骤为：

（1）在画面上绘制旋转动画的图素，如椭圆。

（2）选中该图素，选择菜单命令"编辑"|"旋转向导"，或在该椭圆上右击，在弹出的快捷菜单上选择"动画连接向导"|"旋转连接向导"命令，鼠标形状变为小"十"字形。

（3）选择图素旋转时的围绕中心，在画面上的相应位置单击鼠标左键。鼠标形状变为逆时针方向的旋转箭头，表示现在定义的是图素逆时针旋转的起始位置和旋转角度。移动鼠标，环绕选定的中心，则一个图素形状的虚线框会随鼠标的移动而转动。

（4）确定逆时针旋转的起始位置后，单击鼠标左键，鼠标形状变为顺时针方向的旋转箭头，表示现在定义的是图素顺时针旋转的起始位置和旋转角度，方法同逆时针定义。选定好顺时针的位置后，单击鼠标左键，弹出"旋转连接"对话框，如图 8-31 所示。

动画连接向导很好地解决了用户在定义旋转图素时很难找到旋转中心的问题。

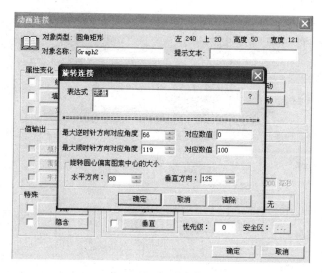

图 8-31   "旋转连接"对话框

小结

本章介绍动画连接的相关知识，以及图形画面和动画连接的制作工具，重点介绍如何制作动画。

习题

8.1   什么是动画连接？

8.2   表达式和运算符有哪些？其优先级如何？

8.3   动画连接有哪些种类？

8.4   动画连接向导的作用是什么？有哪些种类？

第 9 章

趋势曲线和其他曲线

9.1　曲线的一般介绍

　　组态王的实时数据和历史数据除了在画面中以数值输出的方式和以报表形式显示外,还可以用曲线形式显示。组态王的曲线有趋势曲线、温控曲线和 X-Y 曲线。

　　趋势分析是控制软件必不可少的功能,组态王对该功能提供了强有力的支持和简单的控制方法。趋势曲线有实时趋势曲线和历史趋势曲线两种。曲线外形类似于坐标纸,X 轴代表时间,Y 轴代表变量值。对于实时趋势曲线,最多可显示 4 条曲线;历史趋势曲线最多可显示 8 条,而一个画面中可定义数量不限的趋势曲线(实时趋势曲线或历史趋势曲线)。在趋势曲线中,工程人员可以规定时间间距、数据的数值范围、网格分辨率、时间坐标数目、数值坐标数目以及绘制曲线的“笔”的颜色属性。画面程序运行时,实时趋势曲线可以自动卷动,以快速反映变量随时间的变化;历史趋势曲线不能自动卷动,它一般与功能按钮一起工作,共同完成历史数据的查看工作,这些按钮可以完成翻页、设定时间参数、启动/停止记录及打印曲线图等复杂功能。

　　温控曲线反映出实际测量值按设定曲线变化的情况。在温控曲线中,纵轴代表温度值,横轴对应时间的变化,同时将每一个温度采样点显示在曲线中。它主要适用于温度控制、流量控制等。

　　X-Y 曲线主要是用曲线来显示两个变量之间的运行关系,例如电流—转速曲线。

9.2　实时趋势曲线

9.2.1　实时趋势曲线的定义

　　在组态王开发系统中制作画面时,选择菜单“工具”|“实时趋势曲线”项或单击“工具箱”中的“实时趋势曲线”按钮,此时鼠标在画面中变为“十”字形,在画面中用鼠标画出一个矩形,实时趋势曲线就在这个矩形中绘出,可以移动位置或改变大小。在画面运行时,实时趋势曲线对象由系统自动更新。

9.2.2　实时趋势曲线对话框

　　在生成实时趋势曲线对象后双击此对象,弹出“曲线定义”对话框。本对话框可以在

"曲线定义"和"标识定义"选项卡之间切换,如图 9-1 所示。

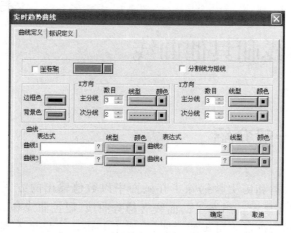

图 9-1　"实时趋势曲线"对话框

1."曲线定义"选项卡

(1)分割线为短线:选择分割线的类型。选中此项后,在坐标轴上只有很短的主分割线,整个图纸区域接近空白状态,没有网格,同时下面的"次分割线"选择项变灰。

(2)边框色、背景色:分别规定绘图区域的边框和背景(底色)的颜色。

(3)X 方向、Y 方向:X 方向和 Y 方向的主分割线将绘图区划分成矩形网格,次分割线将再次划分主分割线划分出来的小矩形。这两种线都可改变线型和颜色。分割线的数目可以根据实时趋势曲线的大小修改,分割线最好与标识定义(标注)相对应。

(4)曲线:定义所绘的 1~4 条曲线的 Y 坐标对应的表达式。实时趋势曲线可以实时计算表达式的值,所以它可以使用表达式。右侧的"?"按钮可列出数据库中已定义的变量或变量域供选择。每条曲线可通过右边的线型和颜色按钮来改变线型和颜色。

2."标识定义"选项卡

通过"标识定义"属性设置,可以设置实时趋势曲线的横、纵坐标,如图 9-2 所示。

1)标识 X 轴—时间轴、标识 Y 轴—数值轴:选择是否为 X 轴或 Y 轴加标识,即在绘图区域的外面用文字标注坐标的数值。如果此项选中,则下面定义相应标识的选择项也由灰变加亮。

2)数值轴(Y 轴)定义区:Y 轴的范围是 0(0%)~1(100%)。

(1)标识数目:数值轴标识的数目,这些标识在数值轴上等间隔。

(2)起始值:规定数值轴起点对应的百分比值,最小为 0。

(3)最大值:规定数值轴终点对应的百分比值,最大为 100。

(4)字体:规定数值轴标识所用的字体。

3)时间轴定义区

(1)标识数目:时间轴标识的数目,这些标识在数值轴上等间隔。在组态王开发系统中,时间是以 yy:mm:dd:hh:mm:ss 的形式表示;在 TouchVew 运行系统中,显示

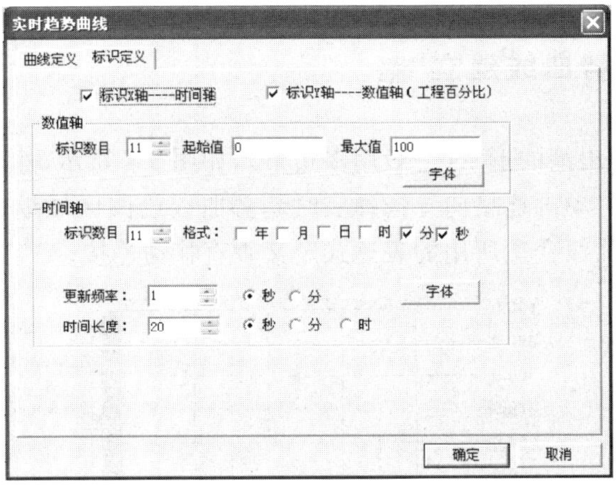

图 9-2　"标识定义"选项卡

实际的时间,它与历史趋势曲线不同,在两边是一个标识拆成两半。

（2）格式：时间轴标识的格式,选择显示哪些时间量。

（3）更新频率：TouchVew 是自动重绘一次实时趋势曲线的时间间隔。与历史趋势曲线不同,它不需要指定起始值,因为起始时间总是当前时间减去时间间隔。

（4）时间长度：时间轴所表示的时间范围。

3. 变量范围的定义

由于实时趋势曲线数值轴显示的数据是以实际参数值与最大值的比值百分数来显示,因此,对于要以曲线形式来显示的变量,需要特别注意变量的范围。如果变量定义的范围很大,而实际变化范围很小,曲线数据的百分比数值就会很小,在曲线图表上会出现看不到该变量曲线的情况。打开工程浏览器,单击"数据库"|"数据词典"项,选中要作记录的变量,双击该变量,则弹出"定义变量"对话框,如图 9-3 所示。要将变量实际变化的最大值填入"最大值"栏中。

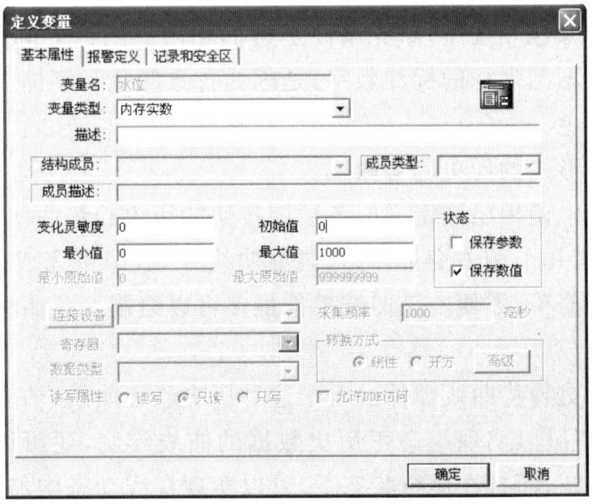

图 9-3　"定义变量"对话框

9.2.3　为实时趋势曲线建立"笔"

首先使用图素画出笔的形状（一般用多边形），如图 9-4 所示，然后定义图素的垂直移动动画连接，可以通过动画连接向导选择实时趋势曲线绘图区域纵轴方向两个端点的位置，再用对应的实时曲线变量所用的表达式定义垂直移动连接。

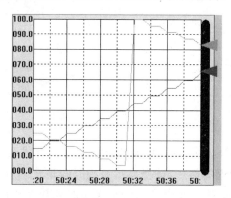

图 9-4　趋势曲线中建立的"笔"

9.3　历史趋势曲线

9.3.1　历史趋势曲线的定义

在组态王开发系统中制作画面时，选择菜单"工具"|"历史趋势曲线"项或单击"工具箱"中的"历史趋势曲线"按钮，可绘出历史趋势曲线。

通过调色板工具或相应的菜单命令，可以改变趋势曲线的笔属性和填充属性。笔属性是趋势曲线边框的颜色和线型，填充属性是边框和内部网格之间的背景颜色和填充模式。工程人员有时见不到坐标的标注数字，是因为背景颜色和字体颜色正好相同，这时需要修改字体或背景颜色。

组态王提供三种形式的历史趋势曲线。

第一种是从图库中调用已经定义好各功能按钮的历史趋势曲线。对于这种历史趋势曲线，用户只需要定义几个相关变量，适当调整曲线外观，即可完成历史趋势曲线的复杂功能。这种形式使用简单、方便。该曲线控件最多可以绘制 8 条曲线，但该曲线无法实现曲线打印功能。

第二种是调用历史趋势曲线控件。对于这种历史趋势曲线，功能很强大，使用比较简单。通过该控件，不但可以实现组态王历史数据的曲线绘制，还可以实现 ODBC 数据库中数据记录的曲线绘制，而且在运行状态下，可以实现在线动态增加/删除曲线、曲线图表的无级缩放、曲线的动态比较以及曲线的打印等。

第三种是从工具箱中调用历史趋势曲线。对于这种历史趋势曲线，用户需要对曲线的各个操作按钮进行定义，即建立命令语言连接才能操作历史曲线。对于这种形式，用户使用时自主性较强，能作出个性化的历史趋势曲线。该曲线控件最多可以绘制 8 条曲线，该曲线无法实现曲线打印功能。

无论使用哪一种历史趋势曲线，都要进行相关配置，主要包括变量属性配置和历史数据文件存放位置配置。

9.3.2　与历史趋势曲线有关的其他必要设置

1. 定义变量范围

同"实时趋势曲线"。

2. 对变量作历史记录

要以历史趋势曲线形式显示的变量，都需要对变量作记录。选中"记录和安全区"选项卡，选择变量记录的方式，选择"数据变化记录"、"定时记录"或"备份记录"，如图 9-5 所示。

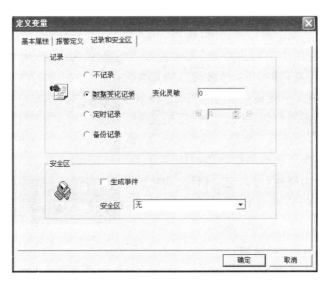

图 9-5　"记录和安全区"选项卡

3. 定义历史数据文件的存储目录

在工程浏览器的菜单条上单击"配置"|"历史数据记录"命令项，弹出"历史记录配置"对话框，如图 9-6 所示。

在此对话框中输入记录历史数据文件在磁盘上的存储路径和数据保存天数，也可进行分布式历史数据配置，使本机节点中的组态王能够访问远程计算机的历史数据。

4. 重启历史数据记录

在运行系统的菜单条上单击"特殊"|"重启历史数据记录"，此选项用于重新启动历史

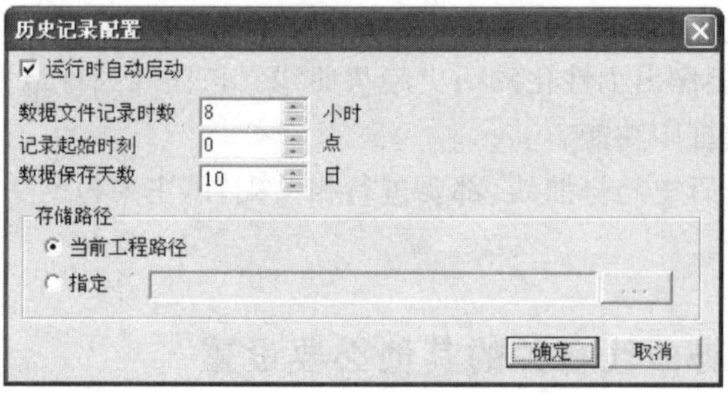

图 9-6　"历史记录配置"对话框

数据记录。在没有空闲磁盘空间时,系统自动停止历史数据记录。当发生此情况时,将显示信息框通知工程人员,在工程人员将数据转移到其他地方后,空出磁盘空间,再选用此命令重启历史数据记录。

9.3.3　通用历史趋势曲线

在组态王开发系统中制作画面时,选择菜单"图库"|"打开图库"项,弹出图库管理器,单击"历史曲线",在图库窗口内双击"历史曲线"(如果图库窗口不可见,请按 F2 键激活),图库窗口将消失,鼠标在画面中变为直角符号"「"。将鼠标移动到画面上的适当位置,单击左键,历史曲线就复制到画面上了,如图 9-7 所示。

曲线的下方是指示器和两排功能按钮。通过定义历史趋势曲线的属性,可以定义曲线、功能按钮的参数,并改变趋势曲线的笔属性和填充属性等。

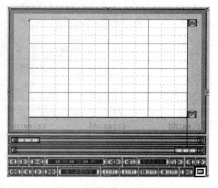

图 9-7　通用历史趋势曲线

1."历史曲线向导"对话框

生成历史趋势曲线对象后,在其上双击鼠标左键,弹出"历史趋势曲线"对话框,它由"曲线定义"、"坐标系"和"操作面板和安全属性"3 个选项卡组成,如图 9-8 所示。

1)"曲线定义"选项卡

(1)历史趋势曲线名:定义历史趋势曲线在数据库中的变量名(区分大小写),引用历史趋势曲线的各个域和使用一些函数时需要此名称。

(2)曲线1~曲线8:定义历史趋势曲线绘制的8条曲线对应的数据变量名。数据变量必须事先限定其最大值,选择"记录"。

(3)选项:定义历史趋势曲线是否需要显示时间指示器、时间轴缩放平移面板和 Y 轴缩放面板。这 3 个面板中包含对历史曲线进行操作的各种按钮。选中各个复选框时(复选框中出现"√"),表示需要显示该项。

图 9-8 "曲线定义"选项卡

2)"坐标系"选项卡

该设置同"实时趋势曲线",不再赘述。

3)"操作面板和安全属性"选项卡(如图 9-9 所示)

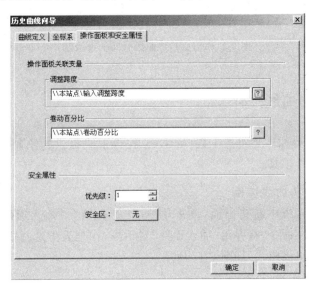

图 9-9 "操作面板和安全属性"选项卡

(1)操作面板关联变量:定义 X 轴(时间轴)缩放平移的参数,即操作按钮对应的参数,包括调整跨度和卷动百分比。

(2)调整跨度:历史趋势曲线可以向左或向右平移一个时间段,利用该变量来改变平移时间段的大小,是一个整型变量。

（3）卷动百分比：历史趋势曲线的时间轴可以左移或右移一个时间百分比，利用该变量来改变该百分比的值大小，是一个整型变量。

对于"调整跨度"和"卷动百分比"这两个变量，在历史曲线的操作按钮上已经建立好命令语言连接，所以用户在数据词典中定义时，变量名要完全一致。

2. 历史趋势曲线操作按钮

因为画面运行时不自动更新历史趋势曲线图表，所以需要为历史趋势曲线建立操作按钮，时间轴缩放平移面板就是提供一系列建立好的命令语言连接的操作按钮，以完成查看功能，如图 9-10 所示。

图 9-10　历史趋势曲线操作按钮

3. 历史趋势曲线时间轴指示器

移动历史趋势曲线时间轴指示器，就可以查看整个曲线上变量的变化情况，如图 9-11 所示。移动指示器可以使用按钮，也可以作为一个滑动杆，指示器已经建立好命令语言连接，分别实现左、右指示器的向左、向右移动。按住按钮时的执行频率是 55ms。

图 9-11　历史趋势曲线时间轴指示器

9.3.4　历史趋势曲线控件

KVHTrend 曲线控件是组态王以 ActiveX 控件形式提供的绘制历史曲线和 ODBC 数据库曲线的功能性工具。

1. 创建历史趋势曲线控件

在组态王开发系统中新建画面，单击菜单项"工具箱"|"插入通用控件"或选择"编辑"|"插入通用控件"命令，将弹出"插入控件"对话框，在列表中选择"历史趋势曲线"，单击"确定"按钮后绘出该曲线，如图 9-12 所示。

2. 设置历史趋势曲线固有属性

历史曲线控件创建完成后，在控件上右击，在弹出的快捷菜单中选择"控件属性"命令，将弹出历史曲线控件的"固有属性"对话框，如图 9-13 所示。

控件固有属性含有以下几个属性页：曲线、坐标系、预置打印选项、报警区域选项、游标配置选项。下面详细介绍每个属性页中的含义。

1)"曲线"属性页

如图 9-13 所示，"曲线"属性页中的下半部分用来说明绘制曲线时历史数据的来源，

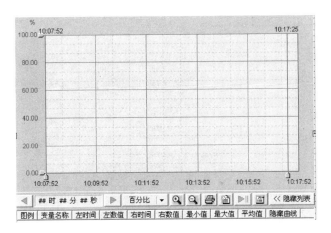

图 9-12　历史趋势曲线控件

图 9-13　历史曲线控件的"固有属性"对话框

可以选择组态王的历史数据库或其他 ODBC 数据库为数据源。

　　曲线属性页中的上半部分的"曲线"列表用于定义曲线图表初始状态的曲线变量、绘制曲线的方式、是否进行曲线比较等。

　　(1) 增加：增加变量到曲线图表，并定义曲线绘制方式。

　　(2) 采样间隔：确定从数据库中读出数据点的时间间隔。可以精确到 ms，最小单位为 1ms。该项的选择将影响曲线绘制的质量和系统的效率。

　　(3) 单击"增加"按钮，弹出如图 9-14 所示的对话框。

　　① 变量名称：在"变量名称"文本框中输入要添加的变量名称。

　　② 曲线定义：用于定义曲线的线型和颜色。

图 9-14 "增加曲线"对话框

③ 绘制方式：曲线的绘制方式有 4 种，即模拟、阶梯、逻辑和棒图，可以任选一种。

④ 曲线比较：通过设置曲线显示的两个不同时间，使曲线绘制位置有一个时间轴上的平移。这样，一个变量名代表的两条曲线中，一个显示与时间轴相同的时间的数据，另一个作比较的曲线显示有时间差的数据（如一天前），从而达到用两条曲线来实现曲线比较的目的。

⑤ 数据来源：选择曲线使用的数据来源，可同时支持组态王历史库和 ODBC 数据源。若选择 ODBC 数据源，必须先配置数据源。

- 打开"控制面板"|"性能和维护"|"管理工具"|"数据源（ODBC）"，单击"用户 DSN"项，单击"添加"按钮，弹出"创建新数据源"对话框。
- 选择所需数据源的驱动，如"Microsoft Access Driver(＊.mdb)"，单击"完成"按钮，将弹出"ODBC Microsoft Access 安装"对话框。
- 在"数据源名"中定义一个数据源名称，用户可以自己设置。利用数据库的"选择"项选择曲线要访问的数据所在的数据库，此数据库的表至少有 3 个字段：时间字段、数据字段和毫秒字段。单击"确定"按钮，新创建的数据源就添加到"用户 DSN"列表中。

⑥ 当"数据来源"选择为"使用 ODBC 数据源"时，该界面下方的"数据源详细定义"选项将变为有效。

- 数据源：选择曲线数据来源数据库，在弹出的"Select Data Source"中选择上面刚在控制面板中定义的数据源。
- 表名称：选择曲线使用的数据来自所选数据库的某一个表。
- 无效值：每一条曲线都和表中一个表示其值的字段关联，这个字段的值在某一点时可能是无效的，但表的结构决定了这个字段在一条记录中的值不能为空白，所以就有了无效值的定义。

比如,当表中数值字段的值为 NULL 时,表示该点数据无效,那么配置无效值时就可以为空;当表中数值字段的值为 0 时,表示该点数据无效,那么配置无效值时就可以写"0";当表中数值字段的值为"abcd"时,表示该点数据无效,那么配置无效值时就可以写"abcd"。

* 所在时区:选择数据库记录时间所在的时区。为了统一时间基准,组态王在读取数据库的时间时是按照标准时间——格林尼治时间来读取的,所以需要用户定义自己所在的时区。如果时区选择错误的话,可能在图表的相应时间段上找不到曲线。

　　注意:在使用 ODBC 数据源时,同样需要在变量列表中选择一个变量,用它来确定曲线变量的值的范围。

　　选择完变量并配置完成后,单击"确定"按钮,则曲线名称添加到"曲线列表"中,如图 9-15 所示。

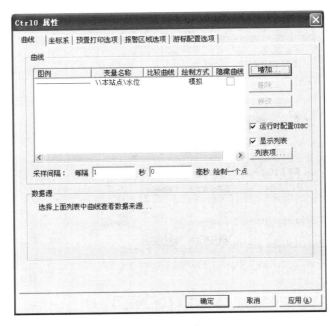

图 9-15　曲线的定义

　　如上所述,可以增加多个变量到曲线列表中。选择已添加的曲线,则"删除"、"修改"按钮变为有效。

　　(4)运行时配置 ODBC:选中该项,允许运行时增加和修改变量关联的 ODBC 数据源;否则,不能修改已有的 ODBC 关联,也不能增加 ODBC 数据源的变量曲线。

　　(5)显示列表:选中该项,在运行时,在曲线窗口下方可以显示所有曲线的基本情况列表。在运行时也可以通过按钮控制是否要显示该列表。列表中的内容可按图 9-16 中选择的内容显示,也可以自定义,但"图例"一项不可删除。单击"列表项"按钮,弹出"列表项"对话框,如图 9-16 所示。

　　左边列表框中为选出的不用显示的项,右边列表框中为需要显示的内容。选择列表框中的项目,单击"添加"或"删除"按钮,确定显示的项。单击"上移"、"下移"按钮,排列所选择的项的顺序。需要注意的是,"图例"一项的位置不可修改。

2)"坐标系"属性页

操作方法同其他"历史趋势曲线"。

3)"预置打印选项"属性页

单击"预置打印选项"标签,进入预置打印选项属性页,可以进行打印设置。

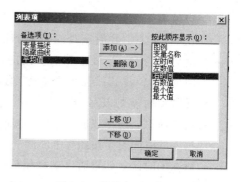

图 9-16　"列表项"对话框

4)"报警区域选项"属性页

在曲线控件中显示报警区域的背景色。单击"报警区域选项"标签,进入"报警区域选项"属性页,如图 9-17 所示。

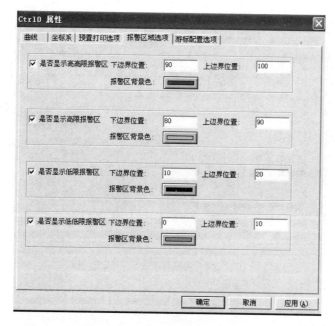

图 9-17　"报警区域选项"属性页

(1)是否显示高高限报警区:选中此选项时,下边界位置、上边界位置以及报警区背景色选框被激活。在上、下边界编辑框中输入高高限报警区域范围的百分比值,然后选择该报警区曲线背景色。

(2)是否显示高限报警区、是否显示低限报警区、是否显示低低限报警区:操作同上,定义后的结果如图 9-18 所示。

5)"游标配置选项"属性页

当用户在使用历史趋势曲线进行历史数据查询时,可能还需要知道某时间段的其他信息,这些信息可能没有在历史数据库中记录,比如操作员信息、班组信息、生产过程的批次信息等。历史曲线控件可以使用 ODBC 从任何第三方数据库中得到这些附加信息。

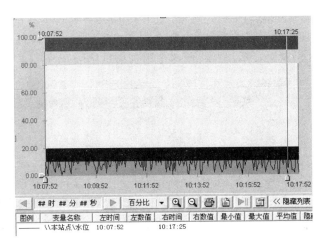

图 9-18　设置报警区域选项后的效果

进入"游标配置选项"属性页,如图 9-19 所示。

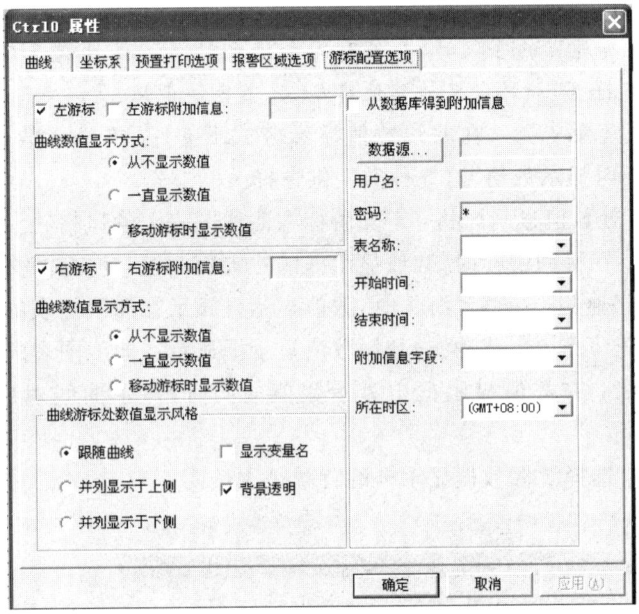

图 9-19　"游标配置选项"属性页

(1)"左游标"和"右游标":选中"左游标"复选框,表示对左游标进行操作;选中"右游标"复选框,表示对右游标进行操作。

(2)"左游标附加信息"和"右游标附加信息":用于定义在游标上显示的附加信息。可以直接选中"左游标附加信息"复选框后,在其后的编辑框中输入附加信息(最长 31 个字符),也可以从右边的"从数据库得到附加信息"来选择数据库的对应字段信息。这两种方法不可以同时使用。如果同时选择了编辑框输入和从数据库获得信息,则运行时只显示从数据库获得的信息。左游标与右游标的附加信息功能也不能同时使用。

如在数据库里建立开始时间为 2007-10-10 15:20 整,结束时间为 2007-10-10 15:30 整,在这个时间段的附加信息字段为"温度",那么如图 9-20 所示,当游标移动到该时间段范围的任一个时间点时,就会显示出"温度"这个附加信息字段。

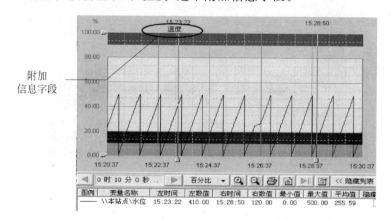

图 9-20   配置游标选项后的运行效果

注意:建立数据库里的字段时,开始时间和结束时间字段只能是日期/时间型,附加信息字段只能是字符型,如果定义为其他类型,将不会被调用。

(3)曲线数值显示方式:在曲线数值显示方式下有"从不显示数值"、"一直显示数值"以及"移动游标时显示数值"这 3 种类型供选择。

(4)曲线游标处数值显示风格:定义游标在曲线图表上的风格。

- 跟随曲线:在移动游标时,数值显示框的位置随曲线与游标的交叉点而变化。
- 并列显示于上侧:在移动游标时,数值显示框显示在曲线图表的顶部。
- 并列显示于下侧:在移动游标时,数值显示框显示在曲线图表的底部。
- 显示变量名:在数值显示框中显示数值的同时,显示曲线对应的变量名称,如图 9-21 所示。
- 背景透明:选择游标数据显示框的背景是否透明。

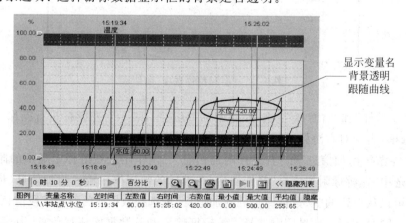

图 9-21   曲线游标处数值显示风格

9.3.5　个性化历史趋势曲线

1. 历史趋势曲线的制作

在组态王开发系统中,选择菜单"工具"|"历史趋势曲线"项或单击"工具箱"中的"历史趋势曲线"按钮,画出历史趋势曲线。

2. "历史趋势曲线"对话框

在历史趋势曲线对象上双击鼠标左键,将弹出"历史趋势曲线"对话框,它由"曲线定义"和"标识定义"两个选项卡组成,用来确定曲线名,选择变量,设置坐标的颜色、分割线,以及修改标识的形式等,如图 9-22 所示。

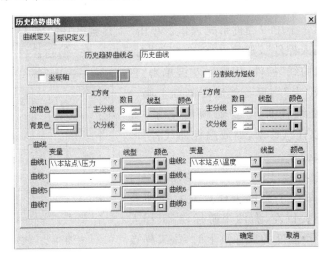

图 9-22　"历史趋势曲线"对话框

3. 建立历史趋势曲线运行时的操作按钮

因为画面运行时不自动更新历史趋势曲线画面,所以需要为历史趋势曲线建立操作按钮。通过命令语言或使用函数改变历史趋势曲线变量的域,可以完成查看、打印、换笔等功能。

历史趋势曲线变量的域如表 9-1 所示。

表 9-1　历史趋势曲线变量的域

ChartLength	历史趋势曲线的时间长度,长整型,可读可写,单位为 s
ChartStart	历史趋势曲线的起始时间,长整型,可读可写,单位为 s
ValueStart	历史趋势曲线的纵轴起始值,模拟型,可读可写
ValueSize	历史趋势曲线的纵轴量程,模拟型,可读可写
ScooterPosLeft	左指示器的位置,模拟型,可读可写
ScooterPosRight	右指示器的位置,模拟型,可读可写
Pen1~Pen8	历史趋势曲线显示的变量的 ID 号,可读可写,用于改变绘出曲线所用的变量

如前文所述，变量在历史趋势曲线的 Y 轴上表示的是一个百分比值，属性 ValueStart 和 ValueSize 使用的也是百分比表示的值。比如 ValueStart 为 0.2，ValueSize 为 0.6 时，Y 轴上将只显示变量在最大值的 20%～60% 的变化。

属性 ScooterPosLeft 和 ScooterPosRight 的值范围在 0.0～1.0 变化，其中 0.0 是历史趋势图表的最左边，1.0 是历史趋势图表的最右边。

9.4　温控曲线

9.4.1　在画面上放置温控曲线

温控曲线在组态王中以控件形式提供。单击"工具箱"中的"插入控件"按钮或选择菜单命令"编辑"|"插入控件"，则弹出"创建控件"对话框。在"创建控件"对话框内选择"趋势曲线"下的"温控曲线"控件，用鼠标左键单击"创建"按钮，鼠标变成"十"字形。然后在画面上画一个矩形框，温控曲线控件就放到画面上了，如图 9-23 所示。可以任意移动、缩放温控曲线控件，如同处理一个单元一样。

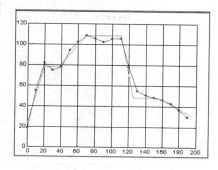

图 9-23　温控曲线控件

在温控曲线中，纵轴代表温度值，横轴对应时间的变化，同时将每一个温度采样点显示在曲线上。运行环境中还提供左、右两个游标，当工程人员把游标放在某一个温度的采样点上时，该采样点的注释值就显示出来。

9.4.2　温控曲线属性设置

1. 温控曲线基本属性的设置

用鼠标双击温控曲线控件，则弹出温控曲线"属性设置"对话框，如图 9-24 所示。

1）名称：温控曲线在组态王中的名称，由字母和数字组成。

2）曲线纵轴表示：温控曲线纵轴所表示的变量的名称。如输入"温度"，则纵轴（数值轴）坐标调整自动显示，如图 9-25 所示，方便用户定义数值轴的名称。

（1）刻度中可以设置纵轴的最大值、最小值和分度方法。

（2）初始显示时间：用于设定温控曲线横轴坐标的初始显示时间，同时也是默认宽度。温控曲线自动卷动时宽度不变。在温控曲线中，横轴代表时间变量，横轴坐标则代表时间的大小和先后，单位由绘制数据点的平均时间单位确定。

（3）最大采集点数：用于规定曲线上最多显示实时数据点的数目。

3）颜色设置：用于设置设定曲线、实时曲线、标注文字、前景、背景、游标的颜色。

"不要操作条背景色"选项用于控制操作条的背景色。当此选项有效时，其前面有一

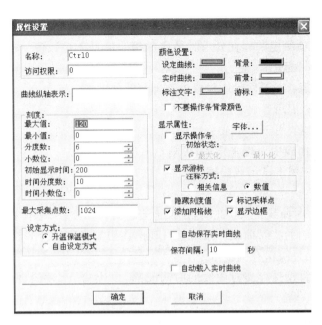

图 9-24 温控曲线"属性设置"对话框

个符号"√"。此时,操作条的背景色与界面背景色一样。当此选项无效时,操作条的背景色与温控曲线的背景色一样。

4)显示属性

(1)字体:用于设置刻度和游标的字符串字体。

(2)显示操作条:用于显示或隐藏操作条。当此选项有效时,其前面有一个符号"√","初始状态"单选框由灰色变为正常色。

当"显示操作条"有效时,初始状态单选框由灰色变为正常色。此选项决定操作条是按最大化还是最小化方式显示,选中某一种初始化状态,此选项前面有一个"·"的标记。如选中"最大化",温控曲线如图 9-26 所示。

图 9-25 温控曲线纵轴的设置

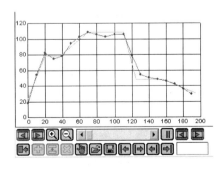

图 9-26 温控曲线参数设置后的效果

注意:当操作条按钮最大化显示时,若要显示出完整的操作条,温控曲线在界面上放置需足够大。

（3）显示游标：用于显示或隐藏游标。当此选项有效时，其前面有一个符号"√"。"注释方式"单选框由灰色变为正常色。

"注释方式"选项决定游标在显示时是显示相关信息还是数值。选中某一种状态，此选项前面有一个"·"标记。

（4）隐藏刻度值：用于显示或隐藏纵轴坐标的刻度值。

（5）添加网格线：用于显示或关闭网格线。

（6）标记采样点：用于显示或关闭温度采样点。当此选项有效时，其前面有一个符号"√"，同时，温控曲线中出现采样点，否则不出现采样点。

（7）显示边框：用于显示或隐藏温控曲线的边框。当此选项有效时，其前面有一个符号"√"。

5）自动保存实时曲线：选择此项，在系统运行时，每经过一个保存间隔，将自动保存当前画面图表上绘制的实时曲线。系统会自动地在当前工程目录下以该控件名命名一个文件夹，曲线数据文件被保存到该目录下。

"保存间隔"指自动保存实时曲线的时间间隔，单位为 s。建议设为添加实时曲线数据点的整数倍。

6）自动载入实时曲线：选择此项，在重新启动系统或打开画面时（原画面处于关闭状态）自动载入组态王上次运行时自动保存的实时曲线。当增加一个采样实时值时，时间偏移量从上次保存的最后一个采样值计算。如果上次保存的实时曲线已达到设定曲线的时间，则不载入。

2. 温控曲线的设定方式

温控曲线的设定方式主要有升温保温模式和自由设定方式两种。若选择"升温保温模式"，不可以在温控曲线上添加设定点；若选择"自由设定方式"，则可以在温控曲线上直接添加设定点。

1）采用升温保温模式确定设定曲线，要先用记事本生成 .csv 格式的设定温控曲线文件，其格式为

```
SetData
曲线点数
曲线第一点的位置
第一段升温速率,设定时间,保温时间
第二段升温速率,设定时间,保温时间
…
第 n 段升温速率,设定时间,保温时间
```

然后在画面命令语言中，用函数 pvLoadData（）；或 pvIniPreCuve（）；调入设定温控曲线。

（1）pvLoadData（）；函数用于从指定的文件中读取温控设定曲线或温控实时曲线的采样历史数据值，文件名后缀必须为 .csv，其语法格式为：

```
pvLoadData("ControlName","FileName","option");
```

其中，ControlName 是工程人员定义的温控曲线控件名称，可以是中文名或英文名；FileName 是事先存放了设定温控曲线信息或温控实时曲线的采样历史数据值的 .csv 格

式的文件名；option 是字符串常量，RealValue 读取温控实时曲线的采样历史数据值，SetValue 读取温控设定曲线。

（2）pvIniPreCuve()；函数用于初始化设定曲线，其语法格式为：

pvIniPreCuve("ControlName","fileName");

其中，ControlName 是工程人员定义的温控曲线控件名称，可以是中文名或英文名；fileName 是以文本文件格式.csv 编排的文件。

2）采用"自由设定方式"时使用函数 PVAddNewsetPV() 来设定曲线。

PVAddNewsetPV()；函数用于增加一个段温度设定曲线，其语法格式为：

PVAddNewsetPV("control",timeoffset,value)

其中，control 是控件名；timeoffset 是时间间隔（第一位值取 0）；value 是温度设定值（实型数据）。

9.5　X-Y 曲线

9.5.1　在画面上创建 X-Y 曲线

在此控件中，X 轴和 Y 轴变量由工程人员任意设定，因此，X-Y 曲线能用曲线方式反映任意两个变量之间的函数关系。单击"工具箱"中的"插入控件"按钮或选择菜单命令"编辑"|"插入控件"，则弹出"创建控件"对话框。在"创建控件"对话框的"趋势曲线"中选择"X-Y 曲线"控件。用鼠标左键单击"创建"按钮，鼠标变成"十"字形。然后在画面上画一个矩形框，X-Y 曲线控件就放到画面上了，如图 9-27 所示。

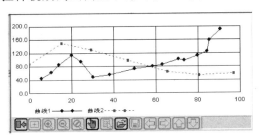

图 9-27　X-Y 曲线控件

9.5.2　X-Y 曲线属性设置

用鼠标双击 X-Y 曲线控件，则弹出 X-Y 曲线"属性设置"对话框，如图 9-28 所示。
具体的设置方法类似"温控曲线"，此处不再赘述。
利用函数 xyAddNewPoint 可以在指定的 X-Y 曲线控件中增加一个数据点。如果需要在画面中一直绘制采集的数据，可以在"命令语言"的"存在时"编程。

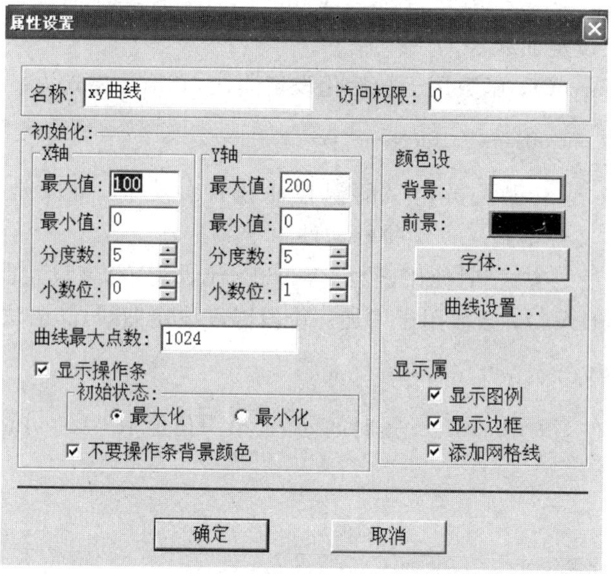

图 9-28　X-Y 曲线"属性设置"对话框

xyAddNewPoint 函数的格式为：

xyAddNewPoint（"ControlName", X, Y, Index）；

其中，ControlName 是用户定义的 X-Y 曲线控件名称，可以是中文名或英文名；X 是设置数据点的 X 轴坐标值；Y 是设置数据点的 Y 轴坐标值；Index 是 X-Y 曲线控件中的曲线索引号，取值范围 0～7。

如执行语句

xyAddNewPoint("XY 曲线",100,300,1)；

能够在 X-Y 曲线中索引号为 1 的曲线上添加一个点，该点的坐标值为(100,300)。

绘点的速度可以通过改变"存在时"的执行周期来调整。X-Y 曲线最多可以支持 8 条。在运行中控制 X-Y 曲线的主要功能还包括删除曲线。

小结

组态王的实时数据和历史数据用曲线来表示时有 3 种形式：趋势曲线、温控曲线和 X-Y 曲线。

趋势曲线有实时趋势曲线和历史趋势曲线两种。本章详细介绍了实时趋势曲线和历史趋势曲线的制作方法、参数的设置方法以及相关函数的使用方法，分析了两种曲线的实际意义，比较了两种曲线的区别，特别是对历史趋势曲线的 3 种形式作了详细的介绍。

温控曲线可以同时显示参数的设定值和实际测量值随时间变化的情况，表明实际参数按设定参数控制的质量。本章比较、分析了设定曲线的两种设定方法、参数设置方法以及曲线的实际意义。

X-Y 曲线主要是用曲线来显示两个变量之间的对应关系，本章详细介绍了相关函数的使用方法。

习题

9.1　完成一个实时趋势曲线，显示两个变量，并制作一个"笔"，"笔"的旁边要有数值显示。要求"笔"和显示数值随着数据的变化垂直移动，如图 9-29 所示。

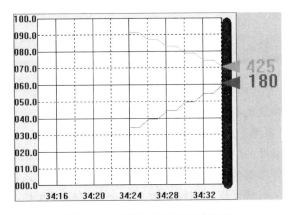

图 9-29　习题 9.1 的运行效果图

9.2　完成一个历史数据曲线，并熟悉各按钮的使用方法。

9.3　完成一个温控曲线，在"自由设定方式"下显示设定曲线和实时温度曲线。设定曲线要求由下列坐标点构成：(0,0)、(20,30)、(50,60)、(80,60)。

9.4　以 $ 秒为横坐标，温度为纵坐标，完成一个 X-Y 曲线，并熟练各按钮的功能。

第 10 章

报警和事件系统

10.1 关于报警和事件

报警是指当系统中某些量的值超过了所规定的界限时,系统自动产生相应的警告信息,提醒操作人员。如炼油厂的油品储罐,往罐中输油时,如果没有规定油位的上限,系统就不能产生报警,无法有效地提醒操作人员,有可能会造成"冒罐",造成危险。

事件是指用户对系统的行为、动作,如修改某个变量值,用户的登录、注销,站点的启动、退出等。事件不需要操作人员应答。

组态王中报警和事件的处理方法是:当报警和事件发生时,组态王把这些信息存于内存的缓冲区中。报警和事件在缓冲区中以先进先出的队列形式存储,所以只有最近的报警和事件在内存中。当缓冲区达到指定数目或记录定时时间到时,系统自动将报警和事件信息进行记录。报警的记录可以是文本文件、开放式数据库或打印机。另外,用户可以从人—机界面提供的报警窗中查看报警和事件信息。

10.2 报警组的定义

在监控系统中,为了方便查看、记录和区别,要将变量产生的报警信息归到不同的组中,即使变量的报警信息属于某个规定的报警组。组态王中提供了报警组的功能。

报警组是按树状组织的结构,默认情况下只有一个根节点,默认名为 RootNode(可以改成其他名字)。可以通过"报警组定义"对话框为这个结构加入多个节点和子节点。这类似于树状的目录结构,每个子节点报警组下所属的变量属于该报警组的同时,属于其上一级父节点报警组,其原理如图 10-1 所示。组态王中最多可以定义 512 个节点的报警组。

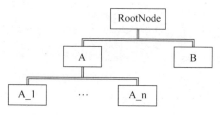

图 10-1 报警组的树状结构

通过报警组名,可以按组处理变量的报警事件,如报警窗口可以按组显示报警事件,记录报警事件也可按组进行,还可以按组对报警事件进行报警确认。定义报警组后,组态王会按照定义报警组的先后顺序为每一个报警组设定一个 ID,在引用变量的报警组域时,系统显示的都是报警组的 ID,而不是报警组名称(组态王提供获取报警组名称的函数 GetGroupName( ))。每个报警组的 ID 是固定的,当删除某个报警组后,其他的报警组 ID 不会发生变化,新增加的报警组也不会再占用这个 ID。

在组态王工程浏览器的目录树中选择"数据库"|"报警组",如图 10-2 所示。

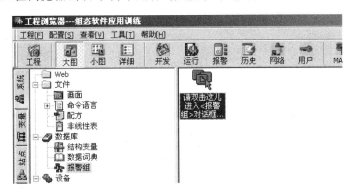

图 10-2   组态王工程浏览器的目录树

双击右侧的"请双击这儿进入<报警组>对话框...",将弹出"报警组定义"对话框,如图 10-3 所示。可以通过增加、修改、删除按钮来新建或修改报警组结构。

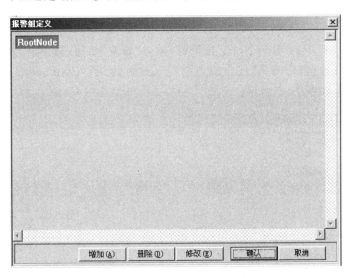

图 10-3   "报警组定义"对话框

【例 10-1】   建立、修改报警组节点,熟练报警组的定义方法。

① 选中图 10-3 中的"RootNode"报警组,单击"增加"按钮,将弹出"增加报警组"对话框,如图 10-4 所示。在对话框中输入"水箱",确定后,在"RootNode"报警组下会出现一个"水箱"报警组节点。

② 选中"RootNode"报警组，单击"增加"按钮，在弹出的"增加报警组"对话框中输入"温湿度"。确定后，在"RootNode"报警组下会再出现"温湿度"报警组节点。

③ 选中"温湿度"报警组，单击"增加"按钮，在弹出的"增加报警组"对话框中输入"温度"，则在"温湿度"报警组下会出现一个"温度"报警组节点。

④ 依次增加，最终的结果如图 10-5 所示。

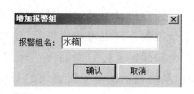

图 10-4 "增加报警组"对话框

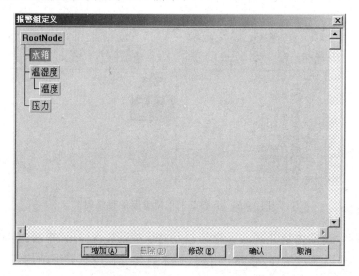

图 10-5 例 10-1 的运行结果

⑤ 选中图 10-5 中的"RootNode"报警组，单击"修改"按钮，将弹出"修改报警组"对话框。将编辑框中的内容修改为"辽宁机电学院"，确定后，原"RootNode"报警组名称变为"辽宁机电学院"，如图 10-6 所示。

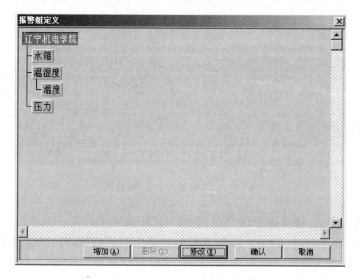

图 10-6 修改后的报警组

⑥ 在对话框中选择一个不再需要的报警组,如"温湿度",然后单击"删除"按钮,将弹出删除确认对话框,确认后即删除当前选择的报警组及子节点。

⑦ 单击"确认"或"取消"按钮,保存或放弃保存当前修改的内容,关闭对话框。

注意:根报警组(RootNode)只可以修改名称,不可删除。

10.3　定义变量的报警属性

10.3.1　通用报警属性的功能

在组态王工程浏览器的"数据库"|"数据词典"中新建一个变量,或选择一个原有变量并双击它,在弹出的"定义变量"对话框中选择"报警定义"属性页,如图 10-7 所示。

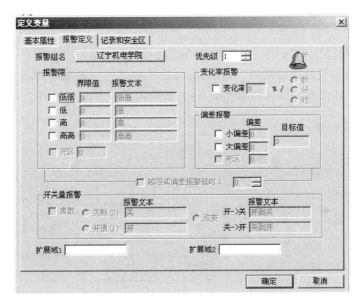

图 10-7　"报警定义"属性页

1. 报警属性页

(1)"报警组名"和"优先级"选项:单击"报警组名"标签后的按钮,会弹出"选择报警组"对话框。在该对话框中将列出所有已定义的报警组,选择其一,确认后,则该变量的报警信息就属于当前选中的报警组。在图 10-7 中,选择"辽宁机电学院",则当前定义的变量就属于"辽宁机电学院"报警组,在报警记录和查看时直接选择要记录或查看的报警组为"辽宁机电学院",则可以看到所有属于"辽宁机电学院"的报警信息。

优先级主要是指报警的级别,以利于操作人员区别报警的紧急程度。报警优先级的范围为 1~999,1 为最高,999 为最低。

(2)模拟量报警定义区域:如果当前的变量为模拟量,则这些选项是有效的。

(3)开关量报警定义区域:如果当前的变量为离散量,则这些选项是有效的。

（4）报警的扩展域的定义：报警的扩展域共有两个，主要是对报警的补充说明、解释。在报警产生时的报警窗中可以看到。

2. 报警的 3 个概念

（1）报警产生：变量值的变化超出了定义的正常范围，处于报警区域。

（2）报警确认：对报警的应答，表示已经知道有该报警，或已处理过了。报警确认后，报警状态并不消失。

（3）报警恢复：变量的值恢复到定义的正常范围，不再处于报警区域。

10.3.2　模拟量的报警类型

模拟量主要是指整型变量和实型变量，包括内存型和 I/O 型。模拟型变量的报警类型主要有 3 种：越限报警、偏差报警和变化率报警。对于越限报警和偏差报警，可以定义报警延时和报警死区。

1. 越限报警

模拟量的值在跨越规定的高、低报警限时产生的报警叫做越限报警。越限报警的报警限共有 4 个：低低限、低限、高限和高高限，其分布图如图 10-8 所示。

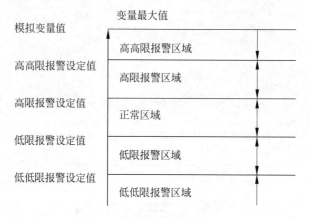

图 10-8　越限报警的报警限分布

在变量值发生变化时，如果跨越某一个限值，立即发生越限报警。在某个时刻，对于一个变量，只可能越一种限，因此，只产生一种越限报警。例如，如果变量的值超过高高限，就会产生高高限报警，而不会产生高限报警。另外，如果两次越限，就得看这两次越限是否是同一种类型，如果是，就不再产生新报警，也不表示该报警已经恢复；如果不是，则先恢复原来的报警，再产生新报警。

越限类型的报警可以定义其中一种、任意几种或全部类型。图 10-9 所示为越限报警定义，有"界限值"和"报警文本"两列。

在"界限值"列中选择要定义的越限类型，则后面的"界限值"和"报警文本"编辑框变为有效。在"界限值"中输入该类型报警的越限值，定义界限值时应该保证最小值≤低低

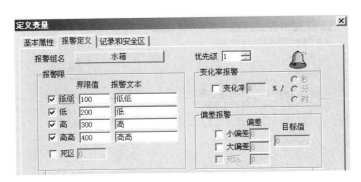

图 10-9　越限报警定义

限值＜低限＜高限＜高高限≤最大值。在"报警文本"中输入关于该类型报警的说明文字,报警文本不超过 15 个字符。

【例 10-2】　对水位变量设定报警限值,要求水位的高高报警值＝900,高报警值＝750,低报警值＝150,低低报警值＝50。

① 在数据词典中新建内存整型变量,在变量的基本属性中设置变量名称"水位",变量类型选择"内存整型"(一般为 I/O 变量,这里定义内存型,只为说明操作方法),定义其最小值为 0,最大值为 1000。定义后的基本属性如图 10-10 所示。

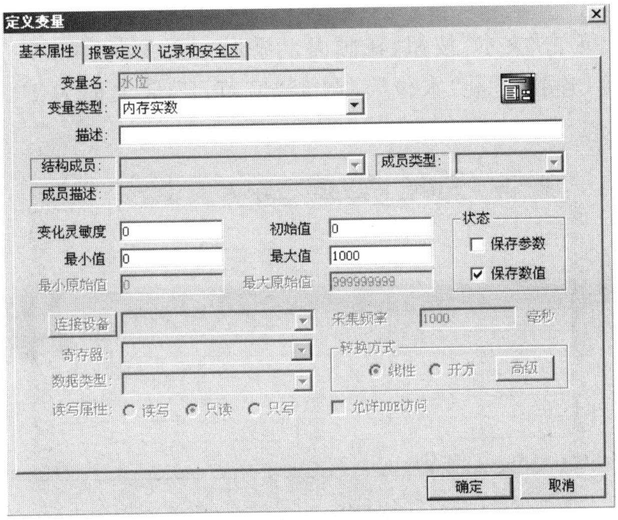

图 10-10　变量基本属性的定义

② 选择"定义变量"对话框的"报警定义"属性页,如图 10-11 所示。选择"报警限"项目中的"低低",后面的"界限值"和"报警文本"编辑框变为有效。在"界限值"中输入 50,在"报警文本"编辑框中输入"水位低低报警"。以此类推,分别选择其他几个项目,如图 10-11 所示。

③ 定义报警组和优先级。单击"报警组名称"后的按钮,在弹出的"选择报警组"对话框中选择定义的报警组"水箱",在"优先级"编辑框中输入"100"。单击"确定"按钮,完成报警定义。

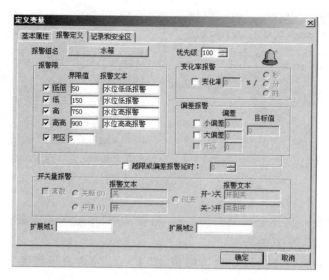

图 10-11   变量的报警属性定义

④ 新建一个画面，单击"工具箱"|"报警窗口"按钮，在画面上创建报警窗。双击报警窗口，在"报警窗口名"编辑框中输入"越限报警窗"，选择"历史报警窗"选项后单击"确定"按钮。

⑤ 在工具箱上单击"文本"按钮，在画面上添加一个文本"♯♯♯"，进行模拟值输出和模拟值输入连接，连接变量"水位"。限定"值范围"最大值为 1000，最小值为 0，如图 10-12 所示。

图 10-12   例 10-2 的开发系统画面

⑥ 全部保存，切换到 View，进入组态王运行系统，打开画面。

⑦ 在画面上，水位测试变量输入"5"，报警窗口中出现一条报警信息。然后分别输入100、146、800、900，会产生一系列报警，在报警窗中显示出来，如图 10-13 所示。可以看到，当数据小于等于 50 时，产生低低越限报警；当数据大于 50 且小于等于 150 时，恢复低低限报警，产生低限越限报警；当数据大于 150 且小于 750 时，恢复低限报警，此时该变量没有报警；当数据大于等于 750 且小于 900 时，产生高限越限报警；当数据大于等于

900 时,恢复高限报警,产生高高限越限报警。反之,当数据逐步减小时,在相应的区域会产生报警和恢复。

事件日期	事件时间	报警日期	报警时间	变量名	报警类型	报警值/旧值	恢复值/新值	界限值
---	---	07/10/11		水位	水位高高报警	950.0	---	900.0
07/10/11	07/10/11	07/10/11		水位	水位高报警	800.0	700.0	750.0
---	---	07/10/11		水位	水位高报警	800.0	---	750.0
07/10/11	07/10/11	07/10/11		水位	水位低低报警	5.0	200.0	50.0
---	---	07/10/11		水位	水位低低报警	5.0	---	50.0
07/10/11	---	---	---	---	---	---	---	---

水位　　950

图 10-13　例 10-2 的运行结果

2. 偏差报警

模拟量的值相对目标值上、下波动而超过指定的变化范围时产生的报警叫做偏差报警。偏差报警可以分为小偏差报警和大偏差报警两种。当波动的数值超出大、小偏差范围时,分别产生大偏差报警和小偏差报警,其含义如图 10-14 所示。

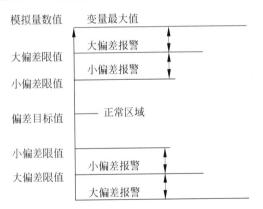

图 10-14　偏差报警的含义

变量变化的过程中,如果跨越某个界限值,会立刻产生报警。在同一时刻,不会产生两种类型的偏差报警。

【例 10-3】　某一工序中要求压力在一定的范围内,不能太大,也不能太小,这时可以定义偏差报警来确定压力的值是否在要求的范围内。

① 在数据词典中新建内存实型变量,在变量的基本属性中设置变量名称"压力",变量类型选择"内存实型"(一般为 I/O 变量,这里定义内存型,只为说明操作方法),定义其最小值为-1.5,最大值为 6。定义后的基本属性如图 10-15 所示。

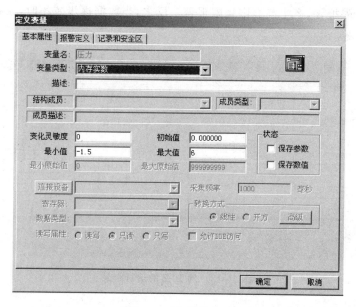

图 10-15　变量的定义

② 选择"定义变量"对话框的"报警定义"属性页。选择"偏差报警"组中的小偏差和大偏差选项,则小偏差和大偏差的限值编辑框变为有效。在"偏差目标值"编辑框中输入目标值 2;在"小偏差限值"中输入 2,在"大偏差限值"中输入 3。

③ 选择相应的报警组和优先级,如图 10-16 所示。定义完成后,单击"确定"按钮关闭对话框。

④ 在建立的画面中再创建一个文本,定义动画连接,模拟值输出、模拟值输入连接的变量为"压力",定义值输入范围为−1.5～6。保存画面。

⑤ 修改变量的值,使数据值增加。当数据变化到

图 10-16　变量的"报警定义"属性

4(2+2)时,产生小偏差报警;变化到 5(2+3)时,恢复小偏差报警,产生大偏差报警。使数据值减小,当数据小于 5 时,恢复大偏差报警,产生小偏差报警;当数据小于 4 时,恢复小偏差报警,没有报警;当数据小于 0(2−2)时,产生小偏差报警;当数据小于−1(2−3)时,恢复小偏差报警,产生大偏差报警。

3. 变化率报警

(1) 变化率报警的含义

变化率报警是指模拟量的值在一段时间内产生的变化速度超过了指定的数值而产生的报警,即变量变化太快时产生的报警。系统运行过程中,每当变量发生一次变化,系统都会自动计算变量变化的速度,以确定是否产生报警。变化率报警的类型以时间为单位分为 3 种:％x/秒、％x/分和％x/时。

(2) 变化率报警的计算公式

((变量的当前值−变量上一次变化的值)×100)/((变量本次变化的时间−变量

上一次变化的时间)×(变量的最大值-变量的最小值)×(报警类型单位对应的值))
其中,"报警类型单位对应的值"定义为:如果报警类型为"秒",则该值为 1;如果报警类型为"分",则该值为 60;如果报警类型为"时",则该值为 3600。

取计算结果的整数部分的绝对值作为结果。若计算结果大于等于报警极限值,立即产生报警;变化率小于报警极限值时,报警恢复。

变化率报警定义如图 10-17 所示。选择"变化率"选项,在编辑框中输入报警极限值,并选择报警类型的单位。

图 10-17 变化率报警的设置方法

4. 报警死区和延时

(1) 报警死区

对于越限和偏差报警,可以定义报警死区和报警延时。报警死区的原理图如图 10-18 所示。报警死区的作用是为了防止变量值在报警限上、下频繁波动时,产生许多不真实的报警。在原报警限上、下增加一个报警限的阈值,使原报警限界线变为一条报警限带,当变量的值在报警限带范围内变化时,不会产生和恢复报警,而一旦超出该范围,才产生报警信息。这样,对消除波动信号的无效报警有积极的作用。

【例 10-4】 对"压力 1"变量的越限报警进行报警死区的定义,原要求为压力 1 的高高报警值=250,高报警值=200,低报警值= 100,低低报警值= 30。现在对报警限增加死区,死区值为 5。

① 在组态王的数据词典中重新定义变量"压力 1"的报警属性,如图 10-19 所示,选择报警限中的"死区"选项,在编辑框中输入死区值"5",单击"确定"按钮,关闭对话框。

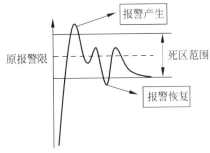

图 10-18 报警死区原理图

图 10-19 定义变量"压力 1"的报警属性

② 切换到组态王运行系统,修改"压力 1"变量的值,当数据变化时,产生报警的界限值如表 10-1 所示。

表 10-1 例 10-4 中"压力 1"的报警界限值

	低低限	低限	高限	高高限
报警值	≤25	≤95	≥205	≥255
恢复值	>35	>105	<195	<245

对于偏差报警死区的定义和使用,与越限报警大致相同,这里不再赘述。

（2）报警延时

报警延时是指对系统当前产生的报警信息并不提供显示和记录,而是延时。在延时时间到后,如果该报警不存在了,表明该报警可能是一个误报警,不用理会,系统自动清除;如果延时到后,该报警还存在,表明这是一个真实的报警,系统将其添加到报警缓冲区中进行显示和记录。如果定时期间有新的报警产生,则重新开始定时。

报警延时原理图如图 10-20 所示。图中,虚线表示变量刚产生报警时的变量曲线,实线表示延时后的变量曲线。变量数据变化在 t_1 时刻产生报警,在图 10-20(a)中,变量的值经过延时时间 T 后,依然在报警限之上,这时系统产生报警;在图 10-20(b)中,变量的值经过延时时间 T 后,已经恢复到了报警限之下(类似于毛刺信号),系统不再产生这个报警。报警延时的单位为秒(s)。组态王中,同一个变量的越限报警和偏差报警使用同一个报警延时时间。

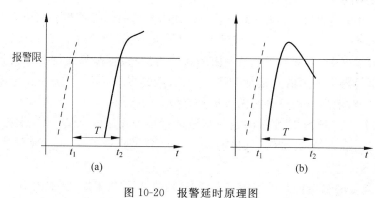

图 10-20　报警延时原理图

【例 10-5】　针对偏差报警的例子,对"压力 1"变量的偏差报警进行报警延时的定义。要求报警要延时 2s,防止误报警。

① 在组态王数据词典中重新定义"压力 1"变量的报警属性,如图 10-21 所示,选择"越限或偏差报警延时"选项,在其后面的编辑框中输入延时时间"2"。单击"确定"按钮,关闭对话框。

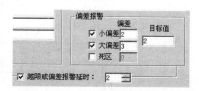

图 10-21　例 10-5 中变量的报警属性设置

② 切换到组态王运行系统,修改变量的值,使压力 1＝4.5,这时系统不会立刻产生报警,保持该值,则 2s 后,系统产生小偏差报警。再次修改变量的值,使压力 1＝3.5,这时系统不会立刻恢复报警,保持该值,则 2s 后,系统恢复小偏差报警。

③ 修改变量的值,使压力 1＝5,这时系统不会立刻产生报警。在 2s 内,修改变量的值,使压力 1＝3,则 2s 后,系统不会再产生该报警。

10.3.3　离散型变量的报警

离散量有两种状态,即 1 和 0。离散型变量的报警有以下三种。

（1）1 状态报警:变量的值由 0 变为 1 时产生报警;

（2）0 状态报警：变量的值由 1 变为 0 时产生报警；

（3）状态变化报警：变量的值由 0 变为 1 或由 1 变为 0 都产生报警。

离散量的报警属性定义如图 10-22 所示。在报警属性页中，报警组名、优先级和扩展域的定义与模拟量定义相同。在"开关量报警"组内选择"离散"选项，三种类型的选项变为有效。定义时，三种报警类型只能选择一种。选择完成后，在报警文本中输入不多于 15 个字符的类型说明。

图 10-22　离散量的报警属性定义

10.4　事件类型及使用方法

事件是不需要用户应答的。组态王中根据操作对象和方式的不同，将事件分为 4 种类型。

（1）操作事件：用户对变量的值或变量其他域的值进行修改。

（2）登录事件：用户登录到系统，或从系统中退出登录。

（3）工作站事件：单机或网络站点上，组态王运行系统的启动和退出。

（4）应用程序事件：来自 DDE 或 OPC 的变量的数据发生了变化。

事件在组态王运行系统中人—机界面的输出显示是通过历史报警窗实现的。

10.4.1　操作事件

操作事件是指用户对由"生成事件"定义的变量的值或其域的值进行修改时，系统产生的事件，如修改重要参数的值，或报警限值、变量的优先级等。这里需要注意的是，同报警一样，字符串型变量和字符串型的域的值的修改不能生成事件。操作事件可以进行记录，使用户了解当时的值是多少，修改后的值是多少。变量要生成操作事件，必须先要定义变量的"生成事件"属性。

【例 10-6】　新建变量，定义"生成事件"，修改变量并观察其报警结果。

① 在组态王数据词典中新建内存整型变量"操作事件"，选择"定义变量"对话框中的"记录和安全区"属性页，如图 10-23 所示，在"安全区"栏中选择"生成事件"选项。单击"确定"按钮，关闭对话框。

② 新建画面，在画面上创建一个文本，定义文本的动画连接——模拟值输入和模拟值输出连接，选择连接变量为"操作事件"。再创建一个文本，定义文本的动画连接——模拟值输入和模拟值输出连接，选择连接变量为"操作事件"的优先级域"Priority"，即"操作事件. Priority"，如图 10-24 所示。

图 10-23　"生成事件"选项

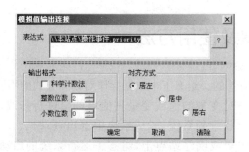

图 10-24　连接变量的优先级域

③ 在画面上创建一个报警窗,定义报警窗的名称为"事件",类型为"历史报警窗"。保存画面,切换到组态王运行系统。

④ 打开该画面,分别修改变量的值和变量优先级的值,系统将产生操作事件并在报警窗中显示,如图 10-25 所示。报警窗中的第二行为修改变量的值的操作事件,其中事件类型为"操作",域名为"值";第三行为修改变量优先级的值,域名为"优先级"。另外,还可以看到旧值和新值。

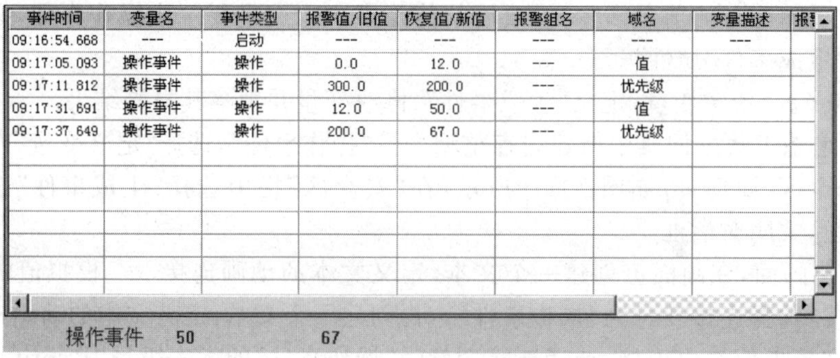

事件时间	变量名	事件类型	报警值/旧值	恢复值/新值	报警组名	域名	变量描述	报警
09:16:54.668	---	启动	---	---	---	---	---	
09:17:05.093	操作事件	操作	0.0	12.0	---	值		
09:17:11.812	操作事件	操作	300.0	200.0	---	优先级		
09:17:31.691	操作事件	操作	12.0	50.0	---	值		
09:17:37.649	操作事件	操作	200.0	67.0	---	优先级		
操作事件	50		67					

图 10-25　生成的操作事件

10.4.2　用户登录事件

用户登录事件是指用户向系统登录时产生的事件。系统中的用户可以在"工程浏览器"|"用户配置"中进行配置,如用户名、密码、权限等。

用户登录时,如果登录成功,则产生"登录成功"事件;如果登录失败或取消登录过程,则产生"登录失败"事件;如果用户退出登录状态,则产生"注销"事件。

【例 10-7】　利用例 10-6 制作的报警窗口,进行用户登录和注销练习,观察报警窗口的显示结果。

具体操作方法是:进入组态王运行系统,打开画面。选择菜单"特殊"|"登录开",在弹出的用户登录对话框中选择"系统管理员",输入密码,单击"确定"按钮,产生登录成功事件;如果同样选择该用户,在登录对话框中选择"取消",将产生登录失败事件;选择菜单"特殊"|"登录关",将产生注销事件,如图 10-26 所示。

事件时间	变量名	事件类型	操作员	报警值/旧值	恢复值/新值	优先级	报警组名	域名
21:15:59.820	---	启动		---	---	---	---	---
21:16:10.715	---	登录失败	系统管理员	---	---	---	---	---
21:16:22.192	---	注销	无	---	---	---	---	---
21:16:41.309	---	注销	无	---	---	---	---	---
21:16:41.309	---	登录成功	无	---	---	---	---	---

图 10-26　例 10-7 的运行效果

10.4.3　应用程序事件

如果变量是 I/O 变量,变量的数据源为 DDE 或 OPC 服务器应用程序,对变量定义"生成事件"属性后,当采集到的数据发生变化时,将产生该变量的应用程序事件。

【例 10-8】　建立一个 Excel 的 DDE 设备的变量,产生该变量的应用程序事件。

① 在组态王中新建"DDE"设备,如图 10-27 所示,设备的逻辑名称为"新 excel 设备",服务程序名称为"excel",话题名为"Sheet1"(Sheet 后用 1、2 或 3 表示 excel 表的第几页)。

② 在数据词典中新建变量,变量名称为"DDE 变量",变量类型为 I/O 实型,变量连接的设备为"新 excel 设备",项目名称为"r1",如图 10-28 所示。注意,r 表示"写",后边的序号表示修改哪一行;"DDE 变量"的"最大值"和"最大原始值"要相等,否则报警画面显示值=excel 相应行输入数值×最大值/最大原始值。

③ 在变量的"记录和安全区"属性页中选择"生成事件"选项。单击"确定"按钮,关闭对话框。

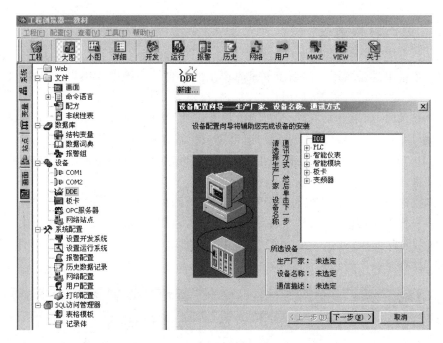

图 10-27　新建"DDE"设备

图 10-28　变量的定义

④ 在例 10-6 建立的画面中创建一个文本,并建立动画连接——模拟值输出,关联的变量为"DDE 变量"。保存画面,启动 Excel,切换到组态王运行系统,打开该画面。

⑤ 修改 Excel 的 Sheet1 工作表第一行中的数据,每当组态王检测到第一行中的第一个数据有变化时,产生应用程序事件,如图 10-29 和图 10-30 所示。

Microsoft Excel - Book1
M1
123
789
456
123

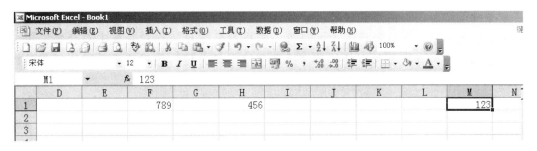

图 10-29 Sheet1 工作表的 r1 单元格中的数据

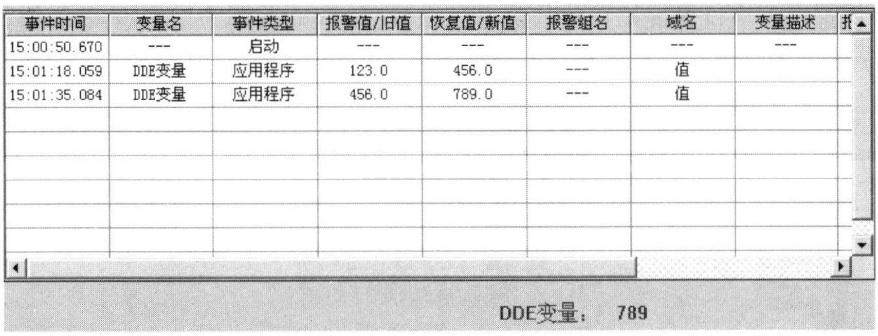

事件时间 变量名 事件类型 报警值/旧值 恢复值/新值 报警组名 域名 变量描述
15:00:50.670 --- 启动 --- --- --- --- ---
15:01:18.059 DDE变量 应用程序 123.0 456.0 --- 值
15:01:35.084 DDE变量 应用程序 456.0 789.0 --- 值
DDE变量: 789

图 10-30 产生该变量的应用程序事件

10.4.4 工作站事件

所谓工作站事件，就是指某个工作站站点上的组态王运行系统的启动和退出事件，包括单机和网络。组态王运行系统启动，将产生工作站启动事件；运行系统退出，将产生退出事件。

10.5 记录、显示报警

组态王中提供了多种报警记录和显示的方式，如报警窗、数据库、打印机等。系统提供一个预定的缓冲区，产生的报警信息首先保存在缓冲区中，报警窗根据定义的条件，从缓冲区中获取符合条件的信息来显示。当报警缓冲区满或组态王内部定时时间到时，将信息按照配置的条件进行记录。

10.5.1 报警输出显示：报警窗口

1. 报警窗口的类型

组态王运行系统中，报警的实时显示是通过报警窗口实现的。报警窗口分为两类：实时报警窗和历史报警窗。实时报警窗主要显示当前系统中存在的符合报警窗显示配置条件的实时报警信息和报警确认信息,当某一报警恢复后,不再在实时报警窗中显示。实时报警窗不显示系统中的事件。历史报警窗显示当前系统中符合报警窗显示配置条件的所有报警和事件信息。报警窗口中最大显示的报警条数取决于报警缓冲区大小的设置。

2. 报警缓冲区大小的定义

报警缓冲区是系统在内存中开辟的用户暂时存放系统产生的报警信息的空间,其大小是可以设置的。在组态王工程浏览器中选择"系统配置"|"报警配置",双击后弹出"报警配置属性页"对话框,如图 10-31 所示。在对话框的右上角为"报警缓冲区的大小"设置项,报警缓冲区大小设置值按存储的信息条数计算,值的范围为 1～10000。报警缓冲区大小的设置直接影响着报警窗显示的信息条数。

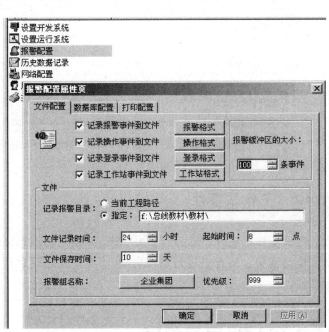

图 10-31   "报警配置属性页"对话框

10.5.2   报警记录输出一:文件输出

系统的报警信息可以记录到文本文件中,用户可以通过这些文本文件来查看报警记录。记录的文本文件的记录时间段、记录内容、保存期限等都可定义。文件的后缀名称为.al2。

1. 报警配置——文件输出配置

打开组态王工程浏览器,在工具条中选择"报警配置",或双击列表项"系统配置"|"报警配置",弹出"报警配置属性页"对话框,如图 10-31 所示。

　　1)"文件配置"对话框

　　(1) 记录内容选择:包括"记录报警事件到文件"选项、"记录操作事件到文件"选项、"记录登录事件到文件"选项和"记录工作站事件到文件"选项。只有选择某一项时,该项才有可能被记录到文件,否则不记录与该项有关的信息。在各个选项中,还可以定义具体的记录内容、格式等。

　　(2) 记录报警目录:定义报警文件记录的路径。它有两个选项:当前工程路径和指定路径。

　　(3) 文件记录时间:报警记录的文件一般有很多个,该项指定设有记录文件的记录时间长度,单位为小时,指定数值范围为 1～24。如果超过指定的记录时间,系统将生成新的记录文件。如定义文件记录时间为 8 小时,则系统按照定义的起始时间,每 8 小时生成一个新的报警记录文件。

　　(4) 起始时间:指报警记录文件命名时的时间(小时数),表明某个报警记录文件开始记录的时间,其值为 0～23 之间的一个整数。组态王根据"起始时间"和"记录时数"来生成一系列报警记录文件,文件命名规则为 YYMMDDHH. AL2。其中,YY、MM、DD、HH 代表年、月、日、时。如定义"文件记录时间"为 8 小时,"起始时间"为 8 点,当前日期为 2007 年 11 月 18 日,则当前时间在 8～16 点之间时,系统运行生成的文件名为 07111808.al2,在这段时间内的报警和事件信息记录到该文件中。同样地,当前时间在 16 点到 19 日 0 点之间时,系统运行生成的文件名为 07111816. al2;当前时间在 19 日 0 点到 8 点之间时,系统运行生成的文件名为 07111900. al2。

　　(5) 文件保存时间:规定记录文件在硬盘上的保存天数(当日之前)。超过天数的记录文件将被自动删除。保存天数为 1～999。

　　(6) 报警组名称:选择要记录的报警和事件的报警组名称条件,只有符合定义的报警组及其子报警组的报警和事件才会被记录到文件。

　　(7) 优先级:规定要记录的报警和事件的优先级条件。只有高于规定的优先级的报警和事件才会被记录到文件中。

　　2) 在文件记录中,每条报警和事件记录占用一行,每条记录中的每项记录都用"［ ］"隔离开。如本章前几节中产生的记录,如果按照默认格式配置,则记录的部分内容如下所述。

　　(1) 工作站启动事件

　　［机器名:本站点］［事件类型:工作站启］［工作站时间:09 时 31 分 14 秒］

　　(2) 应用程序事件

　　［操作时间:09 时 31 分 33 秒］［事件类型:应用程序］［成功标志:成功］［变量名:DDE 事件］［变量注释:］［操作员:］［新值:1.000000］［域名:值］［旧值:0.000000］［机器名:本站点］［I/O 服务器名:本站点］

　　(3) 报警

　　［报警时间:15 时 38 分 25 秒 380 毫秒］［确认或恢复时间:］［变量名:压力测量］［报警值:5.5508］［限值:3.0000］［报警类型:大偏差］［事件类型:报警］［恢复值:］［操作员名:］［质量戳:192］［优先级:200］［机器名:本站点］［I/O 服务器名:本站点］

（4）报警恢复

[报警时间:15 时 38 分 25 秒 660 毫秒][确认或恢复时间:15 时 38 分 25 秒 770 毫秒][变量名:压力测量][报警值:-0.238][限值:2.0000][报警类型:小偏差][事件类型:报警恢复][恢复值:0.3252][操作员名:][质量戳:192][优先级:200][机器名:本站点][I/O 服务器名:本站点]

（5）登录事件

[登录时间:16 时 55 分 23 秒][事件类型:登录进入][成功标志:成功][操作员:系统管理][机器名:本站点]

（6）工作站退出

[机器名：本站点][事件类型：工作站退][工作站时间：15 时 47 分 59 秒]

2. 通用报警和事件记录格式配置

在规定报警和事件信息输出的同时,可以规定输入的内容和每项内容的长度,这就是格式配置。格式配置在文件输出、数据库输入和打印输出中都相同,这里统一描述。

通用报警和事件记录格式配置包括"报警格式"、"操作格式"、"登录格式"、"工作站格式"四项,其设置方法基本相同。下面简单介绍"报警格式"的设置方法。

打开工程浏览器中的"报警配置",在"文件配置"选项卡中单击"报警格式",弹出"报警格式"窗口,如图 10-32 所示。每个选项都有格式或字符长度设置,当选中某一项时,在对话框右侧的列表框中会显示该项的名称。在进行文件记录和实时打印时,将按照列表框中的顺序和列表项操作;在数据库记录时,只记录列表框中有的项,没有的项将不被记录。选中列表框中的某一项,单击对话框右侧的"上移"或"下移"按钮,可以移动列表项的位置。

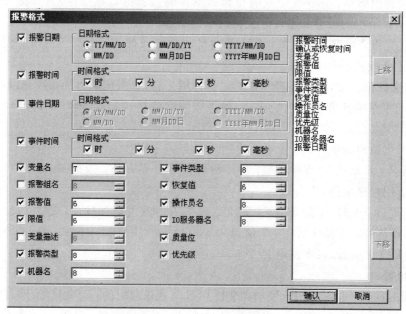

图 10-32 "报警格式"窗口

10.5.3　报警记录输出二：数据库

组态王产生的报警和事件信息可以通过 ODBC 记录到开放式数据库中，如 Access、SQL Server 等。在使用该功能之前，应该做些准备工作：首先在数据库中建立相关的数据表和数据字段，然后在系统控制面板的 ODBC 数据源中配置一个数据源（用户 DSN 或系统 DSN），该数据源可以定义用户名和密码等权限。

1. 定义报警记录数据库

报警输出数据库中的数据表与配置中的选项相对应，有四种类型的数据表格，分别为 Alarm（报警事件）、Operate（操作事件）、Enter（登录事件）和 Station（工作站事件）。可以按照需要建立相关的表格，各个表中的字段对应记录格式中的选项，如 Alarm（报警事件）表中的 AlarmDate 字段对应报警记录格式中的"报警日期"选项。具体情况参见表 10-2～表 10-5。

表 10-2　Alarm（报警）表字段

字 段 名 称	说　明	字 段 名 称	说　明
AlarmDate	报警日期	AcrDate	事件日期
AlarmTime	报警时间	AcrTime	事件时间
VarName	变量名	OperatorName	操作员名
GroupName	报警组名	VarComment	变量描述
AlarmValue	报警值	ResumeValue	恢复值
LimitValue	限值	EventType	事件类型
AlarmType	报警类型	MachineName	工作站名称
Pri	优先级	IOServerName	报警服务器名称
Quality	质量位		

表 10-3　Operate（操作）表字段

字 段 名 称	说　明	字 段 名 称	说　明
VarName	变量名	SuccessOa	成功标志
OldValue	旧值	EventType	事件类型
NewValue	新值	FieldName	域名
OperatorName	操作员名	VarComment	变量描述
AlarmDate	事件日期	MachineName	工作站名称
AlarmTime	事件时间	IOServerName	报警服务器名称

表 10-4　Enter（登录）表字段

字 段 名 称	说　明	字 段 名 称	说　明
OperatorName	操作员名	AlarmDate	事件日期
SuccessEnter	成功标志	AlarmTime	事件时间
EventType	事件类型	MachineName	工作站名称

表 10-5 Station（工作站）表字段

字 段 名 称	说 明	字 段 名 称	说 明
EventType	事件类型	AlarmTime	事件时间
AlarmDate	事件日期	MachineName	工作站名称

2. 报警输出数据库配置

定义好报警记录数据库和 ODBC 数据源后，就可以在组态王中定义数据库输出配置了。图 10-33 所示为报警配置中的"数据库配置"选项卡，可以在此对数据库的格式进行配置，修改数据的来源。

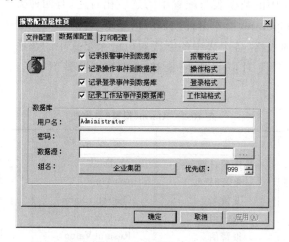

图 10-33 报警配置中的"数据库配置"选项卡

10.5.4 报警记录输出三：实时打印输出

组态王产生的报警和事件信息可以通过计算机并口实时打印出来。首先应该对实时打印进行配置，图 10-34 所示为报警配置中的"打印配置"选项卡。

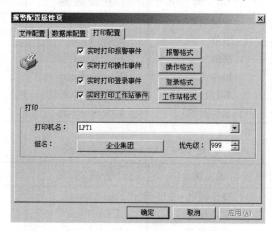

图 10-34 报警配置中的"打印配置"选项卡

按照用户在"报警配置"中定义的报警事件的打印格式及内容,系统将报警信息送到指定的打印端口缓冲区,将其实时打印出来。在打印时,某一条记录中间的各个字段以"/"分开,每个字段包含在"<>"内,并且字段标题与字段内容之间用冒号分隔。打印时,两条报警信息之间以"------"分隔。

如工作站事件的打印结果为:

<工作站日期:2007 年 11 月 18 日>/<工作站时间:14 时 24 分 7 秒>/<事件类型:工作站启动>/<机器名:本站点>

<工作站日期:2007 年 11 月 18 日>/<工作站时间:14 时 24 分 14 秒>/<事件类型:工作站退出>/<机器名:本站点>

10.6　报警相关的函数和变量的报警域

组态王中提供了函数、变量和变量的报警域。

10.6.1　"$新报警"变量的使用

"$新报警"变量是组态王的一个系统变量,主要表示当前系统中是否有新的报警产生。当系统中有任何类型的新报警产生时,该变量被自动置为 1。但需要注意的是,该变量不能被自动清零,需要用户将其清零。

10.6.2　报警相关的函数

组态王提供了一些报警操作函数:

(1) 报警确认"Ack(Tagname or GroupName);":对变量进行报警确认,或对报警组进行报警确认。如果函数的参数为变量名称,则只对该变量进行报警确认;如果函数的参数为报警组名称,则确认所有属于该报警组及其子报警组的变量。

报警确认除了通过报警窗上的按钮执行之外,还可以利用组态王的命令语言,然后使用该函数,对报警进行确认。如在画面上创建一个按钮,然后在按钮的动画连接命令语言中使用该函数进行报警确认。

(2) 获取报警组名称"GetGroupName(StationName,GroupID);":在组态王中,变量的报警组域返回的是报警组的 ID(数字),通过该函数可以获得报警组的名称。

10.6.3　变量的报警域

1. 离散变量的报警域

(1) .Ack:表示变量是否被确认。初始或变量产生新报警而未被确认时,该域的值为 0;当变量的报警被确认后,该域的值为 1。

（2）. Alarm：表示变量当前是否处于报警状态。变量处于正常状态时，域的值为 0；变量处于报警状态时，无论是否被确认，域的值为 1。

（3）AlarmEnable：表示变量的报警使能状态，可读写。当. AlarmEnable 置 0 时，变量即使满足报警条件也不会产生报警，只有将. AlarmEnable 置 1，变量才会产生报警。. AlarmEnable 默认值为 1。

（4）Group：变量的报警组 ID。

（5）Priority：变量的优先级。

2. 模拟变量的报警域

模拟变量除了具有以上几种报警域外，按照变量的报警类型的不同，有不同的报警域。

1）越限报警

（1）报警界限值域：高高限值（. HiHiLimit）、高限值（. HiLimit）、低限值（. LoLimit）和低低限值（. LoLoLimit）。这些界限值域是可读写的，可以在线修改。

（2）报警状态值：对应越限报警类型，都有相应的报警状态域，这些域的值的类型是离散型的，即高高限状态（. HiHiStatus）、高限状态（. HiStatus）、低限状态（. LoStatus）、低低限状态（. LoLoStatus）。如变量处于高限报警，变量的. HiStatus 域的值被自动置为 1；当高限报警恢复后，该域的值被自动置为 0。

2）偏差报警

（1）报警界限值域：大偏差限值（. MajorDevPct）、小偏差限值（. MinorDevPct）和偏差目标值（. DevTarget）。这些界限值域是可读写的，可以在线修改。

（2）报警状态值：对应偏差报警类型，都有相应的报警状态域，这些域的值的类型是离散型的，即大偏差状态（. MajorDevStatus）和小偏差状态（. MinorDevStatus）。如变量处于大偏差报警，变量的. MajorDevStatus 域的值被自动置为 1；当大偏差报警恢复后，该域的值被自动置为 0。

3）变化率报警

（1）报警界限值域：变化率限值（. ROCPct）。该域是可读写的，可以在线修改。但变化率报警的时间单位（秒、分、时）不能在线修改。

（2）报警状态值：变化率报警的报警状态域为. ROCStatus，该域的值的类型是离散型的。

小结

报警是指参数超过规定的界限时发出的警告信息，是自动控制系统运行时必须设置的安全措施。报警是需要操作者作出应答的。

一个系统中的参数很多，重要的参数可以根据需要设置恰当的报警限并进行报警分组。模拟量的报警类型有越限报警、偏差报警和变化率报警；离散量的报警有 1 状态报警、0 状态报警和状态变化报警。

　　事件是不需要用户应答的,分为操作事件、登录事件、工作站事件和应用程序事件。当产生相应的操作时,在报警窗中都会及时显示。

　　报警和事件都可以记录和保存,以便管理人员随时提取并进行检查、分析和处理。

习题

　　10.1　设一个内存实数型变量"压力 1",其最大值限定为 300,报警定义如图 10-35 所示。对"压力 1"变量进行模拟值输入连接、模拟值输出连接,判断"压力 1"顺序修改为 224、226、229、233、273、275、277、283 时,报警窗会有什么变化,再实际操作验证结论。

　　10.2　将"压力 2"的报警定义修改为如图 10-36 所示,判断将"压力 2"顺序修改为 290、284、278、273、268、263、253、248、245、243、239、235 时,报警窗会有什么变化,再实际操作验证结论。

图 10-35　习题 10.1 图

图 10-36　习题 10.2 图

　　10.3　建立一个 DDE 设备的变量"第五行",当改变 Excel 表格的第二页、第五行中的数值时,产生该变量的应用程序事件。

　　10.4　新建内存整型变量"水位",在记录和安全区定义"生成事件",设置报警限,在报警画面上对"水位"进行模拟值输出和输入连接。修改变量"水位"的数值,观察历史数据报警窗的报警情况。

CHAPTER 11

命令语言

11.1 命令语言类型

在组态王中,命令语言是一种在语法上类似 C 语言的程序,工程人员可以利用这些程序来增强应用程序的灵活性,处理一些算法和操作。命令语言都是靠事件触发执行的,如定时、数据的变化、键的按下、鼠标的单击等。根据事件和功能的不同,有应用程序命令语言、热键命令语言、事件命令语言、数据改变命令语言、自定义函数命令语言、动画连接命令语言和画面命令语言等。命令语言具有完备的词法、语法、查错功能,以及丰富的运算符、数学函数、字符串函数、控件函数、SQL 函数和系统函数。各种命令语言通过"命令语言编辑器"编辑输入,在组态王运行系统中被编译执行。其中,应用程序命令语言、热键命令语言、事件命令语言和数据改变命令语言可以称为"后台命令语言",它们的执行不受画面打开与否的限制,只要符合条件就可以执行。另外,可以使用运行系统中的菜单"特殊"|"开始执行后台任务"和"特殊"|"停止执行后台任务"来控制所有这些命令语言是否执行,而画面和动画连接命令语言的执行不受影响;也可以通过修改系统变量"$启动后台命令语言"的值来实现上述控制,该值置为 0 时停止执行,置为 1 时开始执行。

11.1.1 应用程序命令语言

在工程浏览器的目录显示区,选择"文件"|"命令语言"|"应用程序命令语言"命令,则在右边的内容显示区出现"请双击这儿进入<应用程序命令语言>对话框…"图标,双击图标,则弹出"应用程序命令语言"对话框,如图 11-1 所示。

命令语言编辑器是组态王提供的用于输入、编辑命令语言程序的地方。编辑器的组成部分如图 11-1 所示。所有命令语言编辑器的大致界面和主要部分及功能都相同,唯一不同的是按照触发条件的不同,在界面上的"触发条件"部分会有所不同。

(1)菜单条:提供给编辑器的操作菜单,"文件"菜单下有两个菜单项:"确认"和"取消"。"编辑"菜单为使用编辑器编辑命令语言提供操作工具,其作用同工具栏。

(2)工具栏:提供命令语言编辑时的工具,包括剪切、复制、粘贴、删除、全选、查找、替换,以及更改命令语言编辑器中的内容的显示字体、字号等。

(3)关键字选择列表:可以在这里直接选择现有的画面名称、报警组名称、其他关键字(如运算连接符等)到命令语言编辑器里。

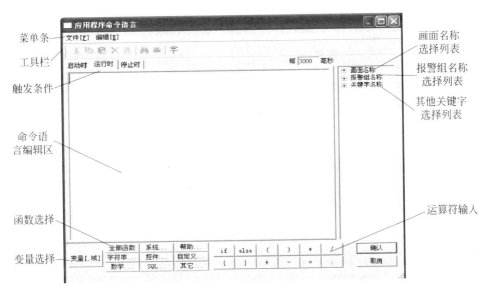

图 11-1　"应用程序命令语言"对话框

（4）函数选择：单击某一按钮，将弹出相关的函数选择列表，直接选择某一函数到命令语言编辑器中。当用户不知道函数的用法时，可以单击"帮助"按钮进入在线帮助，查看使用方法。

（5）运算符输入：单击某一个按钮，按钮上的标签表示的运算符或语句自动被输入到编辑器中。

（6）变量选择：选择变量或变量的域到编辑器中。

（7）命令语言编辑区：输入命令语言程序的区域。

（8）触发条件：触发命令语言执行的条件，不同的命令语言类型有不同的触发条件，下面各节将详细介绍。

命令语言编辑器提供了众多的方便，用户可以直接选择诸如画面名称、报警组名称、函数等到编辑器中，避免了繁杂的手工输入。

【例 11-1】　在运行系统启动时实现某一指定画面的显示。

这个问题除了可以在"系统配置"|"运行系统配置"中配置主画面外，还可以使用"应用程序命令语言"|"启动时"命令来打开该画面。

打开应用程序命令语言编辑器，选择"启动时"标签。单击"全部函数"按钮，弹出"选择函数"对话框，找到"ShowPicture"函数，选择该项后，单击对话框上的"确定"按钮，或直接双击该函数名称，对话框被关闭，函数及其参数整体即被选择到了编辑器中，如图 11-2 所示。

函数 ShowPicture 中的参数为要显示的画面名称。选择函数默认的参数，单击编辑器右侧列表中"画面名称"上的"＋"，展开画面名称列表，显示当前工程中已有画面的名称。选择要显示的画面名称并单击它，则该画面名称自动添加到函数的参数位置。

按照上面的例子，可以选择报警组名称、连接运算符、变量等到编辑器中。

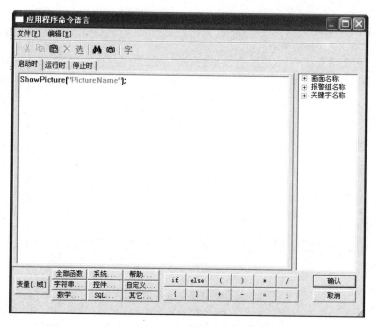

图 11-2　"应用程序命令语言"编辑器

11.1.2　数据改变命令语言

在工程浏览器中选择"命令语言"|"数据改变命令语言"命令,在浏览器右侧双击"新建…"按钮,将弹出"数据改变命令语言"编辑器,如图 11-3 所示。数据改变命令语言触发的

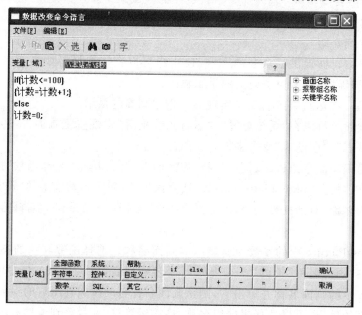

图 11-3　"数据改变命令语言"编辑器

条件为连接的变量或变量的域的值发生了变化。在命令语言编辑器"变量[.域]"编辑框中输入,或通过单击"?"按钮来选择变量名称(如 $ 秒)或变量的域(如 $ 秒. Alarm)。这里可以连接任何类型的变量和变量的域,如离散型、整型、实型、字符串型等。当连接的变量的值发生变化时,系统会自动执行该命令语言程序。数据改变命令语言可以按照需要定义多个。

11.1.3　事件命令语言

事件命令语言是当规定的表达式的条件成立时执行的命令语言。如某个变量等于定值,某个表达式描述的条件成立。在工程浏览器中选择"命令语言"|"事件命令语言"命令,在浏览器右侧双击"新建..."按钮,将弹出"事件命令语言"编辑器,如图 11-4 所示。事件命令语言有 3 种类型:发生时、存在时和消失时。

触发条件中的事件描述用来指定命令语言执行的条件,备注是对该命令语言说明性的文字,如图 11-4 所示,当"水温==90"时,每 3000ms 运行一次"存在时"程序。

图 11-4　事件命令语言中"存在时"命令的运行条件

11.1.4　热键命令语言

热键命令语言链接到工程人员指定的热键上,软件运行期间,工程人员随时按下键盘上相应的热键都可以启动这段命令语言程序。热键命令语言可以指定使用权限和操作安全区。输入热键命令语言时,在工程浏览器的目录显示区选择"文件"|"命令语言"|"热键命令语言"命令,双击右边内容显示区中的"新建..."按钮,将弹出"热键命令语言"编辑器,如图 11-5 所示。

1. 热键定义

可以通过"Ctrl"和"Shift"左边的复选框,以及"键"选择按钮来定义热键。热键命令语言可以定义安全管理。安全管理包括操作权限和安全区,两者可单独使用,也可合并使用。

2. 操作权限设定

只有操作权限大于等于设定值的操作员登录后按下热键时,才会激发命令语言的执行。

11.1.5　用户自定义函数

如果组态王提供的各种函数不能满足工程的特殊需要,用户可自定义函数。用户可以自己定义各种类型的函数,通过这些函数能够实现工程特殊的需要。如特殊算法、模块

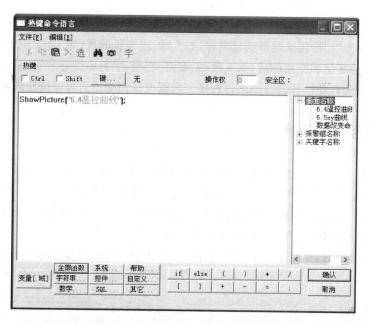

图 11-5   "热键命令语言"编辑器

化的公用程序等,都可通过自定义函数来实现。自定义函数是利用类似 C 语言来编写的一段程序,其自身不能直接被组态王触发调用,必须通过其他命令语言来调用执行。编辑自定义函数时,在工程浏览器的目录显示区选择"文件"|"命令语言"|"自定义函数命令语言"命令,在右边的内容显示区出现"新建..."图标,用鼠标左键双击,将出现"自定义函数命令语言"对话框,如图 11-6 所示。

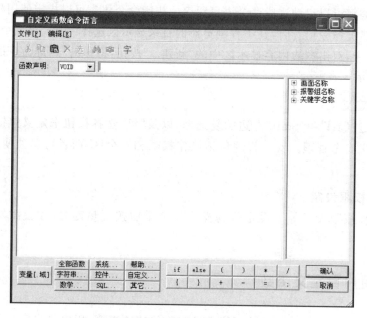

图 11-6   "自定义函数命令语言"对话框

1. 自定义函数

自定义函数里有 6 个关键字,分别是 LONG、FLOAT、STRING、BOOL、VOID 和 RETURN,大小写均可,语法含义和 C 语言类似。LONG 表示数据/变量类型为整型;FLOAT 表示数据/变量类型为实型;STRING 表示数据/变量类型为字符型;BOOL 表示数据/变量类型为布尔型;VOID 表示函数无返回值或返回值类型为空(NULL)类型;RETURN 表示函数的返回值,并且返回到主调函数中。

自定义函数的语法与 C 语言中定义子函数的格式类似。自定义函数命令语言是由变量定义部分和可执行语言组成的单独实体。自定义函数定义的内容为自定义函数类型(函数返回值类型),函数名和参数类型及名称,以及函数体内容。

2. 自定义函数的定义和使用

在自定义函数的编辑器的"函数声明"后的列表框中选择函数返回值的数据类型,包括 VOID、LONG、FLOAT、STRING 和 BOOL 5 种。按照需要选择一种。如果函数没有返回值,则直接选择"VOID"。在"函数声明"数据类型后的文本框中输入该函数的名称,不能为空。函数的命名应该符合组态王的命名规则,不能是组态王中已有的关键字或变量名。函数名后应该加小括号"()",如果函数带有参数,则应该在括号内声明参数的类型和参数名称。参数可以设置多个。在"函数体(执行代码)"编辑框中输入要定义的函数体程序内容。在函数内容编辑区内,可以使用自定义变量。函数体内容是指自定义函数所要执行的功能。函数体中的最后部分是返回语句。如果该函数有返回值,则使用 Return Value(Value 为某个变量的名称)。对于无返回值的函数,也可以使用 Return,但只能单独使用 Return,表示当前命令语言或函数执行结束。

【例 11-2】 设计一个自定义函数,实现阶乘运算。

① 函数返回类型为 VOID;函数名为 jiecheng(long Ref,long Ret)。

本函数为无返回值型函数,实现阶乘运算,参加运算的变量均在函数的参数中。Ref 为参加运算的变量,Ret 为计算结果。

② 函数体的内容为:

```
long a;     //自定义变量,控制阶乘循环次数
long mul;   //自定义变量,存储阶乘运算结果
a=1;
mul=1;
if (Ref<=0)
mul=1;
else
{while (a<=Ref)
{mul=mul * a;
 a=a+1;
}}
Ret=mul;
return;     //函数执行结束
```

③ 定义完成后,在组态王自定义函数内容区出现"VOID jiecheng(long Ref,long

Ret)"函数。如在按钮命令语言中调用,实现一个数的阶乘运算,在组态王中定义整型变量为"因数"和"结果",在按钮命令语言中输入"jiecheng(因数,结果)",则变量"结果"得到的值为计算结果。

【例 11-3】 设计一个自定义函数,实现累加运算。

① 函数返回类型为 LONG;函数名为 function2(long nTemp2)。

② 函数体的内容为:

```
nTemp2＝nTemp2＋1;        //累加;
return nTemp2;           //返回 nTemp2 的值;
```

③ 定义完成后,在组态王自定义函数内容区出现"LONG function2(long nTemp2)"函数。调用时,如组态王的整型变量为"计数 2",在命令语言中输入"function2(计数 2)"即可。

【例 11-4】 设计一个自定义函数,实现角度到弧度的转换。

① 函数返回类型为 float;函数名为弧度转换(float Ref)。

② 函数体内容为:

```
float pai;          //圆周率
float Ret;
pai＝3.14159265;
Ret＝(Ref/180) * pai;
return Ret;         //返回结果
```

当很多命令语言需要一段同样的程序时,可以定义一个自定义函数在命令语言里调用,减少了手工输入量,减小了程序的规模,同时使得程序的修改和调试变得更为简明、方便。

除了用户自定义函数外,组态王提供了 3 个报警预置自定义函数,利用这些函数,可以方便地在报警产生时做一些处理。

11.1.6 画面命令语言

画面命令语言就是与画面显示与否有关系的命令语言程序。画面命令语言定义在画面属性中。打开一个画面,选择菜单"编辑"|"画面属性",或右击画面,在弹出的快捷菜单中选择"画面属性"菜单项,或按下 Ctrl＋W 组合键,打开画面属性对话框。在对话框上单击"命令语言..."按钮,弹出"画面命令语言"编辑器,如图 11-7 所示。

画面命令语言分为 3 个部分:显示时、存在时和隐含时。

(1)显示时:打开或激活画面为当前画面,或画面由隐含变为显示时执行一次。

(2)存在时:画面在当前显示时,或画面由隐含变为显示时周期性执行,可以定义指定执行周期,在"存在时"中的"每...毫秒"编辑框中输入执行的周期时间。

(3)隐含时:画面由当前激活状态变为隐含或被关闭时执行一次。

只有画面被关闭,或被其他画面完全遮盖时,画面命令语言才会停止执行。只与画面相关的命令语言可以写到画面命令语言里,如画面上动画的控制等,而不必写到后台命令语言(如应用程序命令语言等)中,这样可以减轻后台命令语言的压力,提高系统运行的效率。

图 11-7 "画面命令语言"编辑器

11.1.7 动画连接命令语言

对于图素,有时一般的动画连接表达式完成不了的工作,只需要单击画面上的按钮等图素即可执行,如单击一个按钮,执行一连串的动作,或执行一些运算、操作等。这时使用了动画连接命令语言。该命令语言是针对画面上的图素的动画连接的,组态王中的大多数图素都可以定义动画连接命令语言。如在画面上放置一个按钮,双击该按钮,弹出"动画连接"对话框,如图 11-8 所示。在"命令语言连接"中包含 3 个选项:按下时、弹起时和按住时。

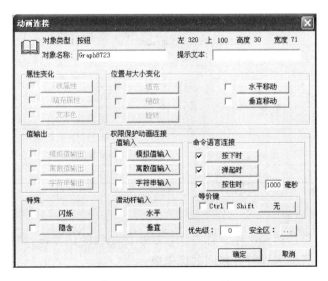

图 11-8 "动画连接"对话框

单击上述任何一个按钮都会弹出"动画连接命令语言"编辑器,其用法与其他命令语言编辑器相同。动画连接命令语言可以定义关联的动作热键,单击"动画连接"对话框中的"等价键"|"无"按钮,可以选择关联的热键,也可以选择"Ctrl"或"Shift"与之组成组合键。运行时,按下此热键,效果同在按钮上按下鼠标键相同。定义有动画连接命令语言的图素时,可以定义其操作权限和安全区,只有符合安全条件的用户登录后,才可以操作该按钮。

11.2　命令语言语法

命令语言程序的语法与一般 C 程序的语法没有大的区别,每一条程序语句的末尾应该用";"结束;在使用 If...Else、While()等语句时,其程序要用"{ }"括起来。

11.2.1　运算符

用运算符连接变量或常量就可以组成较简单的命令语言语句,如赋值、比较、数学运算等。命令语言中可使用的运算符以及运算符的优先级与连接表达式相同。运算符的种类如表 11-1 所示。

表 11-1　运算符的种类及其含义

运算符	功　　能	运算符	功　　能
～	取补码,将整型变量变成 2 的补码	＜	小于
＊	乘法	＞	大于
／	除法	＜=	小于或等于
％	模运算	＞=	大于或等于
＋	加法	==	等于(判断)
－	减法(双目)	!=	不等于
&	整型量按位与	=	等于(赋值)
		整型量按位或	－	取反,将正数变为负数(单目)
＾	整型量异或	!	逻辑非
&&	逻辑与	( )	括号,保证运算按所需次序进行,增强运算功能
||	逻辑或		

1. 运算符的优先级

下面列出运算符的运算次序。首先计算最高优先级的运算符,再依次计算较低优先级的运算符。同一行的运算符有相同的优先级。

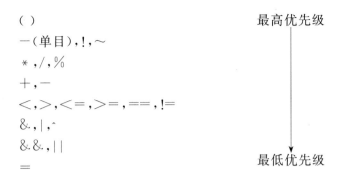

2. 表达式举例

复杂的表达式：

$$开关==1 \&\& 液面高度>50\&\& 液面高度<80$$
$$(开关1||开关2)\&\&(液面高度.alarm)$$

11.2.2　赋值语句

赋值语句用得最多，语法如下：

变量（变量的可读写域）＝表达式；

可以给一个变量赋值，也可以给可读写变量的域赋值。

【例 11-5】

自动开关＝1；　　　　　　//表示将自动开关置为开(1 表示开，0 表示关)
颜色＝2；　　　　　　　　//将颜色置为黑色(如果数字 2 代表黑色)
反应罐温度.priority＝3；　　//表示将反应罐温度的报警优先级设为 3

11.2.3　If...Else 语句

If...Else 语句用于按表达式的状态有条件地执行不同的程序，可以嵌套使用。其语法为：

```
If(表达式)
{
  一条或多条语句；
}
Else
{
  一条或多条语句；
}
```

注意：If...Else 语句中如果是单条语句，可省略"{ }"；若是多条语句，必须在一对"{ }"中，Else 分支可以省略。

【例 11-6】

```
If(step==3)
颜色="红色";
```

上述语句表示当变量 step 与数字 3 相等时,将变量颜色置为"红色"(变量"颜色"为内存字符串变量)。

【例 11-7】

```
If(出料阀==1)
出料阀=0;      //将离散变量"出料阀"设为 0 状态
Else
出料阀=1;
```

上述语句表示将内存离散变量"出料阀"设为相反状态。If...Else 中是单条语句,可以省略"{ }"。

【例 11-8】

```
If(step==3)
{
  颜色="红色";
  反应罐温度.priority=1;
}
Else
{
  颜色="黑色";
  反应罐温度.priority=3;
}
```

上述语句表示当变量 step 与数字 3 相等时,将变量颜色置为"红色"(变量"颜色"为内存字符串变量),反应罐温度的报警优先级设为 1;否则,变量颜色置为"黑色",反应罐温度的报警优先级设为 3。

11.2.4　While()语句

当"While()"语句中,括号里的表达式条件成立时,循环执行后面"{ }"内的程序。其语法如下:

```
While(表达式)
{
  一条或多条语句(以;结尾)
}
```

注意:同 If 语句一样,While 里的语句若是单条语句,可省略"{ }";若是多条语句,必须在一对"{ }"中。这条语句要慎用,否则会造成死循环。

【例 11-9】

```
While(循环<=10)
```

```
{
    ReportSetCellvalue("实时报表",循环,1,原料罐液位);
    循环=循环+1;
}
```

当变量"循环"的值小于等于 10 时,向报表第一列的 1~10 行添入变量"原料罐液位"的值。应该注意使 While 表达式的条件满足,然后退出循环。

11.2.5　命令语言的注释方法

为命令语言程序添加注释有利于程序的可读性,也方便程序的维护和修改。组态王的所有命令语言中都支持注释。注释的方法分为单行注释和多行注释两种。注释可以在程序的任何地方进行,单行注释在注释语句的开头加注释符"//"。

【例 11-10】

```
//设置装桶速度
If(游标刻度>=10)        //判断液位的高低
装桶速度=80;
```

多行注释是在注释语句前加"/ *",在注释语句后加" */"。多行注释也可以用在单行注释上。

【例 11-11】

```
If(游标刻度>=10)        / * 判断液位的高低 */
装桶速度=80;
```

【例 11-12】

```
/ * 判断液位的高低
改变装桶的速度 */
If(游标刻度>=10)
{装桶速度=80;}
Else
装桶速度=60;
```

注意:多行注释不能嵌套使用。

11.3　命令语言执行中变量值的跟踪

命令语言一旦运行起来,往往看到的是最终的结果,如果结果出现差错,就需要查看命令语言的执行过程,这就是调试命令语言。组态王提供了一个函数"Trace()",可以将规定的信息发送到组态王信息窗口中,类似于程序的调试,根据这些信息,用户可以了解到命令语言执行的过程和期间变量的值。该函数可以添加到命令语言程序任何需要跟踪的位置,当命令语言调试完成后,可以将其删除。

11.4　在命令语言中使用自定义变量

自定义变量是指在组态王的命令语言里单独指定类型的变量,这些变量的作用域为当前的命令语言,在命令语言里可以参加运算、赋值等。当该命令语言执行完成后,自定义变量的值随之消失,相当于局部变量。自定义变量不被计算在组态王的点数之中,它适用于应用程序命令语言、事件命令语言、数据改变命令语言、热键命令语言、自定义函数、画面命令语言、动画连接命令语言和控件事件函数等。自定义变量功能的提供可以极大地方便用户编写程序。

自定义变量的类型有离散型(BOOL)、长整型(LONG)、实数型(FLOAT)、字符串型(STRING)和自定义结构变量类型。它在命令语言中的使用方法与组态王变量相同。

注意:自定义变量在使用之前必须要定义。自定义变量没有"域"的概念,只有变量的值。

【例 11-13】　在结构变量中定义一个结构,如图 11-9 所示。设计一个求水箱上、下平均温度的自定义函数。

① 函数返回值类型为 FLOAT；函数名称及参数表为平均温度(水箱 yuanliao1)。

② 函数体程序为:

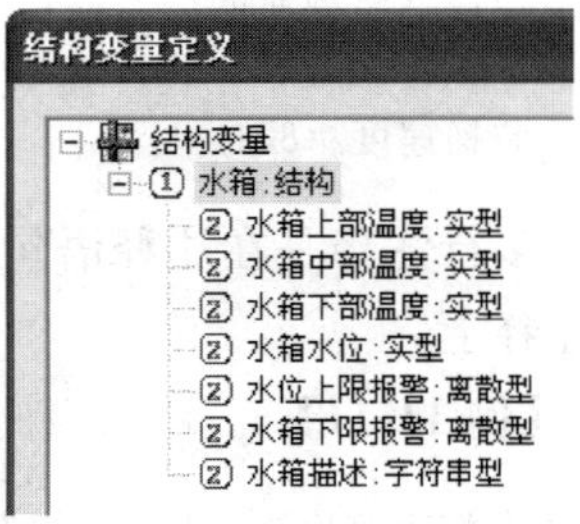

float 平均温度 1;
平均温度 1＝(yuanliao1.水箱上部温度＋yuanliao1.水箱下部温度)/2;
return 平均温度 1;

图 11-9　结构变量中结构的定义

其中,"水箱"为已定义的结构；"yuanliao1"为自定义结构变量,它继承原结构的所有成员作为自己的成员；"平均温度 1"为自定义变量,作为函数的返回值。

11.5　命令语言函数

组态王支持使用内建的复杂函数,包括字符串函数、数学函数、系统函数、控件函数、SQL 函数及其他函数,具体参见组态王命令语言函数。

小结

命令语言是操作者向对象发出控制指令的重要工具,包括应用程序命令语言、数据改变命令语言、事件命令语言、热键命令语言、用户自定义函数、画面命令语言和动画连接命令语言。本章详细介绍并比较了各种命令语言的功能及使用方法。

组态王命令语言的语法类似于 C 语言,本章详细介绍了赋值语句、If…Else 语句和 While 语句的格式和使用方法,并简单介绍了相关的函数。

习题

11.1　设置方程 $ax^2+bx+c=0$ 的 3 个系数 a、b、c。在开发系统画面设计 3 个模拟值输入、输出文本(连接变量 a、b、c)和一个"计算"按钮。编写命令语言:当输入 a、b、c 值后,按"计算"按钮时,输出信息表示有无实根。

11.2　设计一个模拟值输出文本(连接变量 d)和一个按钮"加 1",每按动一次按钮,变量 d 在 0～9 范围内循环加 1。

CHAPTER 12

组态王运行系统

组态王软件包由工程管理器 ProjectManager、工程浏览器 TouchExplorer 和画面运行系统 TouchVew 三部分组成。其中工程浏览器内嵌组态王画面制作开发系统,生成人—机界面工程。在画面制作开发系统中设计开发的画面工程在 TouchVew 运行环境中运行。TouchExplorer 和 TouchVew 各自独立,一个工程可以同时被编辑和运行,这对于工程的调试是非常方便的。本章主要通过 TouchVew 的菜单命令来介绍组态王画面运行系统。

12.1 配置运行系统

在运行组态王工程之前,要在开发系统中对运行系统环境进行配置。在开发系统中单击菜单栏"配置"|"运行环境"命令,或单击工具条"运行"按钮,或双击选择"工程浏览器"工程目录显示区中的"系统配置"|"设置运行系统"选项后,弹出"运行系统设置"对话框,如图 12-1 所示。

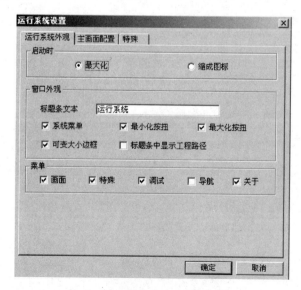

图 12-1 "运行系统设置"对话框

"运行系统设置"对话框由 3 个配置属性页组成。

1."运行系统外观"属性页

在此属性页中可以设置运行系统画面的外观,包括是否最大化、窗口外观、菜单项等。

2."主画面配置"属性页

在该属性页中规定 TouchVew 画面运行系统启动时自动调入的画面。如果几个画面互相重叠,最后调入的画面在前面。单击"主画面配置"属性页,则此属性页对话框弹出,同时属性页画面列表对话框中列出了当前应用程序所有有效的画面,选中的画面加亮显示,如图 12-2 所示。

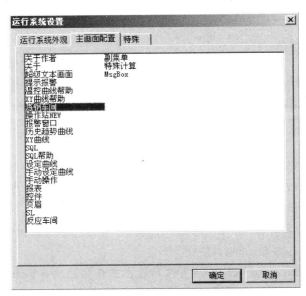

图 12-2 "主画面配置"属性页

3."特殊"属性页

此属性页对话框用于设置运行系统的基准频率等一些特殊属性。单击"特殊"属性页,则此属性页对话框弹出,如图 12-3 所示。

(1)运行系统基准频率:是一个时间值。所有其他与时间有关的操作选项(如有"闪烁"动画连接的图形对象的闪烁频率、趋势曲线的更新频率、后台命令语言的执行)都以它为单位,是它的整数倍。

(2)时间变量更新频率:用于控制 TouchVew 在运行时更新数据库中的时间变量($ 毫秒、$ 秒、$ 分、$ 时等)。

(3)禁止退出运行环境:选择此选项后,其左边小方框内出现"√"。选择此选项,使 TouchVew 启动后,除关机外不能退出。

(4)禁止任务切换(Ctrl+Esc):选择此选项后,其左边小方框内出现"√"。选择此选项将禁止 Ctrl+Esc 组合键,用户不能作任务切换。

(5)禁止 Alt 键:选择此选项后,其左边小方框内出现"√"。选择此选项将禁止 Alt 键,用户不能用 Alt 键调用菜单命令。

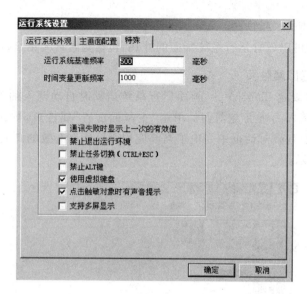

图 12-3　"特殊"属性页

（6）使用虚拟键盘：选择此选项后，其左边小方框内出现"√"。在画面程序运行中，当需要操作者使用键盘时，比如输入模拟值，则弹出模拟键盘窗口，操作者用鼠标在模拟键盘上选择字符即可输入。

（7）点击触敏对象时有声音提示：选中此项后，其左边小方框内出现"√"，系统运行时，用鼠标单击按钮等图素，蜂鸣器发出声音。

注意：若将上述所有选项选中，只有使用组态王提供的内部函数 Exit（Option）才能退出。

12.2　运行系统菜单

配置好运行系统之后，就可以启动运行系统环境了。在开发系统中单击工具条上的"VIEW"按钮，或选择快捷菜单中的"切换到 View"命令后，进入组态王运行系统。下面分别对运行系统的菜单命令进行讲解。

12.2.1　"画面"菜单

单击"画面"菜单，弹出下拉式菜单，如图 12-4 所示。

1. 打开

选择此命令后，弹出"打开画面"对话框，其中列出了当前路径下所有未打开画面的清单。用鼠标或空格键选择一个或多个窗口后，单击"确定"按钮，打开所有选中的画面，或单击"取消"按

图 12-4　"画面"菜单的下拉式菜单

钮撤销当前操作。

2. 关闭

选择此命令后,弹出"关闭画面"对话框,其中列出了所有已打开画面的清单。用鼠标或空格键选择一个或多个窗口后,单击"确定"按钮,关闭所有选中的画面,或单击"取消"按钮撤销当前操作。

3. 打印设置

选择此命令后,弹出"打印机标准设置"对话框,用来设置打印机的状况,TouchVew在运行时依此状况打印历史趋势曲线等。单击"确定"按钮,确认当前操作,或单击"取消"按钮撤销当前操作。

4. 屏幕拷贝

暂时不支持此命令。

5. 退出(Alt+F4)

选择此命令后,退出组态王运行程序。

12.2.2　"特殊"菜单

单击"特殊"菜单,弹出下拉式菜单,如图 12-5 所示。

图 12-5　"特殊"菜单的
下拉式菜单

1. 重新建立 DDE 连接

TouchVew 先中断已经建立的 DDE 连接,此命令用于重新建立 DDE 连接。

2. 重新建立未成功的连接

重新建立启动时未建立成功的 DDE 连接。已经建立成功的 DDE 连接不受影响。

3. 重启报警历史记录

此选项用于重新启动报警历史记录。在没有空闲磁盘空间时,系统自动停止报警历史记录。当发生此种情况时,将显示信息框,通知用户。为了重启报警历史记录,用户须清理出一定的磁盘空间,并选择此命令。

4. 重启历史数据记录

此选项用于重新启动历史数据记录。在没有空闲磁盘空间时,系统自动停止历史数据记录。当发生此种情况时,将显示信息框,通知用户。为了重启历史数据记录,用户须清理出一定的磁盘空间,并选择此命令。

5. 开始执行后台任务

此选项用于启动后台命令语言程序,使之定时运行。

6. 停止执行后台任务

此选项用于停止后台命令语言程序。

7. 登录开

此选项用于用户登录。登录后,可以操作有权限设置的图形元素或对象。在 TouchVew 运行环境下,当运行画面打开后,单击此选项,弹出"登录"对话框,如图 12-6 所示。

（1）用户名：选择已经定义了的用户名称。单击列表框右侧箭头,弹出的列表框中列出了所有的用户名称,选择要登录的用户名称。用户配置请参见"系统安全管理"。

（2）口令：输入选中的用户登录密码。如果在开发环境中定义了使用软键盘,则单击该文本框时,弹出一个软键盘。也可以直接用外设键盘输入。

图 12-6 "登录"对话框

单击"确定"按钮进行用户登录。如果密码错误,会提示"登录失败";单击"取消"按钮则取消当前操作。

在用户登录后,所有比此登录用户的访问权限级别低且在此操作员登录安全区内的图形元素或对象均变为有效。

8. 修改口令

此选项用于修改已登录操作员的口令设置。在 TouchVew 运行环境下,当运行画面打开后单击此选项,则弹出对话框进行口令修改。

9. 配置用户

此选项用于重新设置用户的访问权限、口令以及安全区。当操作员的访问权限大于或等于 900 时,此选项有效,将弹出"用户和安全区配置"对话框,如图 12-7 所示。

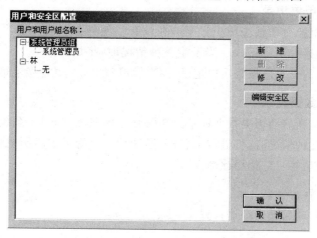

图 12-7 "用户和安全区配置"对话框

当操作员的访问权限小于 900 时,此选项无效,会提示没有权限。

10. 登录关

此选项用于使当前登录的用户退出登录状态,关闭有口令设置的图形元素或对象,则用户不可访问。

12.2.3　"调试"菜单

单击"调试"菜单,弹出下拉式菜单,如图 12-8 所示。

1. 通信

此命令用于给出组态王与 I/O 设备通信时的调试信息,包括通信信息、读成功、读失败、写成功、写失败。当用户需要了解通信信息时,选择"通信信息"项,此时该项前面有一个符号"√",表示该选项有效,则组态王与 I/O 设备通信时会在信息窗口中给出通信信息。

图 12-8　"调试"菜单的下拉式菜单

（1）通信信息:在组态王信息窗口中显示/不显示组态王与设备的通信信息。

（2）读成功:在组态王信息窗口中显示/不显示组态王读取设备寄存器数据时成功的信息。

（3）读失败:在组态王信息窗口中显示/不显示组态王读取设备寄存器数据时失败的信息。

（4）写成功:在组态王信息窗口中显示/不显示组态王向设备寄存器写数据时成功的信息。

（5）写失败:在组态王信息窗口中显示/不显示组态王向设备寄存器写数据时失败的信息。

2. 命令语言

该选项目前不起作用。

12.2.4　"导航"菜单

单击"导航"菜单,弹出下拉式菜单,如图 12-9 所示。

1. 导航图

该选项用于导航图的显示或隐藏。右击运行系统画面,将弹出快捷菜单,如图 12-10 所示。单击选择"导航图"命令也可显示或隐藏导航图。

图 12-9　"导航"菜单的下拉式菜单 　　　　图 12-10　弹出式快捷菜单

选中"导航图"命令后,在画面的右上方会出现矩形显示小窗口,该窗口就是导航画面,如图 12-11 所示。

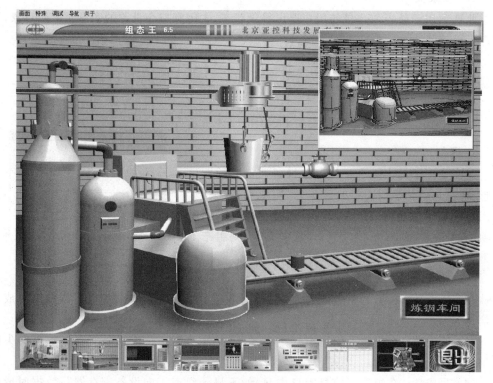

图 12-11　导航画面

在导航图中显示的始终是鼠标单击获得焦点的画面。运行画面显示窗口在整个画面中的位置,在导航图中为一个标志矩形。画面中的图素在导航图中为缩小的图素,报警窗口、报表、组态王控件、标准 ActiveX 控件不是图素,而是各自的标识符。导航图的大小是固定的,当画面实际大小的长宽比例与导航图比例不一致时,靠左或上为有效显示区域。在导航图内,鼠标的移动范围限制在有效区域内。

按住鼠标左键点中导航图上面的灰色标题条可以拖动导航图,并将其放置在屏幕上任意的位置。

使用鼠标可以进行画面和导航图的互动操作。

（1）启动导航图时,其内容为当前编辑的画面。

（2）当运行画面切换时,如导航图在显示状态,其内容也随之改变。

（3）当画面滚动时,导航图中标志画面显示内容的矩形随之移动。

（4）当在导航图中单击指定位置时,可将当前编辑画面滚动到以单击处坐标为中心的位置。导航图中标志当前显示位置的矩形也随之移动,但大小不变。

（5）当在导航图中的单击位置在标志矩形内部时,可拖动鼠标到指定位置,放开鼠标后,当前编辑画面自动滚动到相应位置。

（6）当画面没有滚动条时,显示导航图操作将不起作用。

2. 移动画面

该选项用于运行系统画面的移动。右击运行系统画面,将弹出快捷菜单,选择"移动画面导航图"命令也可实现移动画面功能。

选中此命令后,该项前面有一个"√",同时鼠标变成小手的形状。按住鼠标左键移动鼠标可移动画面,但在此状态下,鼠标不能获得焦点。再次单击该命令则取消移动画面,该项前面的"√"消失;或是右击取消移动画面状态。

12.2.5　"关于"菜单

单击"关于"菜单,弹出下拉式菜单。此菜单命令项用于显示组态王的版权信息和系统内存信息。

小结

在组态王开发系统中设计、制作的画面工程是在 TouchVew 运行环境中运行的。在这个画面中,操作人员可以全方位地了解现场情况,及时操作现场设备,控制各种参数。

本章介绍了在运行系统中进行密码设置与修改、记录数据控制、后台任务管理及系统调试等操作的具体方法。

习题

12.1　打开运行系统,熟悉修改密码功能,观察启动或停止报警历史记录和启动历史数据记录后对系统的影响。

12.2　在运行系统中选择"调试"|"通信"栏中的各选项,观察组态王信息窗口中的变化。

第 13 章

组态王信息窗口

13.1 从信息窗口中获取信息

组态王信息窗口是一个独立的 Windows 应用程序，用来记录、显示组态王开发系统和运行系统在运行时的状态信息。信息窗口中显示的信息可以作为一个文件存于指定的目录中，或是用打印机打印出来，供用户查阅。当工程浏览器、TouchVew 等启动时，会自动启动信息窗口。

一般情况下，启动组态王系统后，在信息窗口中可以显示的信息有组态王系统的启动、关闭、运行模式；历史记录的启动、关闭；I/O 设备的启动、关闭；网络连接的状态；与设备连接的状态；命令语言中，函数未执行成功的出错信息。

如果用户想要查看与下位设备通信的信息，可以选择运行系统"调试"菜单下的"读成功"、"读失败"、"写成功"或"写失败"等项，则 I/O 变量读取设备上的数据是否成功的信息也会在信息窗口中显示出来。组态王的信息窗口如图 13-1 所示。

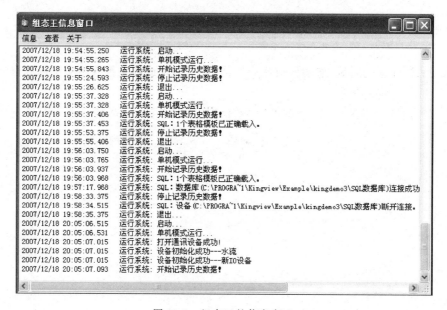

图 13-1　组态王的信息窗口

13.2　保存信息窗口中的信息

13.2.1　设置保存路径

用户可以将信息窗口中的信息以 ＊.kvl 文件的形式保存到硬盘中,以供查阅。单击"信息"菜单下的"设置存储路径"命令,将弹出"设置保存路径"对话框,如图 13-2 所示。

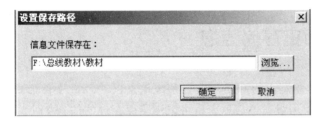

图 13-2　"设置保存路径"对话框

如果是第一次运行信息窗口,默认保存路径为本机的临时目录"C:\Windows\Temp\",用户可根据需要单击"浏览..."按钮更改保存路径。一旦用户设置了新的路径,信息窗口会自动在该路径下生成新的信息文件,以后生成的信息文件都保存到到该路径下。信息文件命名方式为"年月日时分.kvl"。例如,用户是在 2007 年 10 月 30 日上午 10：29 保存信息文件到指定的路径下,则信息文件名称为 0710301029.kvl。

13.2.2　设置保存参数

除设置信息文件保存路径外,还可以设置保存参数。单击"信息"菜单下的"设置保存参数"命令,将弹出"设置保存参数"对话框,如图 13-3 所示。

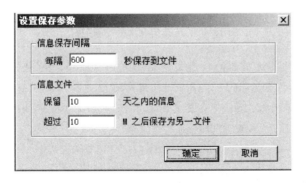

图 13-3　"设置保存参数"对话框

(1) 信息保存间隔:信息文件每隔一定时间存盘一次,时间可由用户设置,默认设置是 600 秒。在编辑输入框中设置信息文件保存到硬盘的时间间隔,也就是设定每隔多长时间将信息文件存入硬盘。例如,在编辑框中输入数值"3",则表示每隔 3 秒钟将信息文件存入硬盘。

(2)信息文件保留:指定信息文件在硬盘上的保存时间。信息窗口自动维护用户设置的保存天数内的信息,在保存期外的信息文件会被自动删除。例如,在编辑框中输入数值"10",表示信息文件在硬盘上保留 10 天,10 天之后将被自动清掉。

(3)信息文件超过:指定信息文件在硬盘上存储文件的大小,超过用户设置的大小后,自动重新创建新文件。例如,在编辑框中输入数值"10",表示保存的日志文件最大为10M,如果信息文件超过 10M,将自动重新创建新的信息文件。

13.3　查看历史存储信息

13.2 节介绍过,组态王的开发和运行系统信息以 ＊.kvl 文件形式保存在硬盘上,形成历史信息记录。使用组态王信息窗口可以浏览保存过的信息文件。单击"信息"菜单下的"浏览信息文件"命令,将弹出"选择信息文件"对话框,如图 13-4 所示。

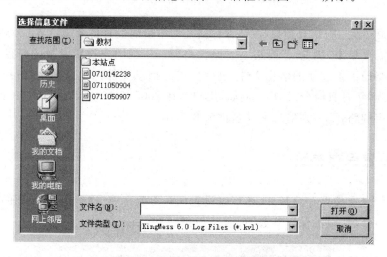

图 13-4　"选择信息文件"对话框

注意:组态王 6.0 之前版本的信息文件名格式为 ＊.log,6.0 及 6.0 以后版本的信息文件名格式为 ＊.kvl,例如 0710142248.kvl。用户可以选择所要浏览的信息文件,可以是老版本(6.0 之前版本)的 ＊.log 格式或是新版本(6.0 版本)的 ＊.kvl 格式。选中所要浏览的信息文件,单击"打开"按钮即出现浏览信息窗口。

13.4　打印信息窗口中的信息

组态王信息窗口信息打印有两种:一种是打印当前信息窗口中的信息;另一种是打印浏览的历史信息文件。两种打印的方法大致相同,都是先进行"打印设置",然后执行

"打印"命令。下面以打印当前信息窗口中的信息为例，讲解打印功能。

1. 打印设置

单击"信息"|"打印设置"命令，弹出"设置打印参数"窗口，对打印范围、页面设置和打印字体等参数进行设置。

2. 打印

单击"信息"|"打印"命令，弹出"打印"窗口，对打印机的属性、打印布局和打印份数进行定义。单击"打印"按钮开始打印。

打印浏览的历史信息文件方法同上。

13.5　信息窗口其他菜单的使用

1. "查看"菜单

可以修改组态王信息窗口内容显示的字体。单击组态王信息窗口中的"查看"|"显示字体"命令，弹出"字体"对话框，用户可以从中选择信息窗口文本的字体、字体样式、字的大小及颜色等。

2. "关于"菜单

单击"关于"菜单中的"关于信息窗口"菜单，将弹出组态王信息窗口的有关信息。

3. "系统"菜单

"系统"菜单在组态王信息窗口左上角。右击组态王信息窗口左上角的"系统"菜单，弹出的"系统"菜单的下拉式菜单如图 13-5 所示。

专用菜单命令"总在最前"选中有效时，所有其他应用程序窗口总被组态王信息窗口覆盖。如果想取消"总在最前"，则重新打开系统菜单，然后单击"取消最前"菜单命令，其他应用程序窗口就可以覆盖组态王信息窗口。

图 13-5　"系统"菜单的
下拉式菜单

注意：当组态王信息窗口最小化变为 Windows 操作系统"开始"菜单条上的小图标时，右击组态王信息窗口图标，也会弹出"系统"菜单。

小结

组态王信息窗口是用来记录、显示组态王开发系统和运行系统在运行时的状态信息的一个窗口，本章介绍了信息窗口给出的各种信息的含义，以及信息窗口内容的保存、读取、打印的具体方法，以便于操作者对系统运行状况有全面的了解。

习题

13.1　打开组态王信息窗口并设置"保存路径"和"保存参数",查看保存文件。

13.2　打开组态王信息窗口并修改显示的字体,设置打印参数并打印。

第 14 章

图　　库

14.1　图库概述

　　图库是指组态王中提供的已制作成形的图素组合。图库中的每个成员称为图库精灵。

　　使用图库开发工程界面至少有三方面的好处：一是降低了工程人员设计界面的难度，使他们能更加集中精力于维护数据库和增强软件内部的逻辑控制，缩短开发周期；二是用图库开发的软件将具有统一的外观，方便工程人员学习和掌握；最后，利用图库的开放性，工程人员可以生成自己的图库元素，"一次构造，随处使用"，节省了工程人员投资。组态王为了使用户更好地使用图库，提供了图库管理器。图库管理器集成了图库管理的操作，在统一的界面上完成新建图库、更改图库名称、加载用户开发的精灵和删除图库精灵的功能，如图 14-1 所示。

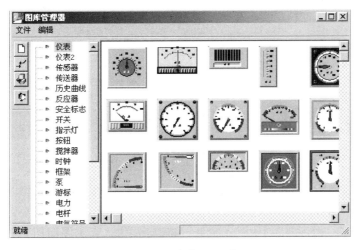

图 14-1　"图库管理器"窗口

14.2　认识图库精灵

　　图库中的元素称为图库精灵。之所以称为"精灵"，是因为它们具有自己的"生命"。图库精灵在外观上类似于组合图素，但内嵌了丰富的动画连接和逻辑控制，工程人员只需把它放在画面上,做少量的文字修改,就能动态控制图形的外观,同时完成复杂的功能。用户可以根据工程需要,将一些需要重复使用的复杂图形做成图库精灵,加入到图库管理器中。

组态王提供两种方式供用户自制图库。一种是编制程序方式,即用户利用亚控公司提供的图库开发包,自己利用 VC 开发工具和组态王开发系统中生成的精灵描述文本制作,生成 *.dll 文件。另一种是利用组态王开发系统中建立动画连接并合成图素的方式直接创建图库精灵。本章将对第二种方式作详细说明。

14.3　创建图库精灵

本节详细讲述第二种创建图库的方式,即为图形建立动画连接并合成图素。下面以一个阀门的制作为例,介绍创建图库精灵的方法。

(1)在画面上创建两个大小和形状相同的阀门,分别为红、绿两色,如图 14-2 所示。

(2)在数据词典中定义一个内存离散变量,如"阀门 1"。

(3)添加动画连接。双击红色阀门,选择"隐含连接",使得在"阀门 1==0"时显示,如图 14-3 所示。再选择"弹起时连接",输入"阀门 1=1"。同样地,对绿色阀门"隐含连接",使得在"阀门 1==1"时显示。在"弹起时连接"属性对话框中输入"阀门 1=0",然后单击"确定"按钮。

图 14-2　制作两个阀门

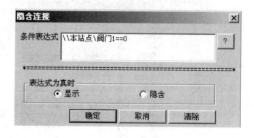

图 14-3　对阀门进行隐含连接

(4)组合图素单元。将两个阀门叠放在一起并整体选中,选择工具箱中的"合成单元"图标,如图 14-4 所示。

(5)选择菜单"图库"|"创建图库精灵",将弹出"输入新的图库图素名称"对话框,如图 14-5 所示。

(6)输入精灵名称,单击"确定"按钮后,将弹出图库管理器。在图库管理器列表中选择要存放该精灵的图库名,或在管理器右边的精灵显示区单击即可,如图 14-6 所示。

(7)如果想把变色按钮放在创建的"专用图库"下,则在保存图库精灵之前选择菜单命令"编辑"|"创建新图库",在弹出的"定义新图库"对话框中输入新图库的名称,然后单击"确定"按钮建立自己的图库,如图 14-7 所示。

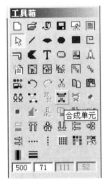

图 14-4　"合成单元"图标

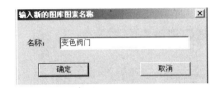

图 14-5　"输入新的图库图素名称"对话框

图 14-6　新建的图库精灵

图 14-7　"定义新图库"对话框

14.4　使用图库精灵

在图库管理器中选择需要的精灵。如果在开发过程中图库管理器被隐藏,请选择菜单"图库"|"打开图库"或按 F2 键激活图库管理器。

1. 在画面上放置图库精灵

选择图库精灵并放到画面上是很容易的。在图库管理器窗口内用鼠标左键双击所需要的精灵,光标变成直角形。移动鼠标到画面上的适当位置,单击左键,图库精灵就复制到画面上了。可以任意移动、缩放精灵,如同处理一个单元一样。

2. 修改图库精灵

采用第一种方式——编制程序制作的图库精灵具有个性化外观,双击画面上的图库精灵,将弹出改变图形外观和定义动画连接的属性向导对话框。对话框中包含了图库精灵的外观修改、动作、操作权限、与动作连接的变量等各项设置,对于不同的图库精灵,具有不同的属性向导界面。用户只需要输入变量名,合理调整各项设置,就可以设计出符合自己使用要求的个性化图形,如图 14-8 所示。

在属性向导界面中,"变量名"一项要求输入工程人员实际使用的变量名,并且必须符合图库精灵已经定义好的变量类型。

采用第二种方式——直接通过动画连接并合成图素的方式制作的图库精灵(如上例

中制作的变色阀门），同样具有可修改的属性界面。双击画面上的图库精灵，将弹出动画连接的"内容替换"对话框。对话框中记录了图库精灵的所有动画连接和连接中使用的变量。单击"变量名"，将在对话框中显示精灵使用到的所有变量，如图 14-9 所示；单击"动画连接"就可以看到动画连接的内容，如图 14-10 所示。

图 14-8　图库精灵的属性向导对话框　　　　图 14-9　图库精灵的变量名显示

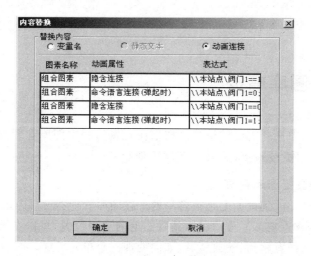

图 14-10　图库精灵的动画连接显示

　　一般情况下，该类图库精灵使用的变量名都是示意性的，不一定适合工程人员的需要。要修改变量名，请单击选择"变量名"，然后在对话框中双击需要修改的变量名，则弹出"替换变量名"对话框，在对话框中输入工程人员实际使用的变量名即可。

　　修改完成后，图库精灵所有的动画连接中的变量名都已更改了。

　　工程人员也可以根据需要修改任一动画连接。在"内容替换"对话框中单击选择"动画连接"，然后在对话框中双击需要修改的栏目，将弹出"动画连接设置"对话框，如图 14-11 所示。

　　图库精灵的动画连接属性的设置方法与普通图素的动画连接一样。

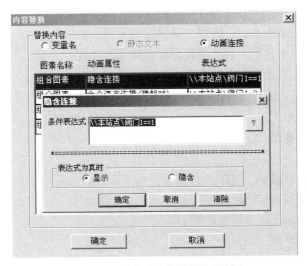

图 14-11　"动画连接设置"对话框

如果组成图库精灵的图素中有静态文本,"内容替换"对话框中的按钮"静态文本"加亮显示。单击此按钮,将在对话框中显示图库精灵中所有的静态文本。其修改方法与其他图素相同。

修改完成后,单击"内容替换"对话框的"确定"按钮,以修改图库精灵的动画连接,或单击"取消"按钮取消修改。

如果要对组成图库精灵的图素作调整,首先要把图库精灵转换成普通图素,具体操作是:在画面上选中精灵(精灵周围出现 8 个小矩形),选择菜单"图库"|"转换成普通图素",图库精灵将分解为许多单元或图素。对于分解出来的单元,还要使用工具箱中的"分裂单元"把它再分解成图素,工程人员可以对这些图素作任意的修改。

14.5　管理图库

图库的管理是依靠组态王提供的图库管理器完成的。图库管理器集成了图库管理的操作,在统一的界面上完成新建图库、更改图库名称、加载用户开发的精灵和删除图库精灵的操作。如果在开发过程中图库管理器被隐藏,请选择菜单命令"图库"|"打开图库"或按 F2 键激活图库管理器。在画面菜单上选择"打开图库",打开"图库管理器"窗口,如图 14-12 所示。

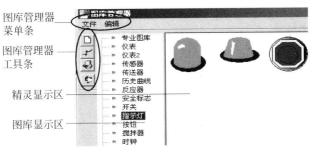

图 14-12　"图库管理器"窗口

（1）图库管理器菜单条：通过弹出菜单方式管理图库。

（2）图库管理器工具条：通过快捷图形方式管理图库。

（3）图库显示区：显示图库管理器中所有的图库。

（4）精灵显示区：显示图库里的精灵。

14.5.1　"文件"菜单

"文件"|"关闭"：用于关闭图库管理器。如果在开发过程中图库管理器被隐藏，请选择菜单命令"图库"|"打开图库"或按 F2 键激活图库管理器。

14.5.2　"编辑"菜单

在图库管理器中单击"编辑"菜单，将弹出如图 14-13 所示的下拉式菜单。

1. 创建新图库

单击选择"创建新图库"命令，将弹出对话框。在对话框中输入名称，图库名称不超过 8 个字符（4 个汉字），确定后，图库名显示在图库管理器左边的树形中，如图 14-14 所示。

图 14-13　图库管理器中的"编辑"菜单

图 14-14　创建的新图库

2. 更改图库名称

选择图库名称后单击"更改图库名称"，在弹出的对话框中输入新名称即可（注意，名称不允许相同）。

3. 删除图库精灵

选中要删除的精灵，单击"删除图库精灵"，在弹出的对话框中按"确定"按钮即可。

4. 加载用户图库精灵

当用户使用图库开发包开发出专用图形时（文件格式为 ∗.dll），可通过该项选择将自己编制的图形加入到组态王的图库管理器中来。单击"加载用户图库精灵"，弹出对话框如图 14-15 所示。该菜单只对第一种方式编制的图库精灵有效。

（1）图库文件名：要加载的图库名，单击 ▨▨▨ 按钮，可以选择系统中的图库精灵，系统默认路径是组态王当前路径下的 Dynamos 路径，用户自己开发的图库精灵文件（∗.dll）均放在该路径下。单击按钮时会显示 Dynamos 路径下的所有.dll 文件，用户可选择其中的一个。

图 14-15　"加载用户精灵"对话框

（2）精灵序号：一个图库程序中可以包含多个图库精灵，这些精灵都有一个序号，从 0 开始。选择"加载图库 DLL 中全部精灵"选项，可以一次加载该图库程序中的全部精灵。例如，加载用户自己定义的泵的方法为：

① 在对话框中单击 ... 按钮，弹出"打开"对话框，如图 14-16 所示。

图 14-16　"打开"对话框

② 选择要加载的图库名，确定加载索引号，如图 14-17 所示。

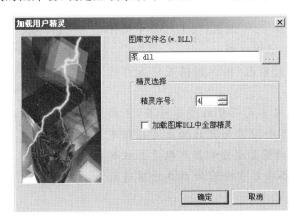

图 14-17　"加载用户精灵"对话框

③ 单击"确定"按钮后,光标变成"L"型。选择一个图库后,在图库管理器右侧的精灵窗口内单击鼠标即可。

14.5.3　工具条

在图库管理器的左上方是图库管理器工具条,使用户可通过快捷图标方式管理图库管理器,如图 14-18 所示。

📄创建新图库:与工程管理器中的菜单命令"编辑"|"创建新图库"效果相同。

创建新图库:与工程管理器中的菜单命令"编辑"|"创建新图库"效果相同。

更改图库名称:与工程管理器中的菜单命令"编辑"|"更改图库名称"效果相同。

加载用户图库精灵:与工程管理器中的菜单命令"编辑"|"加载用户图库精灵"效果相同。

删除图库精灵:与工程管理器中的菜单命令"编辑"|"删除图库精灵"效果相同。

图 14-18　图库管理器
工具条

14.6　将图库精灵转换成普通图素

如果需要改变图库精灵的某种属性,比如颜色,需要将图库精灵转换为普通图素。下面以一个实例来说明。

(1) 选取某图库精灵,拖动到画面上。如"专业图库"(在前面的例题中定义的)下的"变色阀门"。

(2) 选中该图库精灵,在组态王开发系统菜单中选择菜单命令"图库"|"转换成普通图素"。

(3) 选中"变色阀门",在工具箱中选择"分裂单元"图标,如图 14-19 所示。

(4) 移动鼠标,将"变色阀门"拆分开来。

(5) 若想继续拆分,选中图素,在工具箱中选择"分裂组合图素"图标,继续拆分。

(6) 根据需要进行修改,再存到精灵库或直接使用。

注意:对于用编程方式创建的图库精灵,在转换成普通图素后,其各个图素含有的动画连接将不再存在;利用组态王的图素创建的图库精灵在被转换为普通图素后,其各个图素含有的动画连接将被保留下来。

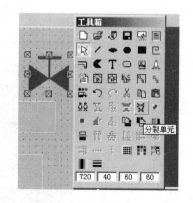

图 14-19　工具箱中的"分裂单元"图标

14.7　图库开发包

为了方便用户自己开发实用的图库,组态王提供了组态王开发工具,其中之一为图库开发包。利用该开发包,用户可以通过编程,制作动态连接库类型的图库精灵。

利用图库开发包开发图库精灵时,需要用程序语言描述图素外观及其属性。为了方便用户,组态王在画面开发系统中提供了一个叫做"精灵描述文本"的工具。

精灵描述文本是指对利用组态王的绘图工具绘制出的图素进行描述的文本文件,其内容包括各个图素的线型、颜色、动画连接、操作权限、命令语言等信息,是一段类似 C 程序的文本,用户可以利用该段描述文本,用 C 等编程语言来制作自己的图库精灵。

如果图素有安全限制,定义图素的动画连接时定义了优先级或安全区,在描述文本中都可以体现出来。图库精灵描述文本为用户自制图库精灵提供了很大的方便和帮助,而且避免了用户编程时出现错误。

小结

组态王的图库提供了大量的已制作成形的图素组合,避免了操作者大量的重复性工作。本章详细介绍了图库的管理方法、图库精灵的制作方法以及图库精灵的修改和使用方法。

习题

14.1　创建一个新的图库"实用图库"。

14.2　创建一个图库精灵"变色按钮",每按动一次,"开"、"关"状态和颜色发生变化。将此变色按钮放入上题创建的"实用图库"中。

第 15 章

控　件

15.1　控件简介

1. 控件的概念

控件实际上是可重用对象,用来执行专门的任务。每个控件实质上都是一个微型程序,但不是一个独立的应用程序,通过控件的属性、方法等控制控件的外观和行为,接受输入并提供输出。例如,Windows 操作系统中的组合列表框就是一个控件,通过设置属性可以决定组合列表框的大小、要显示文本的字体类型,以及显示的颜色。组态王的控件(如棒图、温控曲线、X-Y 曲线)就是一种微型程序,它们能提供各种属性和丰富的命令语言,用来完成各种特定的功能。

2. 控件的功能

控件在外观上类似于组合图素,工程人员只需把它放在画面上,然后配置其属性,进行相应的函数连接,控件就能完成复杂的功能。当所实现的功能由主程序完成时,需要制作很复杂的命令语言,或根本无法完成时,可以采用控件。主程序只需要向控件提供输入,其他复杂的工作由控件去完成,主程序无须理睬其过程,只要控件提供所需要的输出结果即可。另外,控件的可重复使用性也提供了方便,比如画面上需要多个二维条形图来表示不同变量的变化情况,如果没有棒图控件,则首先要利用工具箱绘制多个长方形框,然后将它们分别进行填充连接,每一个变量对应一个长方形框,最后把这些复杂的步骤合在一起;而直接利用棒图控件,工程人员只要把棒图控件复制到画面上,对它进行相应的属性设置和命令语言函数的连接,就可实现用二维条形图或三维条形图来显示多个不同变量的变化情况。总之,使用控件将极大地提高工程开发和工程运行的效率。

3. 组态王支持的控件

组态王本身提供很多内置控件,如列表框、选项按钮、棒图、温控曲线、视频控件等。些控件只能通过组态王主程序来调用,其他程序无法使用。控件的使用主要是通过组态王的相应控件函数或与之连接的变量实现的。随着 ActiveX 技术的应用,ActiveX 控件也普遍被使用。组态王支持符合其数据类型的 ActiveX 标准控件,包括 Microsoft Windows 标准控件和任何用户制作的标准 ActiveX 控件。这些控件在组态王中被称为"通用控件",本书及组态王程序中只要提到"通用控件",即指 ActiveX 控件。

注意:在运行系统中使用控件的函数、属性、方法时,应该打开含有控件的画面(不一定是当前画面),否则会造成操作失败。这时,信息窗口中会有相应的提示。

15.2　组态王内置控件

组态王内置控件是组态王提供的只能在组态王程序内使用的控件,它能实现控件的功能,组态王通过内置的控件函数和连接的变量来操作、控制控件,从控件获得输出结果。其他用户程序无法调用组态王内置控件。这些控件包括棒图、温控曲线、X-Y 曲线、列表框、选项按钮、文本框、超级文本框、AVI 动画播放、视频、开放式数据库查询和历史曲线等。要在组态王中加载内置控件,可以单击工具箱中的"插入控件"按钮,如图 15-1 所示,或选择画面开发系统中的"编辑"|"插入控件"菜单。系统弹出"创建控件"对话框,如图 15-2 所示。对话框左侧的"种类"列表中列举了内置控件的类型,选择一项,在右侧的内容显示区中可以看到该类中包含的控件。选择控件图标,单击"创建"按钮,则创建控件;单击"取消"按钮,则取消创建。

图 15-1　工具箱中的"插入控件"按钮

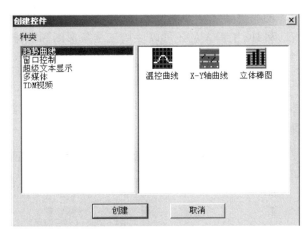

图 15-2　"创建控件"对话框

15.2.1　立体棒图控件

棒图是指用图形的变化表现与之关联的数据变化的绘图图表。组态王中的棒图图形可以是二维条形图、三维条形图或三维饼图。

1. 创建棒图控件到画面

要使用棒图控件,需先在画面上创建控件。单击"工具箱"中的"插入控件"按钮,或选择画面开发系统中的"编辑"|"插入控件"菜单,系统弹出"创建控件"对话框。在种类列表中选择"趋势曲线",在右侧的内容中选择"立体棒图"图标,单击对话框上的"创建"按钮,或直接双击"立体棒图"图标,关闭对话框。此时鼠标变成小"十"字形,在画面上即可画出棒图控件,如图 15-3 所示。

棒图的每一个条形图下面对应一个标签 L1、L2、L3、L4、L5 或 L6,这些标签分别和

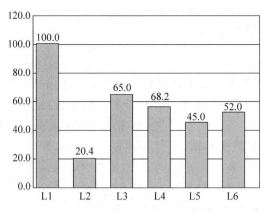

图 15-3   立体棒图控件的二维条形图

组态王数据库中的变量相对应。当数据库中的变量发生变化时，与每个标签相对应的条形图的高度随之动态地变化，因此通过棒图控件可以实时地反应数据库中变量的变化情况。另外，工程人员还可以使用三维条形图和二维饼图进行数据的动态显示。

2. 设置棒图控件的属性

双击棒图控件，弹出棒图控件属性页对话框，如图 15-4 所示。此属性页用于设置棒图控件的控件名称、图表类型、标签位置、颜色设置、刻度设置、字体型号和显示属性等各种属性。

图 15-4   立体棒图控件的"属性"对话框

（1）图表类型：提供"二维条形图"、"三维条形图"和"二维饼图"3 种类型，其显示效果分别如图 15-3 和图 15-5(a)、图 15-5(b)所示。

（2）标签位置：用于指定变量标签放置的位置，提供位于顶端、位于底部和无标签3 种类型。对于不同的图表类型，位于顶端、位于底部两种类型的含义有所不同。

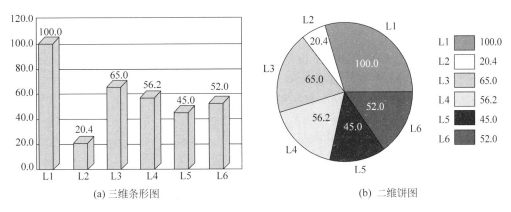

(a) 三维条形图　　　　　　　　　　　(b) 二维饼图

图 15-5　立体棒图控件的三维条形图和二维饼图

① 当工程人员将图表类型设置为二维条形图或三维条形图时,位于顶端是指变量标签 L1~L6 处于条形图的上部,如图 15-6 所示;位于底部是指变量标签 L1~L6 处于条形图和横坐标的下面,如图 15-3 和图 15-5(a)所示。

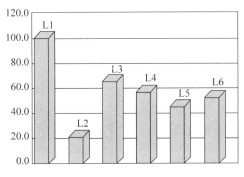

图 15-6　变量标签位于顶端

② 当工程人员将图表类型设置为二维饼图时,位于顶端是指标签对应的变量值(用百分数表示)处于饼图的外部,如图 15-7 所示;位于底部是指标签对应的变量值(用百分数表示)处于饼图的内部,如图 15-8 所示。

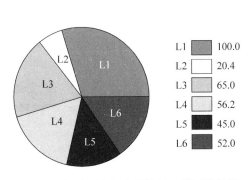

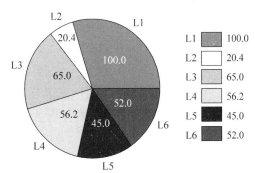

图 15-7　标签对应的变量值处于饼图的外部　　　　图 15-8　标签对应的变量值处于饼图的内部

（3）颜色设置：可以对前景、背景、棒图、文字和标签字体进行设置。

（4）刻度设置

① Y 轴最大值、最小值：用于设置 Y 轴的最大或最小坐标值。当"显示属性"中的"自动刻度"项不选择时，此项有效。

② 刻度小数位：用于设置 Y 轴坐标刻度值的有效小数位。

③ 刻度间隔数：用于指定 Y 轴的最大坐标值和最小坐标值之间的等间隔数，默认值为 10 等份间隔。当"显示属性"中的"自动刻度"项不选择时，此项有效。

（5）自动刻度：此选项用于自动/手动设置 Y 轴坐标的刻度值，当此选项有效时，其前面有一个符号"√"，Y 轴最大值和最小值编辑输入框变灰无效，则 Y 轴坐标的刻度将根据棒图控件连接变量中的最大值自动设置和调整，而且 Y 轴坐标的最大刻度值比连接变量中的最大值要大一点，即留一定余量。

（6）标注数值：此选项用于显示/隐藏棒图上的标注数值。

（7）隐藏刻度值：此选项用于显示/隐藏 Y 轴坐标的刻度值。

（8）添加网格线：此选项用于添加/删除网格线。

（9）显示边框：此选项用于显示/隐藏棒图的边框。

3. 棒图控件的使用

设置完棒图控件的属性后，就可以准备使用该控件了。棒图控件与变量关联，棒图的刷新都是使用组态王提供的棒图函数来完成的。组态王的棒图函数有以下这些：

chartAdd("ControlName", Value, "label")

此函数用于在指定的棒图控件中增加一个新的条形图。

chartClear("ControlName")

此函数用于在指定的棒图控件中清除所有的棒形图。

chartSetBarColor("ControlName", barIndex, colorIndex)

此函数用于在指定的棒图控件中设置条形图的颜色。

chartSetValue("ControlName", Index, Value)

此函数用于在指定的棒图控件中设定/修改索引值为 Index 的条形图的数据。

【例 15-1】 制作一个棒图控件，用立体棒柱的高度来实时显示"水位"、"温度"的变化幅度。

① 在画面上创建棒图控件，定义控件的属性，如图 15-9 所示。棒图名称为"立体棒图"，图标类型选择"三维条形图"，其他选项为默认值。定义完成后，单击"确定"按钮，关闭"属性"对话框。

② 在画面上右击，在弹出的快捷菜单中选择"画面属性"。在弹出的画面属性对话框中选择"命令语言"按钮，单击"显示时"标签。在命令语言编辑器中添加如下程序：

```
chartClear("立体棒图");
chartAdd("立体棒图",水位,"水位值");
```

```
chartAdd("立体棒图",温度,"温度值");
```

该段程序将在画面被打开为当前画面时执行,在棒图控件上添加两个棒图,一个棒图与变量"水位"关联,标签为"水位值";另一个棒图与变量"温度"关联,标签为"温度值"。

③ 单击画面命令语言编辑器的"存在时"标签,定义执行周期为 1000ms。在命令语言编辑器中输入如下程序:

```
chartSetValue("立体棒图",0,水位);
chartSetValue("立体棒图",1,温度);
```

这段程序将在画面被打开为当前画面时,每 1000ms 用相关变量的值刷新一次控件。

④ 单击画面命令语言编辑器的"隐含时"标签,在命令言编辑器中添加如下程序:

```
chartClear("立体棒图");
```

该段程序将在画面被隐含时清除棒图。

⑤ 关闭命令语言编辑器,保存画面,切换到运行系统。打开该画面,运行结果如图 15-10 所示。每隔 1000ms 系统会用相关变量的值刷新一次控件,而且控件的数值轴标记随绘制的棒图中最大的一个棒图值的变化而变化(这就是自动刻度)。

图 15-9 棒图控件"属性"对话框

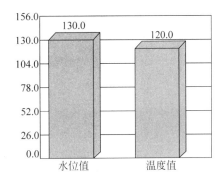

图 15-10 例 15-1 的运行结果

⑥ 取消"自动刻度"选项,修改刻度设置,观察运行效果。

15.2.2 温度曲线控件

温控曲线反映出实际测量值按设定曲线变化的情况。在温控曲线中,纵轴代表温度值,横轴对应时间的变化,同时将每一个温度采样点显示在曲线中。另外,还提供两个游标,当用户把游标放在某一个温度的采样点上时,该采样点的注释值就可以显示出来。该控件主要适用于温度控制和流量控制等,具体使用方法参见 9.4 节。

15.2.3　X-Y 曲线控件

X-Y 曲线可用于显示两个变量之间的数据关系,如电流—转速曲线,具体使用方法参见 9.5 节。

15.2.4　列表框和组合框控件

在列表框中,可以动态加载数据选项。当需要数据时,可以直接在列表框中选择,使与控件关联的变量获得数据。组合框是文本框与列表框的组合,可以在组合框的列表框中直接选择数据选项,也可以在组合框的文本框中直接输入数据。在组态王中,列表框和组合框的形式有普通列表框、简单组合框、下拉式组合框和列表式组合框。它们只是在外观形式上不同,其他操作及函数使用方法都是相同的。列表框和组合框中的数据选项可以依靠组态王提供的函数动态增加、修改,或从相关文件(.csv 格式的列表文件)中直接加载。

1. 创建列表框控件到画面

单击工具箱中的"插入控件"按钮,或选择画面开发系统中的"编辑"|"插入控件"菜单,系统弹出"创建控件"对话框,如图 15-11 所示。

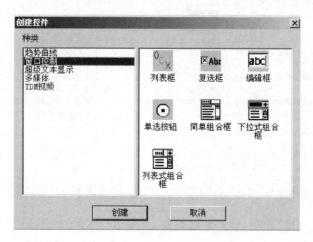

图 15-11　"创建控件"对话框

在"种类"列表中选择"窗口控件",在右侧的内容中选择"列表框"图标,单击对话框上的"创建"按钮,或直接双击"列表框"图标,在画面上画出控件。

从外观上看,画面上放置的列表框控件与普通的矩形图素相似,但在进行动画连接和运行环境中是不同的。

2. 设置列表框控件的属性

在使用列表框控件之前,需要先对控件的属性进行设置,包括设置控件名称、关联的

变量和操作权限等。右击列表框控件,弹出浮动式菜单,选择菜单命令"动画连接",或用
鼠标左键双击列表框控件,弹出"列表框控件属性"对
话框,如图 15-12 所示。

　(1) 控件名称:定义控件的名称,一个列表框控件
对应一个控件名称,而且是唯一的,不能重复命名。控
件的命名应该符合组态王的命名规则。

　(2) 变量名称:指定与当前列表框控件关联的变
量,该变量为组态王数据字典中已定义的字符串型
变量。

图 15-12　"列表框控件属性"对话框

　(3) 访问权限:设置访问该列表框的操作级别,权限级别为 1~999。

　(4) 排序:此选项有效时,列表框中的内容按字母顺序排列。

列表框属性定义完成后,单击"确认"按钮关闭对话框。

3. 列表框控件的使用方法

列表框控件中数据项的添加、修改、获取或删除等操作都是通过列表框控件函数实
现的。

listLoadList("ControlName","Filename")

此函数用于将.csv 格式文件 Filename 中的列表项调入指定的列表框控件
ControlName 中,并替换列表框中的原有列表项。列表框中只显示列表项的成员名称(字
符串信息),而不显示相关的数据值。

listSaveList("ControlName","Filename")

此函数用于将列表框控件 ControlName 中的列表项信息存入.csv 格式文件
Filename 中。如果该文件不存在,则直接创建。

listAddItem("ControlName","MessageTag")

此函数将给定的列表项字符串信息 MessageTag 增加到指定的列表框控件
ControlName 中并显示出来。组态王将增加的字符串信息作为列表框中的一个成员项
Item,并自动给这个成员项定义一个索引号 ItemIndex。索引号 ItemIndex 从 1 开始由小
到大自动加 1。

listClear("ControlName")

此函数将清除指定列表框控件 ControlName 中的所有列表成员项。

listDeleteItem("ControlName",ItemIndex)

此函数将在指定的列表框控件 ControlName 中删除索引号为 ItemIndex 的成员项。

listDeleteSelection("ControlName")

此函数将删除列表框控件 ControlName 中当前选定的成员项。

listFindItem("ControlName","MessageTag",IndexTag)

此函数用于查找指定控件 ControlName 中与给定的成员字符串信息 MessageTag 相对应的索引号,并送给整型变量 IndexTag。

listGetItem("ControlName",ItemIndex,"StringTag")

此函数用于获取指定控件 ControlName 中索引号为 ItemIndex 的列表项成员字符串信息,并送给字符串变量 StringTag。

listGetItemData("ControlName",ItemIndex,NumberTag)

此函数用于获取指定控件 ControlName 中索引号为 ItemIndex 的列表项中的数据值,并送给整型变量 NumberTag。

listInsertItem("ControlName",ItemIndex,"StringTag")

此函数将字符串信息 StringTag 插入到指定控件 ControlName 中列表项索引号 ItemIndex 所指示的位置。如果 ItemIndex=−1,则字符串信息 StringTag 被插入到列表项的最尾端。

listSetItemData("ControlName",ItemIndex,Number)

此函数用于将变量 Number 的值设置到指定控件 ControlName 中索引号为 ItemIndex 的列表项中。

ListLoadFileName("CtrlName"," * . ext")

此函数将" * . ext"指示的文件名显示在指定控件 ControlName 列表框中。

【例 15-2】 制作一个动态的列表,可以向列表框中动态添加数据。添加完成后,需要保存列表为文件,需要时能从文件中读出列表信息。

① 在"数据词典"中定义"列表数据"字符串变量。在画面上创建列表框控件,定义控件属性,如图 15-13 所示。

② 在画面上创建 3 个按钮,如图 15-14 所示。按钮的作用和连接的动画连接命令语言分别为:

图 15-13 "列表框控件属性"对话框

图 15-14 例 15-2 的开发系统画面

- "增加"按钮：用于增加数据项，"弹起时"命令语言为：

  listAddItem("列表框",列表数据)；

- "保存"按钮：用于保存列表框内容，"弹起时"命令语言为：

  listSaveList("列表框","F:\总线教材\教材\list.csv")；　　//事先创建好这个文件夹

- "加载"按钮：用于将指定.csv 文件中的内容加载到列表框中，"弹起时"命令语言为：

  listLoadList("列表框","F:\总线教材\教材\list.csv")；

③ 在画面上创建一个文本图素，定义动画连接为字符串值输入和字符串值输出，连接的变量为"列表数据"。

④ 保存画面，切换到组态王运行系统，在文本图素中输入数据项的字符串值，如"数据项 1"，如图 15-15 所示。单击"增加"按钮，则变量的内容增加到了列表框中。

⑤ 按照上面的方法，可以向列表框中增加多个数据项。当在列表框中选中某一项时，与列表框关联的变量可以自动获得当前选择的数据项的字符串值，如图 15-16 所示。

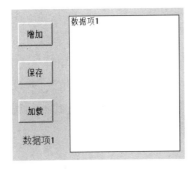

图 15-15　在运行系统向列表框中添加数据

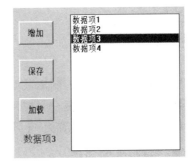

图 15-16　例 15-2 的运行系统画面

⑥ 单击"保存"按钮，可以将列表框中的数据项保存到相应文件夹中。

⑦ 当需要将保存的数据加载到列表框时，单击"加载"按钮，原保存在"F:\总线教材\教材\list.csv"中的列表数据就被加载到当前列表框中。

【例 15-3】　将指定路径下（C:\ProgramFiles\Kingview）的扩展名为.dll 的文件名列到列表框中。

① 在例 15-2 的开发系统画面上增加一个按钮，定义为"可执行文件"，双击按钮，定义其"动画连接"|"弹起时"为：

ListLoadFileName("列 表 框"," C: \ Program Files \ Kingview\ * .dll")；

② 保存画面，切换到运行系统，单击该按钮，可以将指定目录下扩展名为 * .dll 的文件名全部列到列表框中来，如图 15-17 所示。

图 15-17　例 15-3 的运行结果

4. 组合框控件的使用

组合框的创建与列表框的创建过程和方法相同。组合框是由列表框和文本编辑框组合而成的。组合框有 3 种类型：简单组合框、下拉式组合框和列表式组合框。组合框属性的定义方法与列表框的定义方法相同。

简单组合框创建后，其列表框的大小已经为创建时的大小。当列表项超出列表框显示时，列表框会自动加载垂直滚动条。将光标置于文本编辑框中时，可以直接输入不在当前列表中的数据项。

下拉式组合框创建后，其文本编辑框是灰色无效的，表示该文本编辑框在运行中是禁止添加数据的。当用户在运行系统中单击该文本编辑框时，会弹出列表框。单击下拉箭头也会弹出列表框。通常情况下，下拉式组合框的列表框是隐藏的，除非单击文本编辑框或单击下拉箭头。只能从列表中选择数据项。

列表式组合框兼有简单组合框和下拉式组合框的功能。通常情况下，组合框的列表框是隐藏的，单击下拉箭头时，才弹出列表框。选择完数据项后，列表框自动隐藏。在列表式组合框的文本框中可以直接输入数据项。组合框操作也是通过函数实现的，所使用的函数和使用方法与列表框完全相同。

15.2.5 复选框控件

复选框控件可以用于控制离散型变量，如用于控制现场中的各种开关，作为各种多选选项的判断条件等。复选框一个控件连接一个变量，其值的变化不受其他同类控件的影响。当控件被选中时，变量置为 1；不选中时，变量置为 0。

1. 复选框控件的创建

在画面开发系统的工具箱中单击"插入控件"按钮，或选择"编辑"|"插入控件"命令，在弹出的"创建控件"对话框中，在"种类"列表中选择"窗口控制"|"复选框"图标，单击对话框上的"创建"按钮，或直接双击"复选框"图标，即可在画面上绘出"复选框"控件，如图 15-18 所示。

2. 设置复选框控件的属性

在使用复选框控件前，需要先对控件的属性进行设置。在画面上双击控件，弹出"复选框控件属性"对话框，如图 15-19 所示。

图 15-18 "复选框"控件　　　　　　　图 15-19 "复选框控件属性"对话框

（1）控件名称：定义控件的名称，一个复选框控件对应一个控件名称，而且是唯一的，不能重复命名。控件的命名应该符合组态王的命名规则，如"复选框 1"。

（2）变量名称：与控件关联的变量名称，一般为离散型变量，如离散型变量"阀门"。当复选框被选中时，该变量的值为 1，否则为 0。

（3）访问权限：定义控件的安全级别——访问权限，范围为 1～999。定义了访问权限后，运行时，只有符合该安全级别的用户登录后才能操作控件，否则修改不了控件的值。

（4）标题文本：控件在画面上显示的提示文本、说明性的文本，如"阀门开关"。

定义完成的控件如图 15-20 所示。

图 15-20　复选框控件属性的设置及设置后的控件

3. 复选框控件的使用

复选框控件没有控件命令语言函数，只需要使用"设置控件"对话框中的变量即可。如图 15-21 所示，定义控件属性与变量相关联。

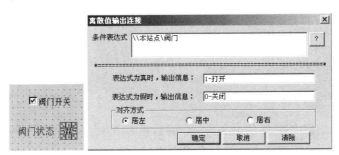

图 15-21　文本的离散值输出连接

【例 15-4】　用复选框控件控制一个阀门。

① 在画面上创建复选框控件，定义控件属性如图 15-20 所示。

② 在画面上创建文本图素，定义文本的"动画连接"|"离散值输出"动画连接，如图 15-21 所示。动画连接的变量为与控件关联的变量"阀门"。

③ 保存画面，切换到运行系统，则在运行系统中单击该复选框控件时，变量值的变化与控件选择关系的变化如图 15-22 所示。

图 15-22　例 15-4 的运行结果

复选框控件除了上述用法外,还可以作为条件选项来使用,如多选选项。

15.2.6 编辑框控件

该控件用于输入文本字符串并送入指定的字符串变量。输入时不会弹出虚拟键盘或其他对话框。

1. 创建编辑框控件

在画面开发系统的工具箱中单击"插入控件"按钮,或选择命令"编辑"|"插入控件",在弹出的"创建控件"对话框中,在"种类"列表中选择"窗口控制"|"编辑框"图标,单击对话框上的"创建"按钮,或直接双击"编辑框"图标,绘出"编辑框"控件,如图 15-23 所示。

2. 定义编辑框控件属性

控件创建后,要定义其属性,才能使用。双击控件,或选择控件,然后在控件上右击,在弹出的快捷菜单上选择"动画连接"命令,弹出如图 15-24 所示的"编辑框控件属性"对话框。

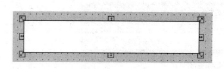

图 15-23　"编辑框"控件　　　　　图 15-24　"编辑框控件属性"对话框

(1) 控件名称:定义控件的名称,一个编辑框控件对应一个控件名称,而且是唯一的,不能重复命名。控件的命名应该符合组态王的命名规则。

(2) 变量名称:指定与当前编辑框控件关联的变量,该变量为组态王数据词典中已定义的字符串型变量。

(3) 访问权限:设置访问该列表框的操作级别,权限级别为 1~999。

(4) 风格:定义编辑框控件的使用风格。编辑框控件的风格有以下几类。

① 多行文字:允许在编辑框中显示多行文字,该选项一般与"接收换行"一起使用。

② 密码显示:当在编辑框中输入字符时,实际的输入字符不会显示,而只显示为"＊"。

③ 接收换行:在编辑框中输入字符时,如果按下回车键,则可以在编辑框中换行输入。一般与"多行文字"选项一起使用。

④ 全部大写:当在编辑框中输入英文字符时,无论输入的是大写还是小写,都转换为大写显示。

⑤ 全部小写：当在编辑框中输入英文字符时，无论输入的是大写还是小写，都转换为小写显示。

3. 编辑框控件的使用

编辑框控件没有控件命令语言函数，只需要定义其属性与字符串变量连接即可。因为组态王中的字符串长度为 127 个字符，所以组态王的编辑框控件只接收 127 个字符的输入。编辑框控件可以用于在画面上直接输入字符或输入密码。

15.2.7　单选按钮控件

当出现多选一的情况时，可以使用单选按钮来实现。单选按钮控件实际是由一组单个的选项按钮组合而成的。在每一组中，每次只能选择一个选项。

1. 创建单选按钮控件

在画面开发系统的"工具箱"中单击"插入控件"按钮，或选择命令"编辑"|"插入控件"，在弹出的"创建控件"对话框中，在"种类"列表中选择"窗口控制"|"单选按钮"图标，单击对话框上的"创建"按钮，或直接双击"单选按钮"图标，即可绘出"单选按钮"控件，如图 15-25 所示。

2. 定义单选按钮控件属性

控件创建后，要定义其属性，才能使用。双击控件，或选择控件，然后在控件上右击，在弹出的快捷菜单上选择"动画连接"命令或双击控件，弹出如图 15-26 所示的"单选按钮控件属性"对话框。

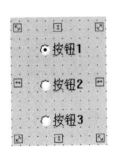

图 15-25　"单选按钮"控件

图 15-26　"单选按钮控件属性"对话框

（1）控件名称：定义控件的名称，一个单选按钮控件对应一个控件名称，而且是唯一的，不能重复命名。控件的命名应该符合组态王的命名规则，如"按钮"。

（2）变量名称：与控件关联的变量名称，一般为整型变量，如整型变量"单选项"。每选择一个单选按钮，该整型变量将得到不同的数值。

（3）访问权限：定义控件的安全级别——访问权限，范围为 1～999。

（4）标题数据：控件在画面上显示时每个单选按钮的标题文本，如"选项 1"、"选项 2"

等。标题数据定义项由一个组合列表框和三个功能按钮组成。选择列表框中的某一项，可以修改当前选中的项的标题文本，也可以在当前位置的前边插入一项，或删除选择的项。

（5）按钮数：表示当前总共定义的单选按钮个数。按钮数最多定义为 100 个，最少不少于两个。

（6）对齐选项：定义单选按钮的排列方式。"横向对齐"表示单选按钮将横向排列为一行；"纵向对齐"表示单选按钮将纵向排列为一列。

3. 单选按钮控件的使用

单选按钮控件没有控件命令语言函数，只需要使用"设置控件"对话框中的变量即可。如图 15-27 所示定义控件属性与变量相关联。

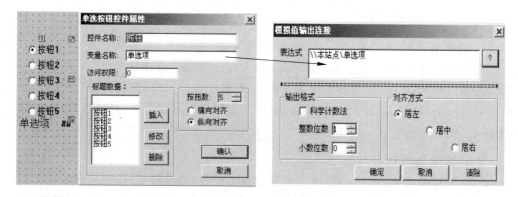

图 15-27　定义控件属性与变量相关联

【例 15-5】　制作一个单选框控件，当选择不同的选项时有不同的数值输出。

① 在画面上创建单选按钮控件，定义控件属性如图 15-27 所示。

② 在画面上创建文本图素，定义图素的动画连接属性为"模拟值输出"，关联的变量为单选按钮中的"单选项"。

③ 定义完成后，保存画面，切换到组态王运行系统，打开该画面。单击不同的按钮选项时，得到的变量值不相同，如图 15-28 所示。因此，可以根据不同的关联的变量值来判断用户选择了哪一项。

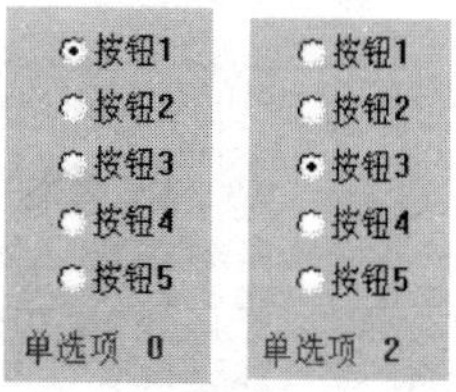

图 15-28　例 15-5 的运行结果

15.2.8　超级文本显示控件

组态王提供了一个超级文本显示控件，用于显示 RTF 格式或 TXT 格式的文本文件，也可在超级文本显示控件中输入文本字符串，然后将其保存为指定的文件，调入 RTF 或 TXT 格式的文件和保存文件，通过超级文本显示控件函数来完成。

1．创建超级文本显示控件

在画面开发系统的"工具箱"中单击"插入控件"按钮，或选择菜单命令"编辑"|"插入控件"，在弹出的"创建控件"对话框中，在"种类"列表中选择"超级文本显示"，在右侧的内容中选择"显示框"图标，单击对话框上的"创建"按钮，或直接双击"显示框"图标，将绘出"显示框"控件，如图 15-29 所示。

2．超级文本显示控件的属性

控件创建完成后，需要定义控件的属性。双击控件，弹出"超级文本显示框控件属性"对话框，如图 15-30 所示。

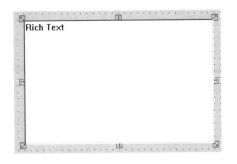

图 15-29 "超级文本"控件　　　　图 15-30 "超级文本显示框控件属性"对话框

（1）控件名称：定义控件的名称，一个显示框控件对应一个控件名称，而且是唯一的，不能重复命名。控件的命名应该符合组态王的命名规则。

（2）访问权限：定义控件的安全级别——访问权限，范围为 1～999。

属性定义完成后，单击"确认"按钮关闭对话框。

3．超级文本显示控件的使用

超级文本显示框的作用是显示 RTF 格式或 TXT 格式的文本文件的内容，或在显示框中输入文本字符串，将其保存为 RTF 格式或 TXT 格式的文本文件，实现这些要依靠组态王提供的两个函数。

（1）LoadText（）函数：将指定 RTF 格式或 TXT 格式文件的内容加载到文本显示框里。

（2）SaveText（）函数：将显示框里的内容保存为指定的 RTF 格式或 TXT 格式文件。

下面以具体例子说明超级文本显示控件的使用及操作步骤。

【例 15-6】 编写 RTF 格式的文件。

① 用 Windows 操作系统的写字板编写一个 RTF 文件 ht1．rtf，其内容如图 15-31 所示。

② 将文件保存在指定的目录下，如目录"f:\总线教材\教材"。

③ 在组态王画面开发系统放置超级文本显示控件，控件名设为"Richtxt1"，再放置两个命令按钮，并将这两个按钮分别进行命令语言连接，如图 15-32 所示。

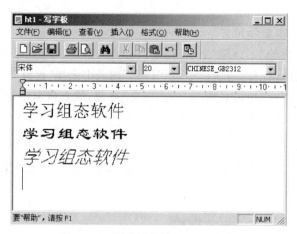

图 15-31　写字板编写的 RTF 文件

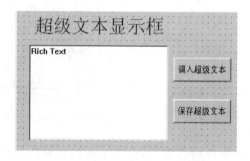

图 15-32　例 15-6 的开发系统画面

按钮"调入超级文本"的"弹起时"命令语言为：

LoadText("Richtxt1","f:\总线教材\教材\ht1.rtf",".Rtf")；

按钮"保存超级文本"的"弹起时"命令语言为：

SaveText("Richtxt1","f:\总线教材\教材\ht1.rtf",".Rtf")；

④ 将画面文件全部保存，启动运行系统，单击"调入超级文本"按钮，其结果如图 15-33 所示。

⑤ 修改超级文本中的内容，单击"保存超级文本"按钮，再单击"调入超级文本"按钮，会发现"f:\总线教材\教材\ht1.rtf"中的内容已经被修改，如图 15-34 所示。

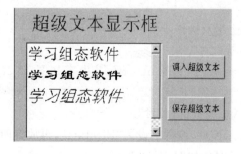

图 15-33　单击"调入超级文本"的效果

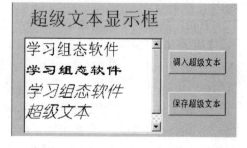

图 15-34　修改后单击"调入超级文本"的效果

编写 TXT 格式文件的方法与之相同。

小结

组态王控件提供了便捷、丰富的操作方法,包括棒图、温控曲线、X-Y 曲线、列表框、组合框、复选框、编辑框、单选按钮和超级文本显示等。棒图控件包括二维条形图、三维条形图和二维饼图 3 种形式;列表框和组合框控件有普通列表框、简单组合框、下拉式组合框和列表式组合框 4 种形式。

本章介绍了组态王提供的各种控件的意义和用途,并举出实例详细分析了各种控件的使用方法。

习题

15.1　设计一个四选一的单选框按钮,当选择第二选项时要求输出文本"恭喜你答对了!",否则输出文本"很遗憾,再试试!"。

15.2　编写一段 TXT 格式的文件,保存到"f:\总线习题\文本.txt"文件中。创建一个超级文本和两个按钮,要求单击其中一个按钮时,能够调入该 TXT 格式的文件;修改文本后单击另一按钮,能够用修改后的文本替换原文件。

CHAPTER 16

系统安全管理

安全保护是应用系统不可忽视的问题,对于可能有不同类型的用户共同使用的大型复杂应用,必须解决好授权与安全性的问题,系统必须能够依据用户的使用权限允许或禁止其对系统进行操作。组态王提供了一个强有力的先进的基于用户的安全管理系统。组态王系统中,在开发系统里可以对工程进行加密。打开工程时,只有输入密码正确时才能进入该工程的开发系统。对画面上的图形对象设置访问权限,同时给操作者分配访问优先级和安全区。运行时,当操作者的优先级小于对象的访问优先级或不在对象的访问安全区内时,该对象为不可访问,即要访问一个有权限设置的对象,要求先具有访问优先级,而且操作者的操作安全区必须在对象的安全区内。组态王以此来保障系统的安全运行。

16.1 组态王开发系统安全管理

1. 对工程进行加密

为了防止其他人员对工程进行修改,在组态王开发系统中可以分别对多个工程进行加密。当进入一个有密码的工程时,必须正确输入密码,否则不能打开该工程进行修改,从而实现了组态王开发系统的安全管理。当新建组态王工程时,首次进入组态王浏览器,系统默认没有密码,可直接进入组态王开发系统。如果要对该工程的开发系统进行加密,执行工程浏览器中的"工具"|"工程加密"命令,弹出"工程加密处理"对话框,设置密码并确认。

退出组态王工程浏览器后,每次在开发环境下打开该工程都会出现检查文件密码的对话框,要求输入工程密码。密码输入正确后,将打开该工程;否则,工程将无法打开。

2. 去除工程加密

如果想取消对工程的加密,在打开该工程后,单击"工具"|"工程加密",弹出"工程加密处理"对话框,将密码设为空,单击"确定"按钮,则弹出对话框询问是否要取消密码。单击"确定"按钮后,系统将取消对工程的加密。单击"取消"按钮,放弃对工程加密的取消操作。

注意:如果用户丢失工程密码,将无法打开组态王工程进行修改,请妥善保存密码。

16.2　组态王运行系统安全管理

在组态王系统中,为了保证运行系统的安全,应对画面上的图形对象设置访问权限,同时给操作者分配访问优先级和安全区。当操作者的优先级小于对象的访问优先级或不在对象的访问安全区内时,该对象为不可访问,即要访问一个有权限设置的对象,要求先具有访问优先级,而且操作者的操作安全区必须在对象的安全区内。操作者的操作优先级级别为 1～999,每个操作者和对象的操作优先级级别只有一个。系统安全区共有64 个,用户在配置时,每个用户可选择除"无"以外的多个安全区,即一个用户可有多个安全区权限,每个对象也可有多个安全区权限。除"无"以外的安全区名称可由用户按照需要进行修改。在软件运行过程中,优先级大于 900 的用户还可以配置其他操作者,为他们设置用户名、口令、访问优先级和安全区。

16.2.1　安全管理配置

1. 优先级和安全区

组态王采用分优先级和分安全区的双重保护策略。组态王系统将优先级从小到大定为 1～999,可以对用户、图形对象、热键命令语言和控件设置不同的优先级。安全区功能在工程中使用广泛,在控制系统中一般包含多个控制过程,同时有多个用户操作该控制系统。为了方便、安全地管理控制系统中的不同控制过程,组态王引入了安全区的概念。将需要授权的控制过程的对象设置安全区,同时给操作这些对象的用户分别设置安全区。例如,工程要求 A 工人只能操作车间 A 的对象和数据,B 工人只能操作车间 B 的对象和数据。组态王中的处理是:将车间 A 的所有对象和数据的安全区设置为包含在 A 工人的操作安全区内,将车间 B 的所有对象和数据的安全区设置为包含在 B 工人的操作安全区内,A 工人和 B 工人的安全区不相同。

应用系统中的每一个可操作元素都可以被指定保护级别(最大 999 级,最小 1 级)和安全区(最多 64 个),还可以指定图形对象、变量和热键命令语言的安全区。对应地,设计者可以指定操作者的操作优先级和工作安全区。在系统运行时,若操作者优先级小于可操作元素的访问优先级,或者工作安全区不在可操作元素的安全区内,可操作元素是不可访问或操作的。在组态王中,可定义操作优先级和安全区的有下列 5 种类型。

(1) 3 种用户输入连接:模拟值输入、离散值输入、字符串输入。

(2) 两种滑动杆输入连接:水平滑动杆输入、垂直滑动杆输入。

(3) 3 种命令语言输入连接和热键命令语言:鼠标或等价键按下时、按住时、弹起时。

(4) 其他:报警窗、图库精灵、控件(包括通用控件)、自定义菜单。

(5) 变量的定义(每个变量有相应的安全区和优先级)。

当用户登录成功后,对于动画连接命令语言和热键命令语言,只有当登录用户的操作优先级不小于该图素或热键规定的操作优先级,并且安全区在该图素或热键规定的安全区内时,方可访问该对象或执行命令语言。命令语言执行时与其中连接的变量的安全区没有关系,命令语言会正常执行。对于滑动杆输入和值输入,除要求登录用户的操作优先级不小于对象设置的操作优先级、安全区在对象的安全区内以外,其安全区还必须在所连接变量的安全区内,否则用户虽然可以访问对象(使对象获得焦点),但不能操作和修改它的值,在组态王的信息窗口中也会有对连接变量没有修改权限的提示信息。

2. 配置用户

在组态王中,可根据工程管理的需要将用户分成若干个组,即用户组。在组态王工程浏览器目录显示区中,双击目录区中"系统配置"下的"用户配置"项,或在工程浏览器的顶部工具栏中单击"用户",弹出"用户和安全区配置"对话框,如图 16-1 所示。

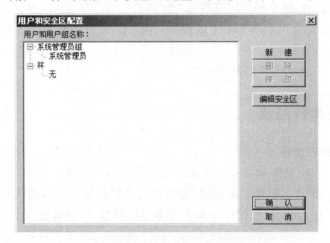

图 16-1 "用户和安全区配置"对话框

(1) 定义用户组

单击"新建"按钮,弹出"定义用户组和用户"对话框,选中"用户组"项,如图 16-2 所示。

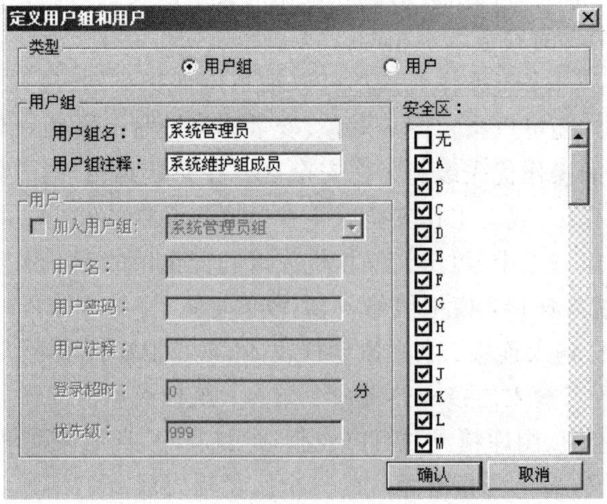

图 16-2 "定义用户组和用户"对话框

　　用户组下面可以包含多个用户,在对话框中的"用户组名"中填入所要配置的当前用户组的名称,如"系统管理员";在"用户组注释"中填入对当前用户组的注释,如"系统维护组成员"。在右侧的"安全区"列表框中选择当前用户组下所有用户的公共安全区。配置完成后,单击"确定"按钮返回。

　　也可对已定义完的用户组进行修改。在"用户和安全区配置"中选择要修改的用户组,单击"修改"按钮,弹出"定义用户组和用户"对话框,对用户组名、用户组注释和安全区进行修改。单击"删除"按钮,可以对选中的用户组进行删除操作,系统会提示用户是否确实要进行删除操作。如果是,单击"确定"按钮;否则单击"取消"按钮,取消删除操作。如果该用户组中定义有用户,则"删除"按钮为灰色,该命令无效,不能进行删除操作,只有当用户组为空时才可以删除该用户组。对系统默认生成的"系统管理员组"和"无"组不能进行删除操作,只能对其进行修改操作。

　　(2) 定义用户组下的用户

　　一个用户组中可以包含多个用户,当建立了一个用户组之后,就可以在该用户组下添加用户了。在"定义用户组和用户"界面上单击"用户"按钮,则"用户"下面的所有选项变为有效,如图 16-3 所示。

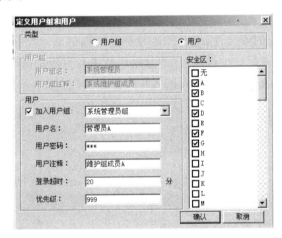

图 16-3　定义用户组下的用户

　　选中"加入用户组",从下拉列表框中选择用户组名,例如刚才定义的"系统管理员"。在"用户名"中输入当前独立用户的名称,如"管理员 A"。在"用户密码"中输入当前用户的密码,密码输入后显示为"＊"。在"用户注释"中输入对当前用户的说明。在"登录超时"中输入登录超时时间,即用户登录后,使用权限的时间。当到达规定的时间时,系统权限自动变为"无",如果登录超时的值为 0,则登录后没有登录超时的限制。在"优先级"中输入当前用户的操作优先级级别。在"安全区"中选择该用户所属安全区。用户配置完成后单击"确认"按钮。也可对已定义完的组中的用户进行修改。在"用户和安全区配置"中选择要修改的用户组中的用户,单击"修改"按钮进行修改。不能将该用户修改为属于其他的用户组。单击"删除"按钮,可以对选中的用户进行删除操作,系统会提示用户是否确实要进行删除操作。如果是,单击"确定"按钮;否则单击"取消"按钮,取消删除操作。

　　注意：增加到组中的用户将继承其组的关于安全区和优先级方面的性质，但用户可以对每个用户的安全区和优先级进行修改。

16.2.2　运行时登录用户

　　在 TouchVew 运行环境下，操作人员必须以自己的身份登录才能获得一定的操作权。在运行系统中打开菜单项"特殊"|"登录开"，则弹出"登录"对话框。单击用户名下拉列表框，显示在开发系统中定义的所有用户的用户名称，从中选择一个；在"口令"文本框中正确输入口令，然后单击"确定"按钮。如果登录无误，使用者将获得一定的操作权，否则系统显示"登录失败"的信息。

　　"登录开"的操作还可以通过命令语言来实现。假设给按钮"用户登录"设置命令语言连接"LogOn()"；程序运行后，当操作者单击按钮时，将弹出"登录"对话框。如果在组态王工程浏览器中选择了菜单命令"配置"|"运行系统"，而且在弹出的"运行系统设置"对话框中的"特殊"卡片上使"运行时使用模拟键盘"有效，则"登录"对话框弹出后，单击密码对话框将同时显示模拟键盘。用户可用鼠标在键盘窗口内选择字母或数字，如同使用真正的键盘一样。

　　为了加强运行系统的安全性，组态王运行系统还提供用户操作双重验证功能。在运行过程中，当用户希望进行一项操作时（如分闸或合闸），为防止误操作，需要双重认证，即在身份认证对话框中，既要输入操作者的名称和密码，又要输入监控者的姓名和密码，两者验证无误时方可操作。双重验证通过调用 PowerCheckUser() 函数实现，函数具体使用方法如下：

　　　bool PowerCheckUser(string OperatorName, string MonitorName);

其中，OperatorName 是返回的操作者姓名；MonitorName 是返回的监控者姓名。返回值为 1 表示验证成功；为 0 表示验证失败。

　　在"操作员"用户栏中将默认显示当前登录的用户；在"监督员"栏中将默认显示上次登录的用户，可通过下拉框选择已经在组态王中定义的用户。对于操作员和监督员，不能以相同的用户名称进行登录。当单击"确定"按钮时，如果用户的名称及密码完全正确，将完成此次用户验证，但是用户的验证将不影响工程用户登录的情况。若用户取消此次登录，将返回登录失败的信息，不进行任何操作。操作者和监控者具有不同的权限和类型，在组态王中建议采用变通方法，两者均为组态王用户即可。

　　【例 16-1】　设计一个"分合闸"按钮。当按下此按钮时，用户验证，操作员为"操作员1"，监督员为"监督员1"，并且输入正确的密码后确认，则改变刀闸开关的开、合状态，否则无法改变此阀状态。

　　① 双击"工程管理器"|"用户配置"，打开"用户和安全区"窗口，添加用户名"操作员1"和"监督员1"并设置密码；新建变量"刀闸"，内存离散型。

　　② 新建画面，在画面上制作一个刀闸开关和一个按钮。刀闸开关连接变量"刀闸"；按钮的"弹起时"命令语言为：

```
if(PowerCheckUser("操作员 1","监督员 1")==1)
刀闸＝!刀闸;
```

③ 全部保存,并切换到运行系统,单击"分合闸"按钮时出现"用户验证"对话框,如图 16-4 所示。当选择操作员为"操作员 1"、监督员为"监督员 1",并且输入正确的密码并确认后,刀闸开关开、合动作一次。

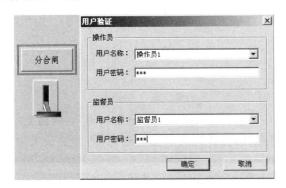

图 16-4 例 16-1 的操作画面

组态王运行系统中还提供对加密锁的加密方式。通过调用 GetyKey();函数来规定某个工程只能使用某一个加密锁,从而起到加密作用。在运行系统中执行 GetyKey();函数,可以得到当前插在计算机上的加密锁的序列号。

函数使用的格式为 GetKey();。此函数没有参数,返回值为加密锁的序列号,字符串型。

16.2.3 运行时重新设置口令和权限

在运行环境下,组态王还允许任何登录成功的用户(访问权限无限制)修改自己的口令。首先进行用户登录,然后执行"特殊"|"修改口令"命令,在弹出的"修改口令"对话框中进行口令修改,如图 16-5 所示。

修改口令也可以通过命令语言进行。函数 ChangePassWord();的功能和菜单命令"特殊"|"修改口令"相同。假设给按钮"修改口令"设置命令语言连接:

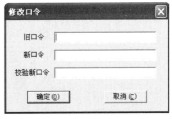

图 16-5 "修改口令"对话框

```
ChangePassWord();
```

程序运行后,当操作者单击按钮时,将弹出"修改口令"对话框。

在运行系统中,对于操作权限大于 900 的用户,还可以对用户权限进行修改,可以添加、删除或修改各个用户的优先级和安全区。如果登录用户权限小于 900,执行"特殊"|"配置用户"命令时,系统弹出窗口提示用户没有权限。

如果登录用户权限大于或等于 900,执行"特殊"|"配置用户"命令时,系统弹出"用户

和安全区配置"对话框,可以修改用户的优先级和安全区。具体使用的方法和开发系统中配置用户的方法是一样的,请参见"如何配置用户"。在运行系统中配置用户完成后,系统将会自动记住,打开组态王开发系统用户配置窗口,显示的是新配置完成的用户。

同样地,函数 EditUsers();的功能与菜单命令"特殊"|"配置用户"相同。假设给按钮"配置用户"设置命令语言连接:"EditUsers();",程序运行后,当操作者单击按钮时,如果用户权限大于或等于 900,系统弹出"用户和安全区配置"对话框。

小结

组态王系统中,在开发系统里可以对工程进行加密,对画面上的图形对象可以设置访问权限,同时给操作者分配访问优先级和安全区,这些方法最大限度地保障了工程的安全性。

本章介绍了给工程设置和去除密码、对操作者进行优先级和安全区设置的方法,举例分析了用户操作双重验证功能的设置及使用方法。

习题

给习题所在的工程设置密码,对画面上的对象设置安全区和优先级,在工程浏览器中合理配置用户,观察并体会组态王的安全管理功能。

第 17 章

报 表 系 统

　　数据报表是反映生产过程中的数据和状态,并对数据进行记录的一种重要形式,是生产过程必不可少的一个部分。它既能反映系统实时的生产情况,也能对长期的生产过程进行统计、分析,使管理人员能够实时掌握和分析生产情况。

　　组态王提供内嵌式报表系统,工程人员可以任意设置报表格式,对报表进行组态。组态王还提供了丰富的报表函数,实现各种运算、数据转换、统计分析、报表打印等。既可以用它来制作实时报表,也可以制作历史报表。组态王还支持运行状态下单元格的输入操作,在运行状态下通过鼠标拖动改变行高和列宽。另外,工程人员还可以制作各种报表模板,实现多次使用,以免重复工作。

17.1　创建报表

17.1.1　创建报表窗口

　　进入组态王开发系统,创建一个新的画面,在组态王"工具箱"中单击"报表窗口"按钮。此时,鼠标箭头变为小"十"字形,在画面上需要加入报表的位置按下鼠标左键并拖动,即画出一个矩形,松开鼠标左键,报表窗口创建成功,如图17-1所示。当在画面中选中报表窗口时,会自动弹出"报表工具箱"对话框;不选择时,报表工具箱自动消失。

图 17-1　"报表工具箱"对话框

17.1.2　配置报表窗口的名称及格式套用

1. 报表窗口的名称

　　在组态王中,每个报表窗口都要定义一个唯一的标识名。该标识名的定义应该符合组态王的命名规则,标识名字符串的最大长度为31。

2. 报表窗口的格式设计

双击报表窗口的灰色部分(表格单元格区域外没有单元格的部分),弹出"报表设计"对话框,如图 17-2 所示。该对话框主要设置报表的名称、报表表格的行列数目以及选择套用表格的样式。

(1) 报表名称:在"报表控件名"文本框中输入报表的名称,如"实时数据报表"。

注意:报表名称不能与组态王的任何名称、函数、变量名、关键字相同。

(2) 表格尺寸:在行数、列数文本框中输入所要制作的报表的大致行列数(在报表组态期间均可以修改)。默认为 5 行 5 列,行数最大值为 2000 行,列数最大值为 52 列。行用数字 1,2,3,…表示,列用英文字母 A,B,C,D,…表示。单元格的名称定义为"列标+行号",如"a1",表示第一行第一列的单元格。列标使用时不区分大小写,如"A1"和"a1"都可以表示第一行第一列的单元格。

(3) 套用报表格式:用户可以直接使用已经定义的报表模板,而不必重新定义相同的表格格式。单击"表格样式"按钮,弹出"报表自动调用格式"对话框,如图 17-3 所示。如果用户已经定义过报表格式,则可以在左侧的列表框中直接选择报表格式,在右侧的表格中预览当前选中的报表格式,用户可按照需要修改套用后的格式。在这里,用户可以对报表的套用格式列表进行添加或删除。

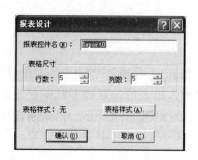

图 17-2　"报表设计"对话框

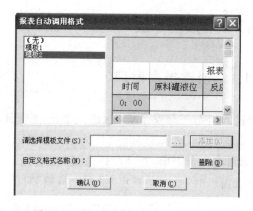

图 17-3　"报表自动调用格式"对话框

① 添加报表套用格式:单击"报表设计"|"表格样式"|"报表自动调用格式"中的"请选择模板文件:"后的"…"按钮,弹出文件选择对话框,选择一个自制的报表模板(∗.rtl 文件)后,单击"打开"按钮,报表模板文件的名称及路径显示在"请选择模板文件:"文本框中。在"自定义格式名称:"文本框中输入当前报表模板被定义为表格格式的名称,如"模板 2"。单击"添加"按钮,将其加入到格式列表框中,供用户调用。

② 删除报表套用格式:从列表框中选择某个报表格式,单击"删除"按钮,即可删除不需要的报表格式。删除套用格式不会删除报表模板文件。

③ 预览报表套用格式:在格式列表框中选择一个格式项,则其格式显示在右边的表格框中。

定义完成后,单击"确认"按钮完成操作,单击"取消"按钮取消当前的操作。"套用报表格式"可以将常用的报表模板格式集中在这里,供随时调用,而不必在使用时一个个地查找模板。

　　套用报表格式的作用类似于报表工具箱中的"打开"报表模板功能。二者都可以在报表组态期间进行调用。

17.2　报表组态

17.2.1　报表工具箱与快捷菜单

1. 报表工具箱的用法

　　报表创建完成后,呈现出的是一张空表或有套用格式的报表,还要对其加工——报表组态。报表的组态包括设置报表格式、编辑表格中的显示内容等。执行这些操作需通过图 17-1 所示"报表工具箱"中的工具,或右击弹出的快捷菜单(如图 17-4 所示)来实现。

　　报表工具箱中按钮的用法基本与 Excel 的操作相同,下面只介绍几个典型工具的用法。

　　(1)　📂:打开一个报表模板到当前报表窗口中。单击该按钮后,弹出文件选择对话框,如图 17-5 所示,选择一个报表模板文件(＊.rtl)后单击"打开"按钮,报表模板将加载到当前的报表中。

图 17-4　快捷菜单　　　　　　　　　　　图 17-5　文件选择对话框

　　(2)　💾:将当前设计的报表存储为一个报表模板。单击该按钮,弹出"另存为"对话框,如图 17-6 所示。选择存储路径,并输入要存储的报表模板的文件名后单击"保存"按钮,模板文件存储为"＊.rtl"文件。

　　(3)　📖:报表的页面设置。单击该按钮,弹出"页面设置"对话框,用户可以设置默认打印机、纸张大小、纸张来源、纸张方向、边距等,还可以设置报表的页眉、页脚的内容。单击"页眉"、"页脚"的下拉列表框,从列表项中选择页眉、页脚要显示的内容。这里是报表在开发系统中的页面设置。在组态王运行系统中,可以通过函数实现页面设置,请参见"报表函数"一节。

　　(4)　✖:取消上次对报表单元格的输入操作,即清除输入框中的内容。

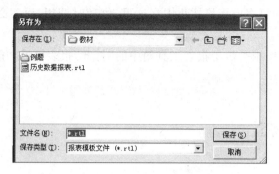

图 17-6 "另存为"对话框

（5）：将报表工具箱中文本编辑框的内容输入到当前单元格中，当把要输入到某个单元格中的内容写到报表工具箱中的编辑框时，必须单击该按钮，才能将文本输入到当前单元格中。当用户选中一个已经有内容的单元格时，单元格的内容会自动出现在报表工具箱的编辑框中。

（6）：插入组态王变量。单击该按钮，弹出组态王变量选择对话框。例如，要在报表单元格中显示"＄时"变量的值，首先在报表工具箱的编辑栏中输入"＝"，然后单击该按钮，在弹出的变量选择器中选择该变量，单击"确定"按钮关闭变量选择对话框，这时报表工具箱编辑栏中的内容为"＝＄时"。单击工具箱上的"√"按钮，则该表达式被输入到当前单元格中。运行时，该单元格显示的值能够随变量的变化随时自动刷新。

（7）：插入报表函数。单击该按钮，弹出报表内部"函数选择"对话框，如图 17-7 所示。可以选择相应的函数，单击"确认"按钮或双击所选的函数，即将其加载到文本编辑框中。

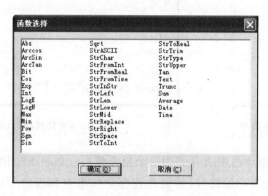

图 17-7 "函数选择"对话框

2. 报表中文本的编辑方法

（1）将选择的组态王变量、报表公式、文本等写到报表工具箱的编辑框中，然后单击"√"按钮。

（2）直接双击要编辑内容的单元格，使文本输入光标位于该单元格中，直接进行编辑。

17.2.2　定义报表单元格的保护属性

在系统运行过程中,用户可以直接在报表单元格中输入数据,修改单元格内容。为防止用户修改不允许修改的单元格内容,报表提供了一个保护属性"只读"。

在开发环境中进行报表组态时,选择要保护的单元格区域后右击,在弹出的快捷菜单中选择"只读",则被保护的单元格在系统运行时不允许用户修改单元格内容。要查看某个单元格是否被定义为只读属性,在单元格上右击,如果快捷菜单上的"只读"项前有"√",表明该单元格被定义了只读属性。再次选择该菜单项时,取消保护属性。

注意:用户在系统运行过程中修改含有表达式的单元格内容后,会在当前运行画面清除原表达式。只有重新关闭、打开画面后才能恢复该表达式。

17.3　报表函数

在运行系统中,单元格数据的计算、报表的操作等都是通过组态王提供的一整套报表函数实现的。报表函数分为报表内部函数、报表单元格操作函数、报表存取函数、报表历史数据查询函数、统计函数和报表打印函数。

17.3.1　报表内部函数

报表内部函数是指只能在报表单元格内使用的函数,有数学函数、字符串函数、统计函数等,基本上都是来自于组态王的系统函数,使用方法相同,只是函数中的参数发生了变化。表 17-1 列出了组态王内部函数的名称和含义。

表 17-1　内部函数列表

序号	名　称	含　义
1	Abs	计算并显示某个单元格内的数据的绝对值
2	ArcCos	计算并显示某个单元格内的数据的反余弦值
3	ArcSin	计算并显示某个单元格内的数据的反正弦值
4	ArcTan	计算并显示某个单元格内的数据的反正切值
5	Bit	获取某个单元格的整型或实型数据的某一位值
6	Cos	计算并显示某个单元格内数据的余弦值
7	Date	返回与当前单元格定义格式相同的日期字符串
8	Exp	计算并显示以某个单元格内的数据为指数的 e^x 的计算结果
9	Int	对某个单元格内的数据进行取整
10	LogE	计算并显示某个单元格内数据的对数函数 $\ln x$ 的值

序号	名 称	含 义
11	LogN	计算并显示某个单元格内的数据以 N 为底的对数值
12	Max	对两个以上单元格内的数据进行比较,取出最大值
13	Min	对两个以上单元格内的数据进行比较,取出最小值
14	Pow	计算某个单元格内数据的任意次幂
15	Sgn	返回某个单元格内数据的符号
16	Sin	计算某个单元格内数据的正弦值
17	Sqrt	计算某个单元格内数据的平方根
18	StrASCII	返回某个单元格的字符串首字符的 ASCII 码值
19	StrChar	返回某个单元格的 ASCII 码对应的字符
20	StrFromInt	将某个单元格内的整数数值转换为另一进制下的字符串
21	StrFromReal	将某个单元格内的实数数值转换为字符串
22	StrFromTime	将某个单元格内的时间值转换为字符串
23	StrInStr	返回要查找的字符串在数据源单元格中第一次出现的位置
24	StrLeft	返回数据源单元格中最左边指定数目的字符串
25	StrLen	返回数据源单元格中字符串的长度
26	StrLower	将数据源单元格字符串中的大写字母全部转换为小写字母
27	StrMid	从数据源单元格字符串中指定的位置开始取出指定长度的字符串
28	StrReplace	将数据源单元格字符串中指定的字符串替换为给定的字符
29	StrRight	返回数据源单元格中最右边指定数目的字符串
30	StrSpace	在字符串给定的位置处产生若干个空格
31	StrToInt	将数据源单元格中由数字组成的字符串转换为整型数值
32	StrToReal	将数据源单元格中由数字组成的字符串转换为实型数值
33	StrTrim	去掉数据源单元格字符串中指定位置的空格
34	StrType	检测数据源单元格中字符串的首字符是否为指定类型
35	StrUpper	将数据源单元格字符串中的小写字母全部转换为大写字母
36	Tan	计算某个单元格内数据的正切值
37	Text	将某个单元格内的数据设定为特殊格式
38	Time	根据单元格给出的时、分、秒整型数,返回与当前单元格定义格式相同的时间字符串
39	Trunc	将某个单元格数据删除小数点右边的部分,取得一个实数

下面以 Abs 函数为例介绍其功能和使用方法。

- 函数功能:计算某个单元格内数据的绝对值,并显示到当前单元格中。
- 使用格式:＝Abs('数据源单元格列标行号')。
- 返回值:整型或实型。
- 举例:取单元格 b10 的数值的绝对值:"＝Abs('b10')"。

其他内部函数的格式及使用方法基本相似,这里不再赘述。

在使用组态王的报表函数时,如果参数为多个单元格,有下列几种表示方法。

(1) 如果是任选多个单元格,用逗号将各个单元格的表示分隔,如"'a1,b3,c6,h10'"。

(2) 如果选择连续的单元格,可以输入第一个单元格标识和最后一个单元格标识,中间用冒号分割。例如,选择 a1 到 c10 间的单元格区域:"'a1:c10'"。

(3)报表内部函数中的单元格参数可以使用组态王变量代替,即报表支持的组态王系统函数可以直接在报表中使用。

17.3.2 报表的单元格操作函数

在运行系统中,报表单元格是不允许直接输入的,所以要使用函数来操作。单元格操作函数是指可以通过命令语言来对报表单元格的内容进行操作,或从单元格获取数据的函数。这些函数大多只能用在命令语言中,各函数的名称和含义见表 17-2。

表 17-2 单元格操作函数列表

序号	名　　称	含　　义
1	ReportSetCellValue(…)	将指定报表的指定单元格设置为给定值
2	ReportSetCellString(…)	将指定报表的指定单元格设置为给定字符串
3	ReportSetCellValue2(…)	将指定报表的指定单元格区域设置为给定值
4	ReportSetCellString2(…)	将指定报表指定单元格设置为给定字符串
5	ReportGetCellValue(…)	获取指定报表的指定单元格的数值
6	ReportGetCellString(…)	获取指定报表的指定单元格的文本
7	ReportGetRows(…)	获取指定报表的行数
8	ReportGetColumns(…)	获取指定报表的列数

下面以 ReportSetCellValue 为例,介绍单元格操作函数的功能和使用方法。

格式:

Long nRet = ReportSetCellValue(String szRptName,long nRow,long nCol,float fValue)

函数功能:将指定报表的指定单元格设置为给定值。

返回值:整型,0——成功;1——行列数小于等于零;2——报表名称错误;3——设置值失败。

参数说明:szRptName 是报表名称;Row 是要设置数值的报表的行号(可用变量代替);Col 是要设置数值的报表的列号(这里的列号使用数值,可用变量代替);Value 是要设置的数值。

例如,要想根据组态王实型变量"压力"的数据变化设置报表"实时数据报表"的第2行第4列中的值,并且将设置是否成功的信息返回变量"实数设置结果",就要在数据改变命令语言中输入:

实数设置结果＝ReportSetCellValue("实时数据报表",2,4,压力);

其他单元格操作函数的格式及使用方法基本相似,这里不再赘述。

17.3.3 存取报表函数

存取报表函数主要用于存储指定报表和打开并查阅已存储的报表。用户可利用这些函数保存和查阅历史数据、存档报表。

1. 存储报表函数

Long nRet＝ReportSaveAs(String szRptName,String szFileName)

函数功能：将指定报表按照所给的文件名存储到指定目录下。ReportSaveAs 支持将报表文件保存为 rtl、xls 和 csv 格式。保存的格式取决于所保存的文件的后缀名。

参数说明：szRptName 是报表名称；szFileName 是存储路径和文件名称。

返回值：返回存储是否成功的标志，"0"表示成功。

举例：将报表"实时数据报表"存储为文件"数据报表 1"，路径为"C:\My Documents"，返回值赋给变量"存文件"：

存文件＝ReportSaveAs("实时数据报表","C:\My Documents\数据报表 1. Rtl")；

2. 读取报表函数

Long nRet＝ReportLoad(String szRptName,String szFileName)

函数功能：将指定路径下的报表读到当前报表中来。ReportLoad 支持读取 rtl、xls 和 csv 格式的报表文件。报表文件格式取决于所保存的文件的后缀名。

参数说明：szRptName 是报表名称；szFileName 是报表存储路径和文件名称。

返回值：返回存储是否成功的标志，"0"表示成功。

举例：将文件名为"数据报表 1"，路径为"C:\My Documents"的报表读取到当前报表中，返回值赋给变量"读文件"：

读文件＝ReportLoad("实时数据报表","C:\My Documents\数据报表 1. Rtl")；

17.3.4 报表统计函数

1. 求平均值函数

函数功能：对指定单元格区域内的单元格进行求平均值运算，结果显示在当前单元格内。

使用格式：

＝Average('单元格区域')

举例：

```
＝Average('a1','b2','r10')      //任意单元格选择求平均值
＝Average('b1：b10')            //连续的单元格求平均值
```

2. 求和函数

函数功能：将指定单元格区域内的单元格进行求和运算，结果显示到当前单元格内。单元格区域内出现空字符、字符串等都不会影响求和。

使用格式：

＝Sum('单元格区域')

举例：

```
＝Sum('a1','b2','r10')        //任意单元格选择求和
＝Sum('b1：b10')              //连续的单元格求和
```

17.3.5 报表历史数据查询函数

报表历史数据查询函数将按照用户给定的起止时间和查询间隔，从组态王历史数据库中查询数据，并填写到指定报表中。

1. ReportSetHistData( )
格式：

ReportSetHistData（String szRptName, String szTagName, Long nStartTime, Long nSepTime, String szContent）；

函数功能：按照用户给定的参数查询历史数据。

参数说明：szRptName 是要填写查询数据结果的报表名称；szTagName 是所要查询的变量名称；StartTime 是数据查询的开始时间，该时间是通过组态王 HTConvertTime 函数转换的以 1970 年 1 月 1 日 8：00：00 为基准的长整型数，所以用户在使用本函数查询历史数据之前，应先将查询起始时间转换为长整型数值；SepTime 是查询的数据的时间间隔，单位为秒；szContent 是查询结果填充的单元格区域。

例如，要查询变量“压力”自 2007 年 10 月 20 日 8：00：00 以来的数据，查询间隔为 30s，数据报表填充的区域为“a2：a100”，则先设置变量 StartTime，内存实型，最大值限定得尽量大，在命令语言中编程如下：

```
StartTime＝HTConvertTime(2007,10,20,8,0,0)；
ReportSetHistData("历史数据报表","压力",StartTime,30,"a2：a100")；
```

2. ReportSetHistData2( )
格式：

ReportSetHistData2(StartRow,StartCol)；

函数参数：StartRow 指定数据查询后，在报表中开始填充数据的起始行；StartCol 指定数据查询后，在报表中开始填充数据的起始列。这两个参数可以省略不写（应同时省略），省略时默认值都为 1。

函数功能：使用该函数，不需要任何参数，系统会自动弹出“报表历史查询”对话框，如图 17-8 所示。

该对话框共有三个属性页：报表属性、时间属性和变量属性，可以设置报表的形式、起始位置、列属性、起止时间、间隔时间、变量等，以得到用户希望的历史数据报表。

图 17-8　"报表历史查询"对话框

17.3.6　报表打印类函数

报表打印类函数是用于报表页面设置、打印输出的函数,有下列 3 种。

1. 报表打印函数

报表打印函数根据用户的需要有两种使用方法,一种是执行函数时自动弹出"打印属性"对话框,供用户选择确定后,再打印;另外一种是执行函数后,按照默认的设置直接输出打印,不弹出"打印属性"对话框,适用于报表的自动打印。报表打印函数原型为:

ReportPrint2(String szRptName);

或者

ReportPrint2(String szRptName,EV_LONG|EV_ANALOG|EV_DISC);

函数功能:将指定的报表输出到打印配置中指定的打印机上打印。

参数说明:szRptName 是要打印的报表名称。EV_LONG|EV_ANALOG|EV_DISC 是一个整型、实型或离散型参数。当该参数不为 0 时,自动打印,不弹出"打印属性"对话框;如果该参数为 0,则弹出"打印属性"对话框。

举例:自动打印"实时数据报表":"ReportPrint2("实时数据报表");"或"ReportPrint2("实时数据报表",1);"。

手动打印时,弹出"打印属性"对话框:"ReportPrint2("实时数据报表",0);"。

2. 报表页面设置函数

在开发系统中可以通过报表工具箱对报表进行页面设置,在运行系统中则需要通过调用页面设置函数来对报表进行设置。

页面设置函数的原型为:

ReportPageSetup(ReportName);

函数功能:设置报表页面属性,如纸张大小、打印方向、页眉/页脚设置等。执行该函数后,会弹出"页面设置"对话框。

参数说明：ReportName 是要打印的报表名称。

举例：对"实时数据报表"进行页面设置：

ReportPageSetup("实时数据报表");

3. 报表打印预览函数

运行中，当页面设置好以后，可以使用打印预览查看打印后的效果。打印预览函数原型如下：

ReportPrintSetup(ReportName);

函数功能：对指定的报表进行打印预览。

参数说明：ReportName 是要打印的报表名称。

举例：对"实时数据报表"进行打印预览：

ReportPrintSetup("实时数据报表");

执行打印预览时，系统会自动隐藏组态王的开发系统和运行系统窗口，结束预览后恢复。

17.4　套用报表模板

在一般情况下，工程中同一行业的报表基本相同或类似。如果工程人员在每做一个工程时，都需要重新制作一个报表，而其中大部分的工作是重复性的，无疑增大了工作量和开发周期，特别是比较复杂的报表。利用已有的报表模板，在其基础上做一些简单的修改，将是一条很好的途径，使工作快速、高效地完成。

组态王在开发和运行系统中都提供了报表的保存功能，将设计好的报表或保存有数据的报表保存为一个模板文件（扩展名为.rtl）。当工程人员需要相似的报表时，只需先建立一个报表窗口，然后在报表工具箱中直接打开该文件，则原保存的报表便被加载到工程里来。如果不满意，还可以直接修改或换一个报表模板文件加载。

套用报表模板时，有两种方式，第一种是单击报表工具箱上的"打开"按钮，系统会弹出文件选择对话框，在其中选择已有的模板文件（*.rtl）。打开后，当前报表窗口便自动套用了选择的模板格式。第二种方法是使用"报表设计"中的"表格样式"，首先建立一些常用的格式，然后在使用时，直接选择表格样式即可自动套用模板，参见 17.1.2 小节。

17.5　制作实时数据报表

实时数据报表主要用来显示系统实时数据。除了在表格中实时显示变量的值外，报表还可以按照单元格中设置的函数、公式等实时刷新单元格中的数据。在单元格中显示变量的实时数据一般有两种方法，即直接引用变量和单元格设置函数。

1. 在单元格中直接引用变量

在报表的单元格中直接输入"＝变量名",可在运行时在该单元格中显示变量的值,当变量的数据发生变化时,单元格中显示的值也会被实时刷新。例如,在单元格"B4"中要实时显示当前的"温度"变量,在"B4"中直接输入"＝\\本站点\温度",切换到运行系统后,该单元格中便会实时显示"温度"变量大小。

这种方式适用于在表格的单元格中显示固定变量的数据。如果在单元格中要显示不同变量的数据或值的类型不固定,最好选择单元格设置函数。

注意:只有当报表画面被打开时,其中的数据才会被刷新。

2. 单元格设置函数

如果在单元格中显示的数据来自于不同的变量,或值的类型不固定,最好使用单元格设置函数。当然,显示同一个变量的值,也可以使用这种方法。单元格设置函数有:ReportSetCellValue( )、ReportSetCellString( )、ReportSetCellValue2( )、ReportSetCellString2( )。如在单元格"B4"中设置用户名,可以在工程浏览器的"数据改变命令语言"中使用ReportSetCellString( )函数设置数据,如图17-9所示。当系统运行时,用户登录后,用户名会被自动填充到指定单元格中。

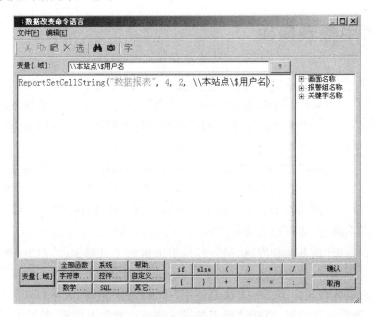

图 17-9　单元格设置函数的使用

17.6　制作历史数据报表

历史报表记录了以往的生产记录数据,对用户来说是非常重要的。历史报表的制作根据所需数据的不同有不同的方法,这里介绍两种常用的方法。

1. 向报表单元格中实时添加数据

要设计一个锅炉功耗记录表,该报表 8 小时生成一个(类似于班报),记录每小时最后一刻的数据作为历史数据,而且该报表在查看时应该实时刷新。

对于这个报表,可以采用在单元格中定时刷新数据的方法来实现。按照规定的时间,在不同的小时里,将变量的值定时用单元格设置函数,如 ReportSetCellValue() 设置到不同的单元格中,这时,报表单元格中的数据会自动刷新,带有函数的单元格也会自动计算结果。到换班时,保存当前填有数据的报表为报表文件,清除上班填充的数据,继续填充,就完成了要求。这好比是操作员每小时在记录表上记录一次现场数据,换班时,由下一班在新的记录表上开始记录一样。

可以另外创建一个报表窗口,在运行时,调用这些保存的报表来查看以前的记录,实现历史数据报表的查询。

2. 使用历史数据查询函数

使用历史数据查询函数从组态王记录的历史库中按指定的起始时间和时间间隔查询指定变量的数据。

如果用户在查询时希望弹出一个对话框,以便可以在对话框上随机选择不同的变量和时间段来查询数据,最好使用函数 ReportSetHistData2(StartRow,StartCol)。该函数提供了方便、全面的对话框供用户操作。但该函数会将指定时间段内查询到的所有数据都填充到报表中来,如果报表不够大,系统会自动增加报表行数或列数,这对于使用固定格式报表的用户来说不太方便。那么,可以采用下面的方法。

如果用户想要一个定时自动查询历史数据的报表,而不是弹出对话框;或者历史报表的格式是固定的,要求将查询到的数据添加到固定的表格中,多余查询的数据不添加到表中,可以使用函数 ReportSetHistData(ReportName,TagName,StartTime,SepTime,szContent)。使用该函数时,用户需要指定查询的起始时间、查询间隔和变量数据的填充范围。

组态王报表拥有丰富而灵活的报表函数,用户可以使用报表完成数据存储、求和、运算、转换等特殊任务。如将采集到的数据存储在报表的单元格中,然后将报表数据赋给曲线控件来制作一段分析曲线等,既可以节省变量,简化操作,还可重复使用。总之,报表的用法很多,有待用户按照实际用途灵活使用。

小结

组态王提供的内嵌式报表系统有实时报表和历史报表两种形式。工程人员可以任意设置报表格式或采用现成的套用格式,对报表进行组态;可以在运行状态对表格进行操作、编辑;可以使用丰富的报表函数实现各种运算和统计;可以实现报表的保存、打印等。

本章详细介绍了报表的基本功能和一些典型的报表函数,其他内容只作简要概述,如有需要,请查看相关资料。

习题

17.1　制作一个实时数据报表显示变量"温度"，每分钟一行数据，统计最大值和平均值，并将报表保存到"f:\总线习题"文件夹中。

17.2　制作一个历史数据报表显示变量"温度"，每半小时记录一次数据，统计总和，每 8 小时生成一张表格。

第 18 章

组态王历史库

数据存储功能对于任何一个工业系统来说都是至关重要的,随着工业自动化程度的普及和提高,工业现场对重要数据存储和访问的要求也越来越高。一般组态软件都存在对大批量数据存储速度慢、数据容易丢失、存储时间短、存储占用空间大、访问速度慢等不足之处,对于大规模、高要求的系统来说,解决历史数据的存储和访问是一个刻不容缓的问题。组态王顺应这种发展趋势,提供了高速历史数据库,支持毫秒级高速历史数据的存储和查询。它采用最新数据压缩和搜索技术,数据库压缩比低于 20%,大大节省了磁盘空间。其查询速度大大提高,一个月内,数据按照每小时间隔查询,可以在百毫秒内迅速完成。它可完整实现历史库数据的后期插入与合并,可以将特殊设备中存储的历史数据片段通过组态王驱动程序完整地插入到历史库中,也可以将远程站点上的组态王历史数据片段合并到历史数据记录服务器上,真正地解决了数据丢失的问题。

18.1 组态王变量的历史记录属性

在组态王中,离散型、整型和实型变量支持历史记录,字符串型变量不支持历史记录。组态王的历史记录形式可以分为数据变化记录、定时记录(最小单位为 1 分钟)和备份记录。记录形式的定义通过变量属性对话框中提供的选项完成。在工程浏览器的数据词典中找到需要定义记录的变量,双击该变量进入"定义变量"对话框,再选择"记录和安全区"选项卡,如图 18-1 所示。

(1) 不记录:此选项有效时,该变量值不进行历史记录。

(2) 数据变化记录:系统运行时,变量的值发生变化,而且当前变量值与上次的值之间的差值大于设置的变化灵敏度时,该变量的值才会被记录到历史记录中。这种记录方式适合于数据变化较快的场合。

变化灵敏度:定义变量变化记录时的阈值。当"数据变化记录"选项有效时,"变化灵敏度"选项才有效。

例如,数据库中有一个实型变量,如果需要对该变量的值进行记录,而且规定其变化灵敏度为 1,则其记录过程如下:如果第一次记录值是 10,当第二次的变量值为 10.9 时,由于 $10.9-10=0.9<1$,也就是第二次变量值相对第一次记录值的变化小于设定的"变化灵敏度",那么第二次变量值不进行记录。当第三次变量值为 12 时,由于 $12-10.9=1.1>1$,即变化幅度大于设定的"变化灵敏度",那么此次变量值才被记录到历史记录中。

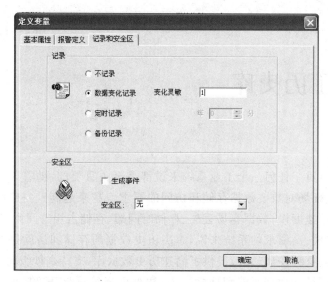

图 18-1　"记录和安全区"选项卡

（3）定时记录：无论变量变化与否，系统运行时按定义的时间间隔将变量的值记录到历史库中，每隔设定的时间对变量的值进行一次记录。最小定义时间间隔单位为 1 分钟。这种方式适用于数据变化缓慢的场合。

（4）备份记录：选择该项，系统在平常运行时，不再直接向历史库中记录该变量的数值，而是通过其他程序调用组态王历史数据库接口，向组态王的历史记录文件中插入数据。在进行历史记录查询时，可以查询到这些插入的数据。这种方式一般用于环境较复杂、无人值守数据采集点等场合。在这些场合使用的设备有些带有一定数量的数据存储器，可以存储一段时间内设备采集到的数据。但这些设备只是简单地记录数据，不能进行历史数据的查询、浏览等操作，而且必须通过上位机的处理才可以看到。在组态王 6.5 的历史库中直接提供了这些处理的功能。

例如，远程有若干具有历史记录功能的数据采集设备，中心控制室通过拨号网络与这些站点循环连接。因为是与每个站点间断连接的，所以如果在中心站上直接记录数据，会造成历史记录间断的现象。此时如果将设备中存储的记录直接插入到历史库中，会造成历史库混乱。在组态王 6.5 中很好地解决了这个问题。它首先将对应的变量的历史记录定义为"备份记录"，则无论系统是否与数据采集设备相连接，变量都不会向历史库记录数据。当系统与某个设备连通后，系统通过驱动程序将设备中存储的历史记录读取上来，并按照约定的时间格式和变量类型插入到组态王的历史库中，这样就保证了历史库的完整性。

18.2　历史记录存储及文件的格式

双击"工程浏览器"|"历史数据记录"，弹出"历史记录配置"对话框，如图 18-2 所示。

（1）历史记录的启动选择：如果选择"运行时自动启动"选项，则运行系统启动时，直

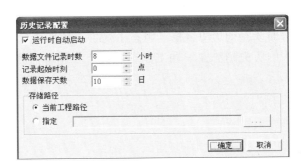

图 18-2 "历史记录配置"对话框

接启动历史记录；否则，运行时用户可以通过系统变量"＄启动历史记录"来随时启动历史记录，或通过选择运行系统中"特殊"菜单下的"启动历史记录"命令来启动历史记录。

（2）历史库文件保存时间长度设置：在"数据保存天数"编辑框中选择历史库保存的时间长度。最长为 8000 天，最短为 1 天。当到达规定的时间时，系统自动删除最早的历史记录文件。

（3）历史库存储路径的选择：历史库的存储路径可以选择当前工程路径，也可以指定一个路径。如果工程为单机模式运行，则系统在指定目录下建立一个"本站点"目录来存储历史记录文件。如果是网络模式，本机为"历史记录服务器"，则系统在该目录下为每个与本机连接的 I/O 服务器建立一个目录（本机的目录名称为本机的节点名，I/O 服务器的目录名称为 I/O 服务器的站点名），分别保存来自各站点的历史数据。

（4）历史记录文件格式：组态王的历史记录文件包括 3 种：＊.tmp、＊.std 和 ＊.ev。＊.tmp 格式为临时的数据文件，＊.std 格式为压缩的原始数据文件，＊.ev 格式为进行了数据处理的特征值文件，供组态王历史趋势曲线调用。为了保证数据记录的快速和稳定，保证系统的运行效率，当被记录的变量值发生变化，或者定时记录中所设定的时间间隔到达后，组态王的历史记录首先被记录到一个临时文件中，该文件的文件名格式类似于 project200710200700.tmp(project 年月日时.tmp)，每一小时生成一个，该文件不是压缩文件，而每到整点时间如 8 点时，运行系统读出.tmp 文件中的数据进行压缩处理，并生成真正的历史库记录文件——.std 文件，如 project200710200700.std。数据压缩处理完成后，生成一个新的时刻的.tmp 文件，上一个小时的.tmp 文件被删除。组态王每一天的历史数据保存为一个.std 文件。在每个整点时刻，组态王读出.tmp 文件中的数据进行压缩处理的同时，要对原始的数据文件进行算法过滤，生成.ev 文件，如 project200700.ev，此文件专供组态王的历史趋势曲线调用，每一年生成一个新的.ev 文件。

18.3 历史数据查询

在组态王运行系统中可以通过两种方式查询历史数据：报表和历史趋势曲线。

（1）使用报表查询历史数据。主要通过以下两个函数实现：ReportsetHistdata（）和

ReportsetHistData2()。

（2）使用历史趋势曲线查询历史数据。组态王提供三种形式的历史趋势曲线：历史趋势曲线控件、图库中的历史趋势曲线和工具箱中的历史趋势曲线,用户可以根据需要来选择使用。

小结

组态王提供了高速历史数据库,因此具有强大的数据存储功能。本章详细介绍了参数记录和安全区属性的设置方法,以及历史记录文件的存储格式和存储方法；概述了历史数据查询的两种方式：历史数据报表和历史趋势曲线。

习题

18.1　在同一个画面中作出"温度"变量的历史数据报表和历史趋势曲线,并进行比较,说明各自的采样时间是怎样确定的。

18.2　重新配置"历史记录配置",选择存储路径为"f:\总线习题",观察保存数据情况。

第 19 章

组态王软件综合训练

19.1 数字时钟、水箱的制作

1. 教学目的

(1) 掌握新建工程的方法。

(2) 掌握画面的命名方法。

(3) 掌握变量的定义方法,掌握变量的 3 个属性。

(4) 掌握基本的制图方法。

(5) 掌握模拟值输出连接、填充连接和填充属性连接的方法。

(6) 学会基本的应用程序命令语言编程方法。

2. 课题要求

(1) 数字时钟的制作

完成一个"数字时钟"画面,要求能够用数字实时显示年、月、日、时、分、秒和毫秒。

(2) 控制水箱的制作

完成一个"控制水箱"画面,要求"水位"值每 300ms 递增 10,当水位大于等于 500 时回零,再重新递增。要求画面上显示水位值,水箱的填充高度随水位而变化,并且当阈值为 0、200、400 时以不同颜色填充。

3. 操作步骤

(1) 数字时钟的制作步骤

① 新工程的建立。打开组态王工程浏览器,选择菜单"工程"|"新建工程",单击"下一步"按钮,确定工程路径"D:\组态软件应用训练"。单击"下一步"按钮,输入工程名称"组态王课题训练",然后按"确定"按钮。

② 新建画面,并给画面命名。在工程浏览器里双击"新建"按钮,显示"新画面"窗口,给新画面命名为"课题一 数字时钟"。

③ 制作画面。使用工具箱中的"圆角矩形"画出矩形,打开"调色板"和"线形",设置颜色和边框线形,输入文本后,画面如图 19-1 所示。

④ 动画连接。双击各个文本的"♯♯",打开"动画连接",单击选择"模拟值输出"按钮,分别连接表达式 $ 年、$ 月、$ 日、$ 时、$ 分、$ 秒、$ 毫秒。

⑤ 存盘。选择"文件"|"全部存"命令,或单击工具箱中的"保存画面"按钮。

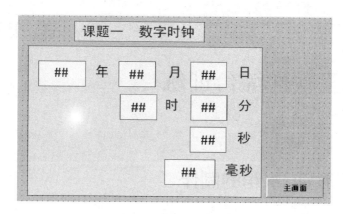

图 19-1　数字时钟画面

⑥ 切换到 View,就会看到数字时钟实时显示当前时间(计算机时钟)。

(2) 控制水箱的制作步骤

① 新建画面,并给画面命名。在"工程浏览器"|"画面"工程目录下,双击状态栏里的"新建"按钮,或在开发系统中,选择"文件"|"新画面"命令,打开"新画面"窗口,给新画面命名为"课题 1-2　控制水箱"。

② 制作画面。使用工具箱中的"圆角矩形"画出矩形,打开"调色板"和"线形",设置颜色和边框线形后输入文本。刻度线使用复制的方法画出,将刻度线的最高、最低、最左位置确定好,再单击"工具箱"中的"图素垂直等间距"和"图素左对齐"按钮整齐排列。刻度值也用同样的方法均匀分布,画面如图 19-2 所示。

③ 建立变量。选择工程浏览器中的目录"数据词典",双击状态栏中的"新建"按钮,打开"定义变量"窗口,输入变量名"水位",选择变量类型为"内存实型",单击"确定"按钮。

④ 编写应用程序命令语言。在画面右击,在快捷菜单中选择"画面属性"打开"画面属性"窗口,单击"命令语言"按钮打开"画面命令语言"窗口。在"显示时"标签下编程,内容为:

```
水位＝水位＋10;
if(水位＞＝500)
{水位＝0;}
```

用以上程序模拟现场水位参数的变化。

⑤ 动画连接

- 对字符"＃＃"进行模拟值输出连接,连接变量"水位"。双击代表水箱的矩形打开"动画连接"窗口,单击"填充"按钮打开"填充连接"对话框,单击"?"按钮确定表达式,即被连接的变量"水位"。确定水位的"对应数值"和"占据百分比"间的对应关系、填充方向等,如图 19-3 所示。

- 打开"填充属性连接"窗口,设置"刷属性",即超过不同的阈值显示不同的颜色。例如,水位≥0 显示红色,水位≥200 显示黄色,水位≥400 显示蓝色,如图 19-4 所示。

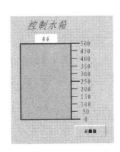

图 19-2 控制水箱画面

图 19-3 "填充连接"对话框

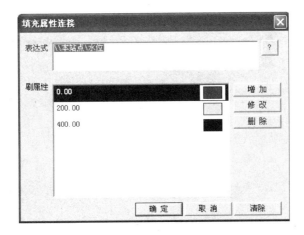

图 19-4 "填充属性连接"对话框

⑥ 存盘后切换到运行系统,观察运行结果。

[训练题 1]

完成一个"水箱水位"控制画面,要求"水位"值每 300ms 递增 36,当水位大于等于 1000 时回零,再重新递增。要求画面上显示水位值,水箱的填充高度随水位而变化,并且当阈值为 0、300、600、800 时以不同颜色填充。

19.2 制作主画面,建立主画面与各分画面的切换

1. 教学目的

(1) 掌握画面的命名方法。

(2) 掌握菜单的制作编程方法。

(3) 掌握点位图的粘贴方法。

(4) 学会工具箱里坐标的使用方法。

（5）掌握基本的制图方法。

（6）掌握水平移动连接、垂直移动连接、文本色连接和弹起时命令语言连接。

（7）学会 ShowPicture("画面名称")函数的使用。

2. 课题要求

制作一个画面，命名为"主画面"，画面上要贴点位图，要有文字水平移动和垂直移动。制作一个菜单，能够切换至所有其他课题，并能够由其他课题切换回主画面。

3. 操作步骤

（1）制作画面。新建画面，命名为"主画面"。在画面上输入两组文字，如"欢迎学习组态软件"、"希望你们喜欢这门课程"。单击"工具箱"中的"菜单"按钮制作菜单，命名为"画面切换"，如图 19-5 所示。

图 19-5　主画面

（2）了解"工具箱"底部文本框中数字的含义。如图 19-6 所示文本框中，a 表示被选中对象的 x 坐标（左边界），b 表示被选中对象的 y 坐标（上边界），c 表示被选中对象的宽度，d 表示被选中对象的高度。

（3）动画连接。要让文字"欢迎学习组态软件"从右向左移动，1 分钟后从左侧移出画面，再从右侧进入画面，如此重复下去，则需要双击该文字，进入"动画连接"。单击"水平移动连接"，设置参数，如图 19-7 所示，连接变量"＄秒"，对应值为最左边 59、最右边 0 时，移动距离分别为向左 786（a＋c 的值）、向右 432（a 的值），如图 19-7 所示。同样地，实现文字"希望你们喜欢这门课程"的垂直移动，如图 19-8 所示。这样，"＄秒"变量从 0 增

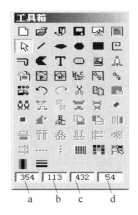

图 19-6　工具箱中的坐标

图 19-7　文字水平移动的实现

加到 59 时,该文字从初始位置向上移动 400 像素。

　(4) 制作菜单。双击画面上的对象"画面切换"进行菜单定义。在"菜单项"中单击右键,用"新建项"、"新建子项"分别创建第一、第二级菜单项,如图 19-9 所示(注意,课题三以后的菜单项在相应的课题制作结束后再创建)。

图 19-8　文字垂直移动的实现

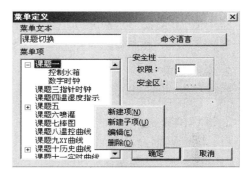

图 19-9　菜单的制作

单击"菜单定义"画面上的"命令语言"按钮,进行编程:

if(menuindex==0)
{if(childmenuindex==0)
ShowPicture("控制水箱");
if(childmenuindex==1)
ShowPicture("数字时钟");}

　(5) 分别打开"控制水箱"和"数字时钟"画面,在画面的右下角分别制作一个按钮"主画面",双击它进入"动画连接"画面,单击"弹起时"按钮后输入命令语言"ShowPicture("主画面");",实现分画面向主画面的切换。

　(6) 全部保存文件,然后切换到运行系统,观察运行效果。

4. 本课题相关函数说明

ShowPicture()

功能：此函数用于显示画面。

调用格式：

ShowPicture("画面名")；

例如，执行"ShowPicture("主画面")；"即可切换回主画面显示。

[**训练题 2**]

制作一个主画面，设计一个菜单完成训练题 1 与主画面间的切换，并在以后的训练题完成后及时补充菜单，以完成所有训练题与主画面间的菜单切换。

19.3　实时指针时钟的制作

1. 教学目的

(1) 熟练掌握工具箱里坐标的使用方法。

(2) 掌握实时指针时钟基本的制图方法。

(3) 掌握旋转动画连接的方法。

(4) 进一步熟悉菜单的使用及编程方法。

(5) 进一步熟悉 ShowPicture("画面名称")函数的使用方法。

(6) 进一步熟悉画面命令语言编程方法。

2. 课题要求

制作一个"实时指针时钟"，画面上的时、分、秒针能够匀速旋转，指示时间。

3. 操作步骤

(1) 新建画面，命名为"课题三：实时指针时钟"，在画面上绘制一个大圆代表钟面，注意使"工具箱"坐标中的后两项相等。选中大圆，根据"工具箱"底部文本框中的坐标值计算其圆心坐标：x 坐标＝圆的左边界＋宽/2；y 坐标＝圆的上边界＋高/2。例如，根据如图 19-10 所示的大圆坐标，计算出大圆中心为：x 坐标＝210＋310/2，y 坐标＝110＋310/2。

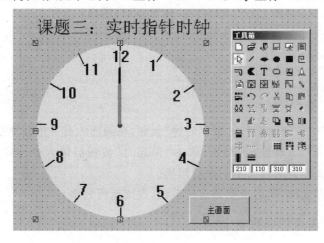

图 19-10　实时指针时钟画面

（2）绘制一个实心小圆代表时钟中心轴,选中小圆并计算其圆心坐标。移动小圆,直至小圆中心与大圆中心恰好重合。绘制长短、粗细不同的 3 条直线,分别代表时、分、秒指针,再画出刻度及数字,如图 19-10 所示。

（3）编写画面命令语言。"＄时"变量的变化范围是 0～24,而时针是 12 小时转一周,因此,需要设置一个中间变量"时针",内存实型,并编写命令语言。

存在时:

```
if(＄时<=12)
 〔时针=＄时;〕
else
 〔时针=＄时-12;〕
```

（4）选中秒针、分针和时针,进行旋转动画连接。

- 时针。旋转连接的表达式为"时针",最大逆时针方向对应角度 0°的数值为 0,最大顺时针方向对应角度 360°的数值为 12。旋转连接后,图素的旋转中心默认为图素中心。要让指针绕着指针的一端旋转,必须准确确定旋转圆心。根据绘制的时针坐标值(在动画连接画面的右上角,如图 19-11 所示,左 361,上 179,高度 75,宽度 6)计算,旋转圆心偏离图素中心的大小是水平方向 0;垂直方向(高度/2)近似为 38(不能取小数)。

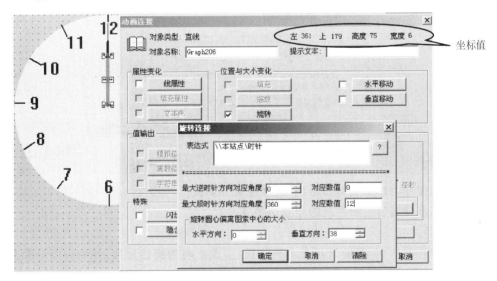

图 19-11　时针的旋转连接设置

- 分针。旋转连接的表达式为"＄分",最大逆时针方向对应角度 0°的数值为 0,最大顺时针方向对应角度 360°的数值为 60。用与上面同样的方法确定旋转圆心偏离图素中心的大小。
- 秒针。旋转连接表达式为"＄秒",最大逆时针方向对应角度 0°的数值为 0,最大顺时针方向对应角度 360°的数值为 60。用与上面同样的方法确定旋转圆心偏离图素中心的大小。

（5）改进。用上述方法制作的时钟是每一小时跳动一个刻度，这是与现实中的时钟不同的。要让时钟匀速旋转，而不是跳动，必须修改"时针"变量的程序。

存在时：

```
if($ 时<=12)
  {时针=$ 时*60；}      //将"时针"变量用时间单位"分"描述
else
  {时针=($ 时-12)*60+$ 分；}
```

即将"时针"变量用时间单位"分"描述，这样，时钟旋转一周时，变量"时针"由 0 变化到 720，所以还要相应地修改时针的动画连接。旋转连接的表达式为"时针"，最大逆时针方向对应角度 0°的数值为 0，最大顺时针方向对应角度 360°的数值为 720，如图 19-12 所示。这样修改后的指针就可以实现匀速旋转了。

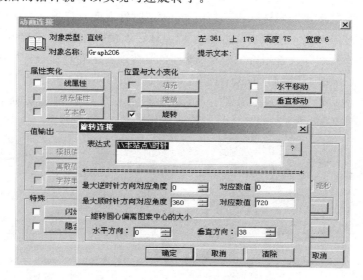

图 19-12　时针匀速旋转的实现

（6）全部保存后切换到运行系统，观察现象并调试。

（7）完成该画面与主画面间的相互切换。

[训练题 3]

制作一个指针时钟，将时针画在水平位置，实现正确的旋转连接，并实现时针和分针的匀速旋转。

19.4　温湿度指示仪的制作

1. 教学目的

（1）掌握温湿度指示调节仪的制图方法。

（2）掌握模拟值输出动画连接、文本色动画连接、闪烁动画连接、填充属性动画连接和"弹起时"命令语言连接。

（3）进一步熟练掌握编程方法。

2. 课题要求

制作一个显示仪表，能够显示温度和湿度，其中温度每 200ms 递增 12，当温度大于等于 200 时，重新加起。湿度从 100 开始每 200ms 递减 5，湿度小于等于 0 时，重新从 100 减起。设置两个报警灯，其中一个是当温度超过 100 时改变颜色并闪烁；另一个是当湿度低于 70 时改变颜色并闪烁。

3. 操作步骤

（1）新建画面，命名为"课题四：温湿度指示仪"。

（2）画面制作。画面中的显示表的立体形状用"工具箱"中的"多边形"来绘制，用两个小圆代替报警灯，如图 19-13 所示。

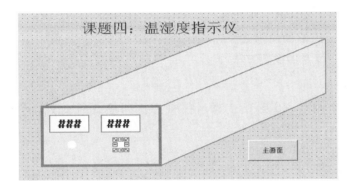

图 19-13　温湿度指示仪画面

（3）定义变量。温度、湿度均设置为内存实型，在"命令语言"中编程如下：

显示时：

湿度＝100；

存在时：

温度＝温度＋12；
if（温度＞＝200）
｛温度＝0；｝
湿度＝湿度－5；
if（湿度＜＝0）
｛湿度＝100；｝

（4）动画连接。对"湿度"、"温度"字符进行模拟值输出连接，分别对温度报警、湿度报警用的两个小圆进行闪烁动画连接。双击温度显示值下方代表报警灯的小圆，打开"填充属性连接"窗口，表达式选择"温度"，修改阈值与填充色：阈值为 0 时绿色，阈值为 100 时红色。打开"闪烁连接"窗口，选择闪烁条件"温度＞100"，调整闪烁速度，然后单击"确定"按钮。

（5）制作一个按钮返回"主菜单"。

（6）在主菜单中增加切换到该画面的菜单项，并添加相应程序实现切换。

[训练题 4]

制作一个显示仪表,使之能够显示"压力 1"和"压力 2"。其中,压力 1 每次递增 15,大于等于 300 时,重新加起;压力 2 从 600 开始每次递减 25,小于等于 0 时,重新从 600 减起。设置两个报警灯,当压力 1 和压力 2 分别达到某一临界值时改变颜色并闪烁。

19.5　30 路温度显示仪的制作

1. 教学目的

(1) 掌握图库精灵的制作和使用方法。

(2) 掌握多个图素的整齐排列技巧。

(3) 掌握仿真 PLC 的使用方法。

(4) 掌握 I/O 变量的设置方法。

2. 课题要求

(1) 制作一个画面,30 路温度显示仪整齐排列成 5 行 6 列,同时显示同一参数"温度"。

(2) 完成水在管道中流动画面的制作。

3. 操作步骤

(1) 30 路温度显示仪

① 新建画面,命名为"课题五　30 路温度显示"。

② 创建图库精灵。本课题要制作 30 个完全相同的对象,如果采用复制的方法,会很麻烦,并且很难保证对象的整齐排列。因此,可以先制作一个显示表,完成动画连接后,将显示表整体选中,单击菜单命令"图库"|"创建图库精灵",如图 19-14 所示,再输入图库精灵名称,将此"精灵"放进"图库管理器"中合适的图库中。

图 19-14　图库精灵的制作方法

③ 双击该精灵,保存后,单击画面,将精灵放进画面,这时具有动画连接的精灵便可以随意复制了。先复制 5 个,将第一个和第六个图素放在最左和最右位置,将 6 个图素一起选中,选择"工具箱"中的"水平等间距"、"图素上对齐",再单击"合成单元",将一行组合为一个整体。再将此行复制 4 次,将第一行和第五行图素放在最上和最下位置,将 5 行图素一起选中,选择"工具箱"中的"垂直等间距"、"图素左对齐"。这样,整齐排列的画面就制作完成了,如图 19-15 所示。

④ 全部保存后切换至运行系统,观察效果。

⑤ 完成主画面与该画面的切换。

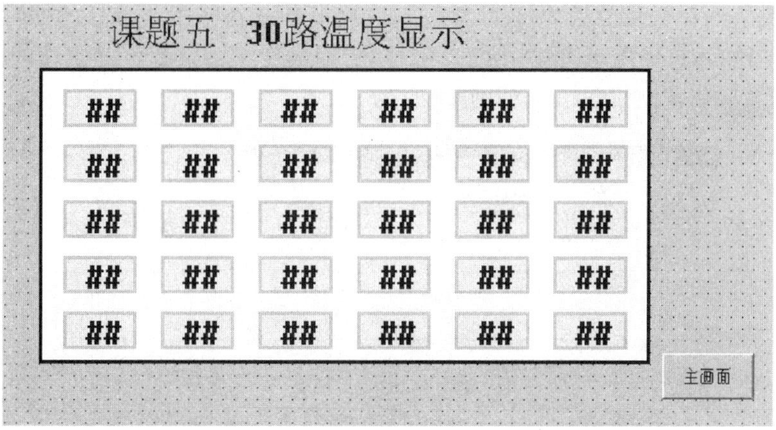

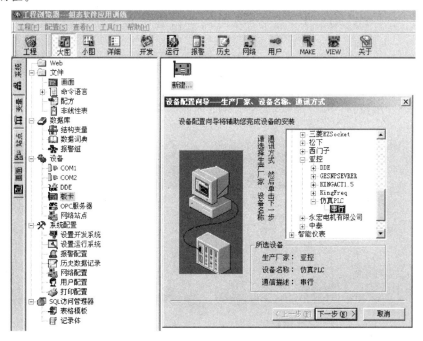

图 19-15　30 路温度显示画面

（2）水在管道中流动画面的制作

① 连接设备。打开工程浏览器，在"工程目录显示区"选择"板卡"，双击状态栏中的"新建"按钮，在如图 19-16 所示"设备配置向导"的树形设备列表中选择"PLC"|"亚控"|"仿真 PLC"|"串行"，单击"下一步"按钮，给该设备命名，如"新 I/O 设备"，继续执行下面的操作，直到出现"完成"对话框。

注意："仿真 PLC"并不是真正的外部设备，所以"与设备连接的端口"和"地址"可以在一定范围内随意选择。但如果是实际设备，这两项参数必须根据设备安装的实际情况给出准确值。

图 19-16　通信设备的连接

　　② 设置变量。选择工程浏览器中的"数据词典",双击状态栏中的"新建"按钮,输入变量名"水流",选择变量类型为"I/O 整数",连接设备选择①中连接好的"新 I/O 设备",寄存器选择"INCREA9"(也可以用 DECREA,后面的数字是根据将要制作的水流个数添加的),数据类型选择"SHORT",如图 19-17 所示。

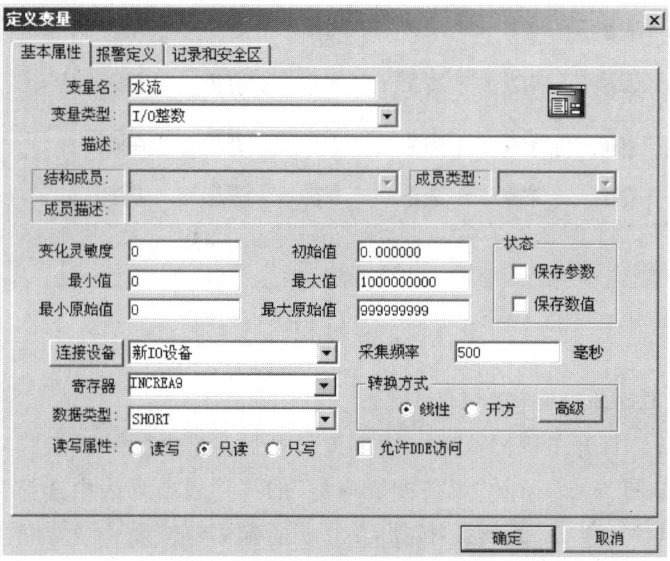

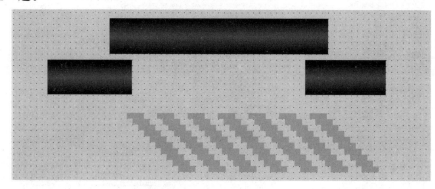

图 19-17　旋转连接参数的设置

　　③ 新建画面,命名为"课题 5-2 水流"。用"工具箱"中的"圆角矩形"画三个矩形,用"过渡色类型"调整,使它们看起来像管道。

　　④ 画一个小矩形,复制多个后整齐排列成一行,用"合成组合图素"组合为一个整体,用它来代表一束水流。

　　⑤ 动画连接。选择④中画好的水流对象进行隐含连接,条件表达式为"水流==0"时显示。再复制 9 个同样的水流,将条件表达式依次改为"水流==1"时显示,"水流==2"时显示,…,"水流==9"时显示,如图 19-18 所示。将 10 个水流一起选中后"上对齐",叠放在一起。

图 19-18　水流制作画面

⑥ 调整好管道、水流位置。图素的前、后位置可以在选中图素后右击,在浮动菜单中选择"图素位置"中的一种进行调整。

⑦ 全部保存后切换至运行系统,观察运行结果,如图 19-19 所示。

图 19-19　水流的运行结果

⑧ 完成主画面与该画面间的切换。

4. 仿真 PLC 说明

组态王的仿真 PLC 提供了 5 种类型的内部寄存器变量,即 INCREA、DECREA、RADOM、STATIC 和 CommErr,每种寄存器变量的编号为 1~1000,所有变量的数据类型均为整型(即 SHORT)。

INCREA 为自动加 1 寄存器,该寄存器变量的最大变化范围是 0~1000。寄存器变量的编号原则是在寄存器名后加上整数值,此整数值同时表示该寄存器变量的递增变化范围。例如,INCREA100 表示该寄存器变量从 0 开始自动加 1,其变化范围是 0~100。其他内容请参阅组态王的"帮助"。

[训练题 5]

(1) 完成一个 49 路温度显示仪,要求整齐排列成 7 行 7 列。

(2) 制作一个水流动的画面,由 11 条水流构成。

19.6　模拟一个 4 路喷灌系统

1. 教学目的

(1) 熟练掌握图库精灵的使用方法。

(2) 掌握离散变量的使用方法。

(3) 熟练掌握按钮的使用方法。

(4) 掌握条件语句多层嵌套的编程方法。

2. 课题要求

制作一个模拟的农田 4 路喷灌系统,能够显示累积流量,喷水时有动画显示。直接单击画面上的阀门和水泵,或单击控制盘上的按钮,能够改变对应设备的开、关状态。当水泵打开时,开阀门,则阀门的相应出口有流水,并有累积流量显示。当 4 个阀门全关时,水泵自动关闭(保护水泵)。当有 1~3 个阀门打开时,流量按每秒加 0.5 的速度累积。当

4 个阀门全开时,流量按每秒加 5 的速度累积。

3. 操作步骤

(1)新建画面,命名为"课题六　4 路喷灌"。

(2)画面绘制。画管道时,管线可以重叠,但必须一次连续画出,只有这样才能画出管道相互贯通的效果。水泵和阀门从系统提供的图库精灵中选择。绘制控制柜,上面绘制 5 个按钮,分别输入文本"阀 1"、"阀 2"、"阀 3"、"阀 4"和"水泵",如图 19-20 所示。

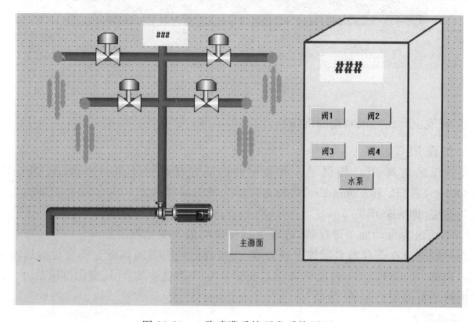

图 19-20　4 路喷灌系统开发系统画面

　　(3)新建变量。"阀 1"、"阀 2"、"阀 3"、"阀 4"和"水泵"定义为内存离散型,"流量"定义为内存实型,"水滴"定义为 I/O 整型。

　　(4)动画连接。

- 双击代表阀 1 的对象,打开动画连接,输入变量名"阀 1",还可以修改阀门关闭和打开时的颜色,如图 19-21 所示。其他 3 个阀门和水泵以此类推。
- 双击控制柜上的按钮"阀 1",打开动画连接,单击"弹起时"按钮,输入命令语言"阀 1=! 阀 1";,使系统运行时每按一次此按钮,阀门的开关状态改变一次。其他阀门和水泵以此类推。
- 对字符"＃＃"进行模拟值输出连接,连接变量为"流量"。

　　(5)设变量"水滴"为 I/O 整型,连接亚控仿真寄存器 INCREA3,按照 19.5 节中水流的制作方式制作水滴并进行动画连接,使水泵和对应的阀门打开时有移动的水滴显示。例如,与阀 1 对应制作了 4 个水滴,并分别进行隐含连接,显示条件依次为"水泵＝＝1&& 阀 1==1&& 水滴==0",…,"水泵==1&& 阀 1==1&& 水滴==3"。

　　(6)编写命令语言,使系统运行时实现流量的累积运算。命令语言为:

if(水泵==1)

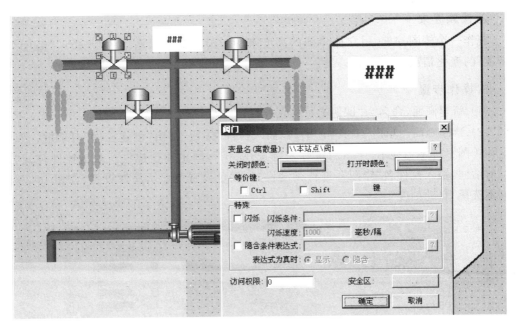

图 19-21 设置对象的连接变量

{if(阀1&&阀2&&阀3&&阀4)   // "阀1"即"阀1==1"的略写形式
流量=流量+5;}   //4个阀全时加5,用来模拟4个阀门打开时累积流量增加较快

else
{if(阀1‖阀2‖阀3‖阀4)
  流量=流量+0.5;}   //1~3个阀开时加0.5,用来模拟阀门没有全开时累积流量增加较慢

if(阀1==0&&阀2==0&&阀3==0&&阀4==0)
  水泵==0;   //4个阀门全关时关掉水泵,防止水泵烧毁

(7) 全部保存后切换到运行系统,观察运行效果。

(8) 补充主画面中的菜单,完成主画面与该画面间的切换。

[训练题 6]

改进 19.6 节所述课题,要求开 1 个阀门时流量加 1,开 2 个阀门时流量加 2,开 3 个阀门时流量加 3,开 4 个阀门,即全开时流量加 4。

19.7 棒图控件的使用

1. 教学目的

(1) 掌握棒图控件的使用方法及属性设置方法。

(2) 掌握棒图控件函数的使用方法。

(3) 明确画面命令语言和应用程序命令语言的区别。

2. 课题要求

制作一个棒图控件,用立体棒图的高度来实时显示前面课题中的"水位"、"温度"和"湿度"的变化情况。

3. 操作步骤

(1) 新建画面,命名为"课题七　棒图控件"。

(2) 绘制画面。单击"工具箱"中的"插入控件"按钮,弹出"创建控件"对话框。双击"立体棒图",屏幕上显示"+",用鼠标左键按住"+",画出棒图控件。双击控件打开"属性"对话框,输入控件名"棒图",进行刻度设置、颜色设置及显示属性设置,如图 19-22 所示,不选择"自动刻度"。

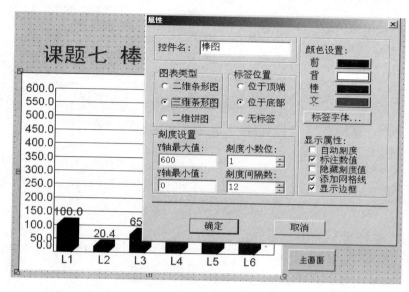

图 19-22　棒图控件属性的设置

(3) 编写画面命令语言。该课题中要显示的水位、温度、湿度并非实际变量,是我们在前面课题中编程改变的参数,程序写在对应课题的"画面命令语言"中,这些变量只有对应画面运行时才有效。如果想在棒图控件画面中使用这些变量值,必须将程序复制、粘贴到工程浏览器的"命令语言"|"应用程序命令语言"中,写在这里的程序只要该工程运行就有效。所以,各画面的公共程序一定要在这里编写。

显示时(写到此处的程序,只有当画面由隐含变为显示时执行一次):

```
chartclear("棒图");              //清除指定的棒图控件中的所有棒形图
chartadd("棒图",水位,"水位");    //在指定的棒图控件中增加一个新的条形图
chartadd("棒图",温度,"温度");
chartadd("棒图",湿度,"湿度");
```

存在时(写到此处的程序,只要画面存在,就按照选定的频率循环运行):

```
chartset value("棒图",0,水位);
chartset value("棒图",1,温度);
```

chartset value("棒图",2,湿度);

隐含时(写到此处的程序,只有当画面由显示变为隐含时执行一次):

chartclear("棒图"); //清除棒图

注意：函数中的控件名称一定要与"属性"窗口中设定的控件名一致,绝不能与画面名称相混淆。

（4）全部保存后切换至运行系统,观察运行效果。

（5）补充主画面中的菜单,完成主画面与该画面间的切换。

4. 棒图控件相关函数说明

- chartclear()

功能：在指定的棒图控件中清除所有棒形图。

语法格式：

chartclear("controlname");

其中,controlname 是所定义的棒图控件名称。

- chartadd()

功能：在指定的棒图控件中增加一个新的条形图。

语法格式：

chartadd("controlname",value,"label");

其中,value 是单个棒柱显示的变量名；label 是单个棒柱下面显示的标签,用于说明显示的参数。

- chartsetvalue()

功能：在指定的棒图控件中,设定、修改索引值为 index 的条形图数值。

语法格式：

chartsetvalue("controlname",index,value);

其中,index 是指单个棒柱的序号 0,1,2,…。

[训练题 7]

制作一个棒图画面,按顺序显示水位、压力 1 和压力 2。选择"自动刻度",观察运行效果。

19.8　温控曲线控件的使用

1. 教学目的

（1）掌握温控曲线控件的属性设置方法。

（2）掌握温控曲线控件函数的使用方法。

（3）明确温控曲线控件的含义。

2. 课题要求

(1) 制作一个温控曲线，选择"自由设定方式"来设定温度，设定曲线是由(0,0)、(30,20)、(120,60)和(170,60)四点连接而成。新设变量"水温"作为实时显示的变量("水温"是模拟实际现场参数的内存变量，用程序来改变其数值)。

(2) 制作一个"升温保温模式"的设定曲线。

3. 操作步骤

(1)"自由设定方式"的应用

① 新建画面命名为"课题八：温控曲线控件的使用"。

② 单击"工具箱"|"插入控件"命令，打开"创建控件"对话框，双击"温控曲线"画出曲线。

③ 双击控件，弹出"属性设置"对话框，设置控件名称"温控曲线"。根据需要调整刻度、颜色等设置，设定方式选择"自由设定方式"，如图 19-23 所示。

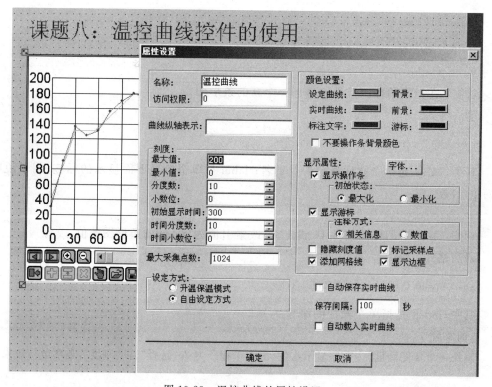

图 19-23 温控曲线的属性设置

④ 设置内存实型变量"水温"，设置最大值为 100。温控曲线的纵坐标显示的是变量的实际值与最大值的比值百分数，因此必须根据变量的实际变化范围设置最大值。

⑤ 编写画面命令语言。

显示时：

```
pvClear("温控曲线",0);
pvClear("温控曲线",1);
```

存在时：

水温＝水温＋12；
if(水温＞＝100)
｛水温＝0；｝ 　　　　　　　　　　　　//以上程序用来模拟实际"水温"信号的变化
pvAddNewSetPt("温控曲线",0,0);
pvAddNewSetPt("温控曲线",30,20); 　　　//确定设定曲线上的一点,相对前一采样点的时间偏
　　　　　　　　　　　　　　　　　　　　　移量为 30,设定值为 20
pvAddNewSetPt("温控曲线",90,60); 　　　//相对前一采样点的时间偏移量为 120－30＝90,设
　　　　　　　　　　　　　　　　　　　　　定值为 60
pvAddNewSetPt("温控曲线",50,60); 　　　//相对前一采样点的时间偏移量为 170－120＝50,设
　　　　　　　　　　　　　　　　　　　　　定值为 60
pvAddNewRealPt("温控曲线",10,水温,"水温值"); 　　//以 10 秒的采样频率对水温变量采样

　　绘点的速度可以通过改变"存在时"的执行周期来调整。在实际系统中,采集的实时曲线与设定曲线基本一致。本课题中的"水温"是模拟变量,所以与设定值无关。

　　⑥ 补充主画面中的菜单,完成主画面与该画面间的切换。

　　(2)"升温保温模式"的应用

　　① 将前面温控曲线中的设定方式修改为"升温保温模式"。

　　② 生成 csv 格式的设定温控曲线。打开记事本,输入下列内容：

setdata
10
15
2,20,0
5,50,50
10,100,100
20,150,50
40,200,100

　　其中,"10"表示曲线点数；"15"表示曲线第一点的位置；"2,20,0"表示第一段升温速率为 2,设定时间为 20,保温时间为 0；"5,50,50"表示第二段升温速率为 5,设定时间为 50,保温时间为 50；以此类推。

　　保存文件到本工程目录下,命名为 setsave.csv。

　　注意：必须先生成 csv 文件,数据是根据工程设备实际需要设定的。

　　③ 调入设定温控曲线。

　　方法一：在"画面属性"|"命令语言"中的"显示时"标签下编程。

setchart＝InfoAppDir()＋"setsave.csv"; 　　//InfoAppDir 的功能是获取当前组态王工程目录,
　　　　　　　　　　　　　　　　　　　　　setchart 是事先设定的内存字符串型变量
pvLoadData("温控曲线",setchart,"SetValue"); 　　//将字符串变量 setchart 指定文件中设置的
　　　　　　　　　　　　　　　　　　　　　　曲线调入"温控曲线"控件作为设定曲线

　　方法二：在"画面属性"|"命令语言"中的"显示时"标签下编程。

pvIniPreCuve("温控曲线","f:\总线教材\总线工程\pvset.csv") 　　//直接写出指定文件的绝对
　　　　　　　　　　　　　　　　　　　　　　　　　　　　路径

　　④ 全部保存后切换到运行系统,运行结果如图 19-24 所示。

⑤ 补充主画面菜单，完成主画面与该画面的切换。

4.温控曲线函数说明

• pvAddNewRealpt()

功能：在指定的温控曲线中增加一个采样实时值。

语法格式：

pvAddNewRealpt（"controlName"，timedfset，value，"commentTag"）

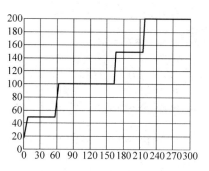

图 19-24　升温保温模式的运行结果

其中，controlName 是控件名；timedfset 是距前一个值的时间间隔（第一位取 0）；value 是温度采样值，实型数据（实型变量）。

• pvAddNewsetpv()

功能：增加一个段温度设定曲线。

语法格式：

pvAddNewsetpv("control"，timeoffset，value)

其中，control 是控件名，timeoffset 是时间间隔（第一位取 0），value 是温度设定值（实型数据）。

• pvClear()

功能：清除设定、实时曲线。

语法格式：

pvClear("控件名"，isrealconrve)

其中，isrealconrve 为 1 时清实时曲线，为 0 时清设定曲线。

• pvLoadData()

功能：此函数用于从指定的文件中读取温控设定曲线或温控实时曲线的采样历史数据值，文件名后缀必须为.csv。

语法格式：

pvLoadData("controlName"，"fileName"，"option")；

其中，controlName 是工程人员定义的温控曲线控件名称，可以为中文名或英文名；fileName 是以.csv 格式按曲线段数、各段升温速率、设定温度及保温时间依次存放设定温控曲线信息或温控实时曲线的采样历史数据值，文件名后缀必须为.csv；option 是字符串常量，用来区分读取温控设定曲线还是温控实时曲线的采样历史数据值，RealValue 读取温控实时曲线的采样历史数据值，SetValue 读取温控设定曲线。

• pvIniPreCuve()

功能：此函数用于初始化设定曲线。

语法格式：

pvIniPreCuve("controlName","fileName");

其中,controlName 是工程人员定义的温控曲线控件名称,可以为中文名或英文名。fileName 是文件名称,格式是以扩展名为.csv 的文本文件。

- InfoAppDir 函数

功能:此函数返回当前组态王工程目录。

语法格式:

MessageResult＝InfoAppDir();

其中,当前组态王工程目录返回给 MessageResult。

[训练题 8]

制作一个温控曲线,设置为"自由设定方式",绘出由(0,0)、(50,80)、(100,80)、(170,100)四点构成的设定曲线。

19.9　X-Y 曲线控件的使用

1. 教学目的

(1) 掌握 X-Y 曲线控件的使用及属性设置方法。

(2) 掌握 X-Y 曲线控件函数的使用方法。

2. 课题要求

制作一个 X-Y 曲线控件,显示两条曲线:一条曲线以"＄秒"为横坐标,"水位"为纵坐标;另一条曲线以内存变量"温度"为横坐标,"湿度"为纵坐标。

3. 操作步骤

(1) 新建画面"课题九　X-Y 曲线控件的使用"。

(2) 单击"工具箱"|"插入控件"命令,弹出"创建控件"对话框。双击"X-Y 轴曲线",画出 X-Y 曲线控件。

(3) 双击控件,弹出"属性设置"对话框,输入控件名称"XY 控件",设置颜色、坐标、显示属性等。在设置 X、Y 轴最大值时,一定要根据要显示变量的最大值来确定,如图 19-25 所示。

(4) 在"画面命令语言"中编程。

显示时:

```
xyClear("XY 控件",0);      //每次重新打开运行画面时,清除原来的曲线
xyClear("XY 控件",1);      //注意:控件名包括大小写,要与"属性设置"中设定的名称完全
                                  一致
```

存在时:

```
xyAddNewPoint("XY 控件",温度,湿度,0);
xyAddNewPoint("XY 控件",＄秒,水位,1);
```

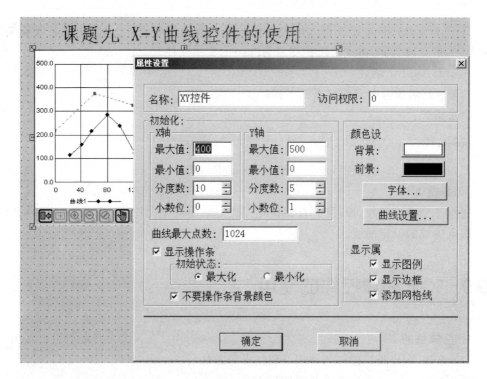

图 19-25   X-Y 曲线控件"属性设置"对话框

（5）全部保存后切换到运行系统，观察运行效果，熟悉各操作按钮的功能。

（6）补充主画面的菜单，实现该画面与主画面的切换。

4. X-Y 曲线控件函数说明

• XYAddNewpoint()

功能：此函数用于在指定的 X-Y 曲线控件中给指定曲线添加一个数据点。

语法格式：

XYAddNewpoint("ControlName",X,Y,Index);

其中，ControlName 是用户定义的 X-Y 曲线控件名称，可以为中文名或英文名，注意分清英文字符的大小写；X 是设置数据点的 X 轴坐标值，Y 是设置数据点的 Y 轴坐标值；Index 给出 X-Y 曲线控件中的曲线索引号，取值范围 0～7。例如：

XYAddNewpoint("XY 曲线",30,20,1);   //表示在 XY 曲线的第一条线加一点，X＝30，
                                       Y＝20

• XYClear()

功能：此函数用于在指定的 X-Y 轴曲线控件中清除指定曲线。

语法格式：

XYClear("ControlName",Index);

其中,Index 给出 X-Y 曲线控件中的曲线索引号,取值范围 0～7。当取值为−1 时,清除所有曲线。

[**训练题 9**]

设置两个内存实型变量"压力 1"和"压力 2",编写一段程序,使一个变量逐渐增大,另一个变量逐渐减小,并在 X-Y 曲线控件中显示出二者间的对应关系曲线。

19.10　历史趋势曲线的制作

1. 教学目的

(1) 掌握历史趋势曲线控件的使用方法及属性设置方法。

(2) 掌握变量的定义方法,掌握变量的 3 个属性。

(3) 掌握历史趋势曲线控件函数的使用方法。

(4) 学会历史趋势曲线控件上按钮的使用方法。

2. 课题要求

(1) 从"工具箱"中调用个性化历史趋势曲线,以曲线形式表示"压力 1"、"温度"和"水位"3 个变量的历史数据。制作一个曲线颜色信息板,显示出不同颜色的曲线代表的参数名称。

(2) 从图库中调用已经定义好各功能按钮的历史趋势曲线,以曲线形式表示"压力 1"、"压力 2"和"湿度"3 个变量的历史数据。熟练掌握各操作按钮和时间轴指示器的功能。制作一个曲线颜色信息板,显示出不同颜色曲线代表的参数名称。

3. 操作步骤

(1) 个性化历史趋势曲线

① 新建画面"课题十　历史趋势曲线的制作 1"。

② 新建变量"时间偏移量",为实数型变量,数值范围为 0～100。对历史曲线上要显示的变量"压力 1"、"温度"和"水位"设定最大值,并在"记录和安全区"页中选择"数据变化记录"。

③ 单击"工具箱"|"历史趋势曲线",绘出历史趋势曲线。双击控件,弹出"历史趋势曲线"窗口,设置控件名称为"历史趋势曲线",确定变量的名称、坐标的刻度和标识,如图 19-26 所示。设置 X、Y 方向主、次分割线和标识数目时一定要匹配,保证刻度线与标识对应。

④ 在画面上画一个圆角矩形,作为曲线颜色信息显示板。画 3 条线段,颜色分别与"历史趋势曲线"中设置的颜色相同,后边各有一个文本。双击各个文本,打开动画连接,单击"字符串输出"按钮,分别输入表达式"HTGetPenName("历史趋势曲线",1);"、"HTGetPenName("历史趋势曲线",2);"和"HTGetPenName("历史趋势曲线",3);",如图 19-27 所示。这样,在运行时就会显示该颜色的曲线对应的变量名。

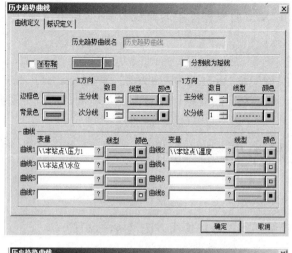

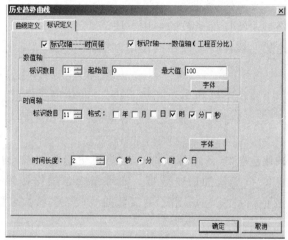

图 19-26　历史趋势曲线的设置

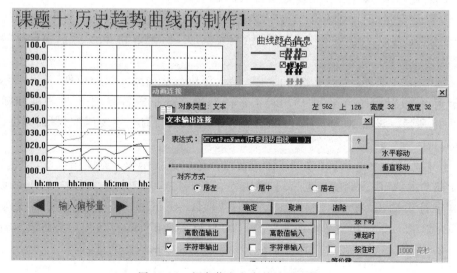

图 19-27　颜色信息文字的动画连接

⑤ 打开"图库",选择左、右移动按钮,并绘制到曲线控件下方,中间输入一个文本,如图 19-27 中的"输入偏移量"。对文本进行模拟值输入连接和模拟值输出连接,连接内存实数型变量"时间偏移量"。双击左移按钮,打开"按钮向导"后单击"弹起时"按钮,输入命令语言"HTScrollLeft(历史趋势曲线,时间偏移量);";双击右移按钮,打开"按钮向导"后单击"弹起时"按钮,输入命令语言"HTScrollRight(历史趋势曲线,时间偏移量);"。

⑥ 补充主画面的菜单,实现该画面与主画面的切换。

⑦ 全部保存后切换到运行系统,通过修改"时间偏移量"设定时间轴移动百分比,再按动左、右移动按钮,观察运行结果。

⑧ 在"变量定义"中选择"数据保存"或"变量保存",重新启动运行系统,比较运行效果,明确这些选项的含义。

(2) 通用历史趋势曲线

① 对曲线中要显示的变量进行最大值限定,选择记录。

② 新建变量"输入调整跨度"和"卷动百分比",内存实数型。

注意:这两个变量是历史趋势曲线图库精灵中已经使用的变量,名称必须完全一致。

③ 新建画面"课题十　历史趋势曲线的制作 2"。

④ 选择菜单"图库"|"打开图库",在"图库管理器"列表中单击"历史曲线",在右侧精灵显示区域就会显示一个已经定义好各种功能按钮的历史趋势曲线。双击图标,画出历史趋势曲线。

⑤ 双击历史趋势曲线,打开"历史曲线向导","曲线定义"和"坐标系"设置同个性化历史趋势曲线。切换到"操作面板和安全属性"选项卡,修改调整跨度连接变量"输入调整跨度"和卷动百分比连接变量"卷动百分比",如图 19-28 所示。

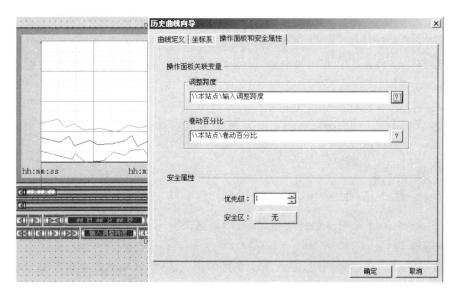

图 19-28　历史趋势曲线的属性面板和安全属性设置

⑥ 制作颜色信息板,方法同个性化历史趋势曲线。

⑦ 补充主画面的菜单,实现该画面与主画面的切换。

⑧ 全部保存后切换到运行系统观察运行结果,熟悉各按钮的功能。

4. 相关的函数说明

• HTGetpenName()

功能:此函数返回指定历史趋势曲线的指定笔号当前所用变量名。

语法格式:

　　HTGetpenName("历史趋势曲线控件名",penName);

其中,"历史趋势曲线控件名"是控件名,而不是画面名,应区分大小写;penName 是笔号 1~8。

• HTScrollLeft()

功能:此函数将趋势曲线的起始时间左移(提前)给定的百分比值。百分比是相对于趋势曲线的时间轴长度。移动后,时间轴的长度保持不变。

语法格式:

　　HTScrollLeft(Hist_Tag,Percent);

其中,Hist_Tag 是历史趋势变量,代表趋势名;Percent 是实数,代表图表要滚动的百分比(0.0~100.0)。

• HTScrollRight()

功能:此函数将趋势曲线的起始时间右移给定的百分比值。百分比是相对于趋势曲线的时间轴长度。移动后,时间轴的长度保持不变。

语法格式:

　　HTScrollRight (Hist_Tag,Percent);

其中,Hist_Tag 是历史趋势变量,代表趋势名;Percent 是实数,代表图表要滚动的百分比(0.0~100.0)。

• HTUpdateToCurrentTime()

功能:此函数将趋势曲线的终止时间设置为当前时间,时间轴长度保持不变。它主要用于查看最新数据。

语法格式:

　　HTUpdateToCurrentTime(Hist_Tag);

其中,Hist_Tag 是历史趋势变量,代表趋势名。

[训练题 10]

制作个性化历史趋势曲线,显示 3 个变量的历史曲线,在曲线颜色信息板上显示各种颜色曲线代表的变量名。制作一个按钮,按动时能够显示最近时间段的历史曲线。

19.11　实时趋势曲线的制作

1. 教学目的

（1）掌握实时趋势曲线控件的使用方法及属性设置方法。

（2）掌握实时趋势曲线控件函数的使用方法。

（3）掌握移动连接的实现方法。

2. 课题要求

制作一个实时趋势曲线，显示变量"压力 1"和"压力 2"。制作"笔"和模拟值输出文本，使其跟随曲线移动，并显示数值大小。

3. 操作步骤

（1）新建画面"课题十一　实时趋势曲线的制作"。

（2）对要显示的变量进行最大值设置。最大值确定为变量实际能够达到的最大值。

（3）选择菜单命令"工具"|"实时趋势曲线"，绘制实时曲线。双击控件，弹出"实时趋势曲线"画面，选择变量名，确定分割线数目和分度数目（这两个数目必须匹配，保证分度值与分割线对应）。方法同 19.10 节历史曲线的设置，在控件下方标注曲线信息。

（4）单击"工具箱"|"多边形"，在曲线右侧画两个笔，笔的颜色分别与对应的线型颜色相同，笔的旁边分别制作一个文本，如图 19-29 所示。

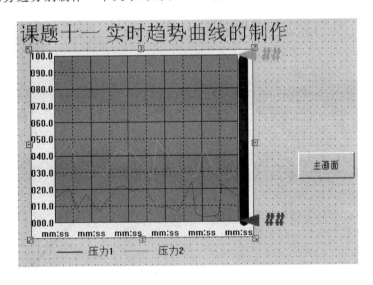

图 19-29　开发系统画面

（5）完成"笔"和对应文本的移动连接。将光标移到历史曲线纵坐标 0 刻度点，测出光标位置的 Y 坐标，如图 19-30(a)所示（数值为 370）；再用相同的方法测量历史曲线纵坐标

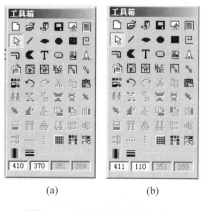

图 19-30　测量光标移动距离

100 刻度点的 Y 坐标,如图 19-30(b)所示(数值为110),计算二者的差值(260)即得到光标移动距离。

(6)双击"笔"图素,打开动画连接,进行"垂直移动"连接。选择变量"压力 1"(要与相应颜色的曲线名一致),确定对应变量从最小值(0)变化到最大值(300)时"笔"的移动距离。同理,对另一个"笔"也进行动画连接,如图 19-31 所示(压力 2 的变化范围是 0~600)。

(7)分别对两个文本进行模拟值输出连接和垂直移动连接,使文本指示出变量的实时数据,并与相应的"笔"同步移动。

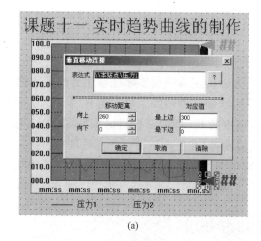

(a)

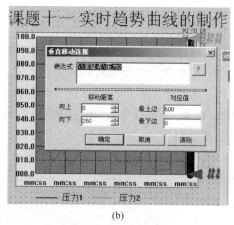

(b)

图 19-31　"笔"的动画连接

(8)全部保存后切换到运行系统观察现象。有时"笔"与实时曲线有些偏差,这是由运行系统的基准频率、时间变量的更新频率等参数不匹配引起的。可以在工程浏览器中选择菜单"配置"|"运行环境"或单击工具条上的"运行"按钮,或单击工程浏览器的工程目录显示区中"系统配置"|"设置运行系统"按钮后,在弹出的"运行系统设置"对话框的"特殊"标签下修改相应参数,使参数匹配。

(9)补充主画面的菜单,实现该画面与主画面的切换。

[训练题 11]

(1)制作一个实时趋势曲线,连接两个变量,并制作对应的"笔"和文本指示相应的数值。

(2)在画面上画一个正方形、一条对角线、一个小圆球,如图 19-32 所示。系统组态,让小圆球每分钟沿正方形对角线移动一次,再实现该画面

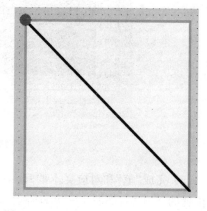

图 19-32　训练题 11(2)的开发系统画面

与主画面间的相互切换。

19.12 报警的制作

1. 教学目的

（1）掌握报警组的设计方法。

（2）掌握变量的报警定义属性的设置方法。

（3）明确报警限不同设置方法间的区别，以及各参数的含义。

2. 课题要求

制作一个报警画面，实现前面课题中用过的各参数的报警，认识"实时报警窗"和"历史报警窗"的区别。

3. 操作步骤

（1）新建画面"课题十二 报警的制作"。单击"工具箱"|"报警窗口"，绘出报警画面。

（2）双击报警窗口，打开"报警窗口配置属性页"，确定报警窗口名称。选择"实时报警窗"，进行属性、日期和时间格式的选择，如图 19-33 所示。在列属性页确定报警窗中要显示的列，再根据需要进行操作属性、条件属性、颜色和字体属性的设置。

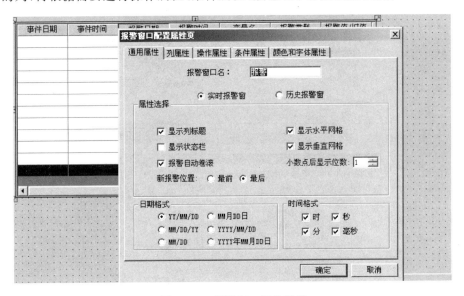

图 19-33 报警窗口属性设置

（3）打开工程浏览器，双击工程目录显示区中的"报警组"，打开"报警组定义"对话框，进行报警组定义，如图 19-34 所示。

（4）打开"工程浏览器"|"数据词典"，双击变量，打开"变量定义"对话框中的"报警定义"选项卡，选择报警组，确定报警方式和报警限。图 19-35 表明了对"水位"进行的报警限设置和对"压力 1"进行的偏差报警设置，根据实际需要再对其他变量作相应的报警设置。

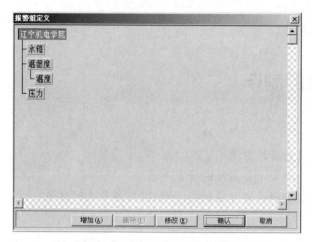

图 19-34　"报警组定义"对话框

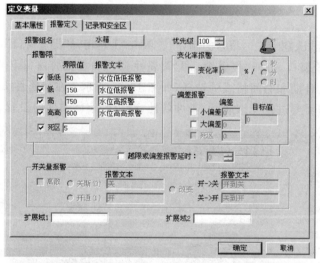

图 19-35　变量的报警设置

（5）全部保存后切换到运行系统观察运行结果。

（6）回到开发系统，将"报警窗口配置属性页"中的"实时报警窗"改为"历史报警窗"，再重新运行系统，观察设定的报警值与报警结果间的关系。

（7）补充主画面的菜单，实现该画面与主画面的切换。

[训练题 12]

设置"报警组"，对"温度"变量进行报警限设置，并设置合适的"死区"；对"湿度"进行偏差报警设置，并设置报警延时；对"水泵"进行开关量报警设置，观察报警结果，分析各项设置的作用。

19.13　实时数据报表的制作

1. 教学目的

（1）掌握实时数据报表控件的使用方法及属性设置方法。

（2）掌握常用数学函数的使用方法。

（3）掌握常用报表函数的使用方法。

2. 课题要求

制作一个"实时数据报表"，表头第 2 行显示当前时间和日期，第 1～6 列的第 4～63 行分别显示序号、温度、湿度、水位、压力 1 和压力 2。数据更新速度是每秒一行。在最后 4 行分别显示"总和"、"最大值"、"最小值"和"平均值"。

3. 操作步骤

（1）新建画面，命名为"课题十三　实时数据报表"。

（2）单击"工具箱"|"报表窗口"，绘出一个报表。合并第 1 行，输入表头"实时数据报表"。要在第 2 行第 2 列显示当前日期，选中相应的单元格，在"报表工具箱"中输入"=Date（$ 年，$ 月，$ 日）"后单击"✓"。同理，在下一格中输入"=Time（$ 时，$ 分，$ 秒）"，实时显示当前时间。在第 3 行分别输入提示文字，如图 19-36 所示。

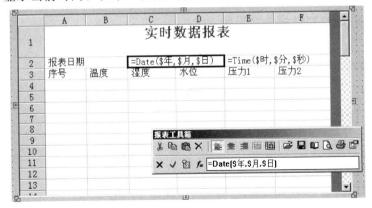

图 19-36　实时数据报表的设计

（3）要在第 4～63 行显示 0～59 秒期间对应的数据，每秒一行，先设一个内存变量"行"，打开"画面属性"|"命令语言"，在"存在时"标签下编程：

```
行＝$秒＋4；                              //从第 4 行开始显示数据
ReportSetCellValue("实时数据",行,1,$秒)；    //第 1 列显示$秒作为序号
ReportSetCellValue("实时数据",行,2,水位)；
ReportSetCellValue("实时数据",行,3,温度)；
ReportSetCellValue("实时数据",行,4,湿度)；
ReportSetCellValue("实时数据",行,5,压力1)；
ReportSetCellValue("实时数据",行,6,压力2)；
```

（4）要在第 64～67 行依次显示"总和"、"最大值"、"最小值"和"平均值"，单击单元格，输入相应的数学函数式。如要在第 64 行 B 列中显示 b4～b63 单元格数据之和，单击 b64 单元格并输入"＝Sum('b4:b63')"，如图 19-37 所示。同理，完成其他单元格的数学运算。

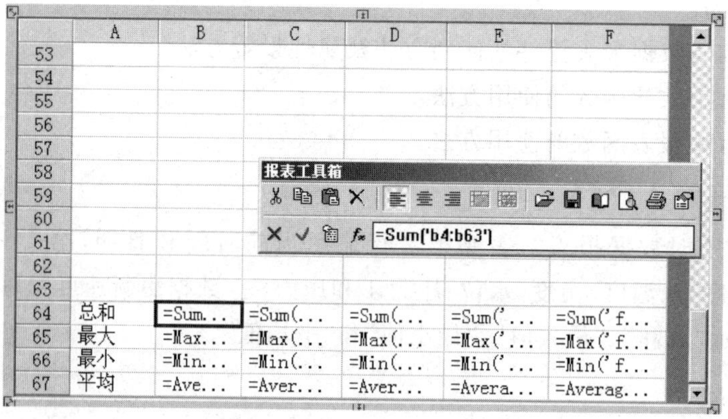

图 19-37　运算结果的显示

（5）选中相应的单元格，进行"单元格格式"设置。

（6）全部保存后切换到运行系统观察运行结果。

（7）补充主画面的菜单，实现该画面与主画面的切换。

4. 典型报表函数和数学函数说明

• Date()

功能：根据给出的年、月、日整型数，返回日期字符串，默认格式为"年：月：日"。

语法格式：

Date(LONG nYear,LONG nMonth,LONG nDay)；

• Max()

```
Max(Val1,Val2)；      //用于求得两个数中较大的一个数
Max('b1:b20')；       //用于求得 b1～b20 单元格数值中最大的一个数
MaxValue ＝ Max(Max(var1,var2),var3)；      //此函数返回值 MaxValue 为 var1、var2、var3 中
                                              最大的数
```

[训练题 13]

制作一个实时数据报表,每半小时更新一次数据,每天一张表格,表头上要有当前日期和时间的显示,表的底部要显示总和、最大值、最小值和平均值。

19.14　历史数据报表的制作

1. 教学目的

(1) 掌握历史数据报表控件的使用方法及属性设置方法。

(2) 掌握历史数据报表控件函数的使用方法。

(3) 熟悉报表函数和数学函数的使用方法。

2. 课题要求

(1) 制作一个历史数据报表,表中显示起始日期和时间,每间隔 60 秒查询水位、温度、湿度、压力 1 和压力 2 参数。在第 4~7 行显示,在第 9~12 行分别输出平均值、最大值、最小值和总和。

(2) 制作一个历史数据报表,要求在运行过程中能够随时调整数据输出的位置、显示参数、起始时间、终止时间和查询间隔时间等。

3. 操作步骤

(1) 历史数据报表 1——起始时间由程序给定

① 新建画面"课题十四　历史数据报表 1"。

② 单击"工具箱"|"报表窗口",绘出一个报表,报表控件名为"历史数据 1",并按图 19-38 所示的样式设计表格。

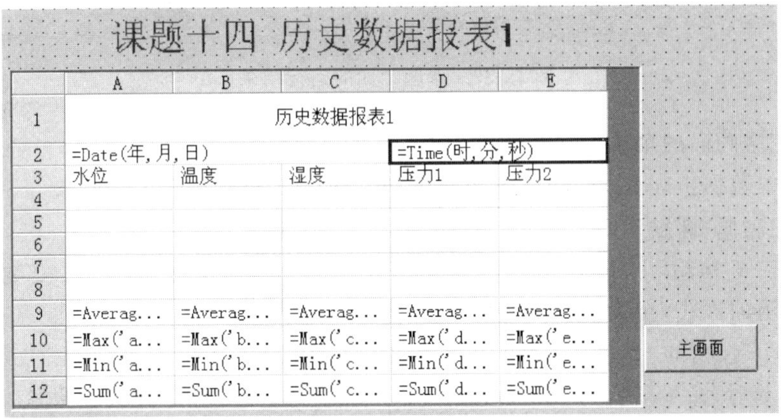

图 19-38　课题十四的开发系统画面

③ 设置新变量"起始时间",长整型数。这个变量要存放的数据是以 1970 年 1 月 1 日 0 时 0 分 0 秒为时间基准,将数据查询的起始时间换算为秒后的数值是非常大的,因此一定要将其最大值设为系统允许的最大值,这是至关重要的。

④ 对要显示的变量进行"记录"设置。

⑤ 要在第 4～7 行输出从 2007 年 12 月 04 日 14 时 02 分 00 秒开始的历史数据,具体编程如下:

```
年＝2007;
月＝12;
日＝04;
时＝14;
分＝02;
秒＝00;        //当查询起始时间变化时,要修改以上赋值语句
起始时间＝HTConvertTime(年,月,日,时,分,秒);
ReportSetHistData("历史数据1","水位",起始时间,60,"a4:a7");
ReportSetHistData("历史数据1","温度",起始时间,60,"b4:b7");
ReportSetHistData("历史数据1","湿度",起始时间,60,"c4:c7");
ReportSetHistData("历史数据1","压力1",起始时间,60,"d4:d7");
ReportSetHistData("历史数据1","压力2",起始时间,60,"e4:e7");
```

⑥ 全部保存后切换到"运行系统"观察运行结果,结果如图 19-39 所示。

图 19-39　课题十四的运行结果

⑦ 补充主画面的菜单,实现该画面与主画面的切换。

(2) 历史数据报表 2——随时确定变量、起始时间

① 新建画面"课题十四　历史数据报表 2"。

② 单击"工具箱"|"报表窗口",绘出一个报表,报表控件名为"历史数据",并按图 19-40 所示的样式设计表格和按钮。

③ "打印"按钮的"弹起时"命令语言为"ReportPrint("历史数据");"。"历史数据查询"按钮"弹起时"命令语言为"ReportSetHistData2(2,1);",规定查询结果从 2 行 1 列开始存放。存放位置在运行时可随时修改。

④ 全部保存后切换到运行系统。单击"历史数据查询"按钮,确定必要的参数,查看运行结果。

⑤ 补充主画面的菜单,实现该画面与主画面的切换。

图 19-40　历史数据报表 2 的开发系统画面

4. 相关函数说明

- HTConvertTime( )

功能：此函数将指定的时间格式（年，月，日，时，分，秒）转换为以秒为单位的长整型数，转换的时间基准是 1970 年 1 月 1 日 0 时 0 分 0 秒。

语法格式：

HTConvertTime(Year,Month,Day,Hour,Minute,Second);

其中，Year 是年，此值必须介于 1970 和 2019 之间；Month 是月，此值必须介于 1 和 12 之间；Day 是日，此值必须介于 1 和 31 之间；Hour 是小时，此值必须介于 0 和 23 之间；Minute 是分钟，此值必须介于 0 和 59 之间；Second 是秒，此值必须介于 0 和 59 之间。

调用此函数将用年、月、日、时、分、秒表示的时间转换成自 1970 年 1 月 1 日 00：00：00 即 UCT 起到该时刻所经过的秒数。在定义返回值变量时，应注意将其最大值设置为整型数的最大范围，否则可能会因为返回数据超出范围而导致转换的时间不正确。

- ReportSetHistData( )

功能：此函数为报表专用函数，按照用户给定的参数查询历史数据。

语法格式：

ReportSetHistData(ReportName,TagName,StartTime,SepTime,szContent);

其中，ReportName 是要填写查询数据结果的报表名称；TagName 是所要查询的变量名称，类型为字符串型，即带引号；StartTime 是数据查询的开始时间，该时间是通过组态王 HTConvertTime 函数转换的以 1970 年 1 月 1 日 0 时 0 分 0 秒为基准的长整型数；SepTime 是所查询数据的时间间隔，单位为秒；szContent 是查询结果填充的单元格范围。

- ReportSetHistData2( )

功能：此函数为报表专用函数。查询历史数据，使用该函数，只要设置查询的数据在报表中填充的起始位置，即输入起始行数（StartRow）、列数（StartCol），系统会自动弹出历史数据查询对话框。

语法格式：

ReportSetHistData2(StartRow,StartCol);

其中，StartRow 是查询的数据在报表中填充的起始行数；StartCol 是查询的数据在报表中填充的起始列数。

- Reportprint()

功能：此函数用于将指定的数据报告文件输出到打印配置中设定的打印端口上。

语法格式：

Reportprint("报告文件名");

其中，报告文件名用于指定要打印的数据报告文件。

[训练题 14]

制作一个历史数据报表，画面如图 19-41 所示。表中显示起始日期和时间，每间隔 2 分钟查询水位、温度、湿度、压力 1 和压力 2 参数，在第 4～8 行显示。在第 9～12 行分别输出平均值、最大值、最小值和总和，要求采用模拟值输入的方式在运行过程中能够随时修改起始时间。

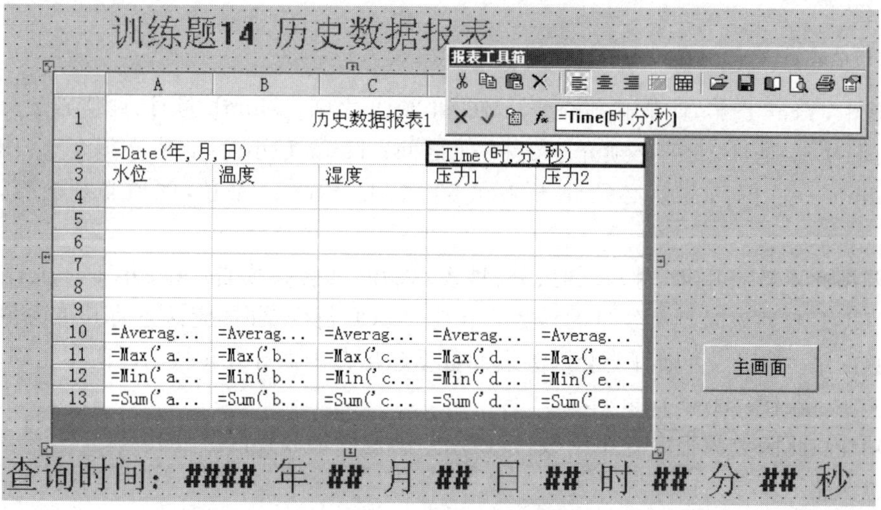

图 19-41　训练题 14 的开发系统画面

19.15　实现流量指示调节仪

1. 教学目的

（1）熟练掌握条件语句嵌套的编程方法。

（2）掌握一种设计仪表的方法。

2. 课题要求

通过按钮能够随时修改设定流量,能够将瞬时流量控制在设定流量附近,并实时显示瞬时流量和累积流量。累积流量的小数点位置随着数值大小而移动,保证累积流量显示的最高精度。要求瞬时流量上、下限超限时闪烁报警。

3. 操作步骤

(1) 新建画面"课题十五　实现流量指示调节仪",按图 19-42 所示样式进行画面设计。

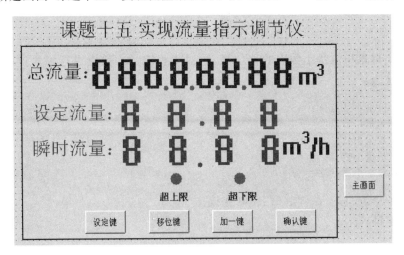

图 19-42　课题十五的开发系统画面设计

(2) 新建变量。本课题需要创建 1 个内存离散型变量(变量名为设定状态)和 19 个内存实型变量,变量名分别为瞬时流量、设定流量、累积流量小数点位、累积流量显示位 8、累积流量显示位 7、…、累积流量显示位 1、设定位置、设定位 4、设定位 3、设定位 2 和设定位 1。

(3) 对画面中的各元素进行动画连接。

- 对瞬时流量中的每个文本进行模拟值输出连接,从左到右依次为:

  int(瞬时流量/10)
  int(瞬时流量)－int(瞬时流量/10)＊10
  int(瞬时流量＊10)－int(瞬时流量)＊10
  int(瞬时流量＊100)－int(瞬时流量＊10)＊10

- 处于设定状态时,为了使瞬时流量不显示,对瞬时流量的每个文本进行隐含连接。

  设定状态==0 时显示

- 处于设定状态时,为了使设定流量中的修改位闪烁,对设定流量的每个文本进行闪烁连接,从左到右依次为:

  设定状态==1&& 设定位置==4
  设定状态==1&& 设定位置==3
  设定状态==1&& 设定位置==2
  设定状态==1&& 设定位置==1

- 处于设定状态时，为了使设定流量随时显示修改后的数值，对设定流量的每个文本进行模拟值输出连接。从左到右依次为：

  设定位 4、设定位 3、设定位 2、设定位 1

- 退出设定状态后，为了不再显示设定流量，对设定流量的每个文本进行隐含连接：

  设定状态==1 时显示

- 对累积流量的每位文本进行模拟值输出连接，从左到右依次为：

  累积流量显示位 8、7、6、5、4、3、2、1

- 为实现累积流量小数点的移位显示，对累积流量小数点进行隐含连接，从左到右依次为：

  累积流量小数点位==5
  累积流量小数点位==4
  累积流量小数点位==3
  累积流量小数点位==2
  累积流量小数点位==1

- 对各个按钮进行"弹起时"动画连接。
  设定键：

  设定状态＝1；　　　//进入设定状态
  设定位置＝1；　　　//进入设定状态后，从最右边一位开始修改

  移位键：

  if(设定状态==1)
  {设定位置＝设定位置＋1；
  if(设定位置==5)
  设定位置＝1;}　　　//每按一次"移位键"，修改位循环左移一位

  加一键：

  if(设定状态==1)
  if(设定位置==1)
  {设定位 1＝设定位 1＋1；
  　　　if(设定位 1==10)
  　　　　{设定位 1=0;}}　　　//每按一次"加一键"，闪烁位加 1，范围 0～9
  if(设定位置==2)
  {设定位 2＝设定位 2＋1；
  　　　if(设定位 2==10)
  　　　　{设定位 2=0;}}
  if(设定位置==3)
  {设定位 3＝设定位 3＋1；
  　　　if(设定位 3==10)
  　　　　{设定位 3=0;}}
  if(设定位置==4)
  {设定位 4＝设定位 4＋1；

```
        if(设定位 4==10)
          {设定位 4＝0；}}
```

确认键：

```
    设定状态＝0；      //退出设定状态
    设定流量＝设定位 4＊10＋设定位 3＋设定位 2＊0.1＋设定位 1＊0.01；
    /＊将设定结果存进变量"设定流量"＊/
```

- 正偏差灯闪烁连接：瞬时流量＞设定流量＋6
- 负偏差灯闪烁连接：瞬时流量＜设定流量－6

　（4）编写画面命令语言，使瞬时流量控制在设定流量附近，累积流量实现小数点移位显示（因为瞬时流量的单位是 m³/h，做实际工程时，画面命令语言"存在时"运行周期应该设为"每 1000ms"，累积流量计算式应为"累积流量＝累积流量＋瞬时流量/3600"）。

```
if(瞬时流量＜设定流量)
    {瞬时流量＝瞬时流量＋5.05；}      //用来模拟实际工程中的增大阀门开度
  else
    {瞬时流量＝瞬时流量－4.04；}      //用来模拟实际工程中的减小阀门开度
累积流量＝累积流量＋瞬时流量/3600；
if(累积流量＞＝100000)
{累积流量小数点位＝1；
累积流量显示位 8＝int(累积流量/100000)；
累积流量显示位 7＝int(累积流量/10000)－int(累积流量/100000)＊10；
累积流量显示位 6＝int(累积流量/1000)－int(累积流量/10000)＊10；
累积流量显示位 5＝int(累积流量/100)－int(累积流量/1000)＊10；
累积流量显示位 4＝int(累积流量/10)－int(累积流量/100)＊10；
累积流量显示位 3＝int(累积流量)－int(累积流量/10)＊10；
累积流量显示位 2＝int(累积流量＊10)－int(累积流量)＊10；
累积流量显示位 1＝int(累积流量＊100)－int(累积流量＊10)＊10；}
  else
{if(累积流量＞＝10000)
{累积流量小数点位＝2；
累积流量显示位 8＝int(累积流量/10000)；
累积流量显示位 7＝int(累积流量/1000)－int(累积流量/10000)＊10；
累积流量显示位 6＝int(累积流量/100)－int(累积流量/1000)＊10；
累积流量显示位 5＝int(累积流量/10)－int(累积流量/100)＊10；
累积流量显示位 4＝int(累积流量)－int(累积流量/10)＊10；
累积流量显示位 3＝int(累积流量＊10)－int(累积流量)＊10；
累积流量显示位 2＝int(累积流量＊100)－int(累积流量＊10)＊10；
累积流量显示位 1＝int(累积流量＊1000)－int(累积流量＊100)＊10；}
  else
{if(累积流量＞＝1000)
{累积流量小数点位＝3；
累积流量显示位 8＝int(累积流量/1000)；
累积流量显示位 7＝int(累积流量/100)－int(累积流量/1000)＊10；
累积流量显示位 6＝int(累积流量/10)－int(累积流量/100)＊10；
累积流量显示位 5＝int(累积流量)－int(累积流量/10)＊10；
累积流量显示位 4＝int(累积流量＊10)－int(累积流量)＊10；
```

累积流量显示位 3＝int(累积流量 * 100)－int(累积流量 * 10) * 10;
累积流量显示位 2＝int(累积流量 * 1000)－int(累积流量 * 100) * 10;
累积流量显示位 1＝int(累积流量 * 10000)－int(累积流量 * 1000) * 10;}
else
{if(累积流量≥100)
{累积流量小数点位＝4;
累积流量显示位 8＝int(累积流量/100);
累积流量显示位 7＝int(累积流量/10)－int(累积流量/100) * 10;
累积流量显示位 6＝int(累积流量)－int(累积流量/10) * 10;
累积流量显示位 5＝int(累积流量 * 10)－int(累积流量) * 10;
累积流量显示位 4＝int(累积流量 * 100)－int(累积流量 * 10) * 10;
累积流量显示位 3＝int(累积流量 * 1000)－int(累积流量 * 100) * 10;
累积流量显示位 2＝int(累积流量 * 10000)－int(累积流量 * 1000) * 10;
累积流量显示位 1＝int(累积流量 * 100000)－int(累积流量 * 10000) * 10;}
else
{累积流量小数点位＝5;
累积流量显示位 8＝int(累积流量/10);
累积流量显示位 7＝int(累积流量)－int(累积流量/10) * 10;
累积流量显示位 6＝int(累积流量 * 10)－int(累积流量) * 10;
累积流量显示位 5＝int(累积流量 * 100)－int(累积流量 * 10) * 10;
累积流量显示位 4＝int(累积流量 * 1000)－int(累积流量 * 100) * 10;
累积流量显示位 3＝int(累积流量 * 10000)－int(累积流量 * 1000) * 10;
累积流量显示位 2＝int(累积流量 * 100000)－int(累积流量 * 10000) * 10;
累积流量显示位 1＝int(累积流量 * 1000000)－int(累积流量 * 100000) * 10;}
}}}

（5）将开发系统画面上的设定流量和瞬时流量叠放在一起。全部保存后切换到运行系统,修改设定流量,观察运行结果。

（6）补充主画面菜单,实现主画面与该课题画面间的切换。

[训练题 15]

（1）设计一个类似于课题 19.15 的流量指示仪。要求 7 位累积流量小数点移位显示,修改设定值采用模拟值输入方式,设定流量和瞬时流量 4 位显示,小数点后精确到 1 位。

（2）新建变量"流量 2",在画面上作出 3 位文本和 2 个小数点(♯ . ♯ . ♯)用于显示流量 2。编程使"流量 2"从 110 开始按照一次减 1.42 的规律变化,递减至小于 0 时返回 110。实现小数点移位显示,水位<10 时,显示前一个小数点;当水位≥10 时,显示后一个小数点;当水位≥100 时,不显示小数点。

第 20 章

PROFIBUS 水位自动控制系统实训

20.1 实训目的及任务

通过实训，掌握用 PROFIBUS 现场总线技术建立主站和从站的过程，以及 PROFIBUS 智能模块 A/D、DO 的工作原理和使用方法；掌握组态王软件的使用方法，以及 PROFIBUS 智能模块和组态王软件的通信方法；掌握用组态王软件编写工业过程控制程序的方法。

20.2 实训内容及所需仪器设备

20.2.1 系统工作原理

原理框图如图 20-1 所示。

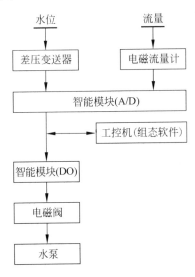

图 20-1 原理框图

20.2.2　所需设备

所需设备清单如表 20-1 所示。

表 20-1　设备清单

设备名称	作　　用	型　号	数量	生产厂家
差压变送器	将水位信号变成 4～20mA 电流信号	1151DP	2	西安仪表厂
电磁流量计	将流量信号变成 4～20mA 电流信号	MDB-25	2	合肥仪表总厂
电磁阀	控制管道流量开或关	ZCLF-10	4	丹东电磁阀厂
A/D 转换模块 (8 路)	将水位或流量信号接入总线	Orient-2010	1	北京鼎实
DO 继电器模块 (8 路)	将总线信号变成开关信号	Orient-2250	1	北京鼎实
水泵	抽水用	PW-163A	1	韩国 LG
工控机	数据显示、计算、处理	1-LACS	1	深圳艾雷斯科技
组态王软件	数据显示、计算、处理	Kingview	1	北京亚控

20.2.3　系统组成

（1）被控对象：水箱。

（2）控参数：水位，流量。

（3）差压变送器：将水位变为 4～20mA 电流信号。

（4）流量计：将流量信号变为 4～20mA 电流信号。

（5）电磁阀：控制进水和出水。220V AC，电开阀。

（6）水泵：抽水。

（7）模块

① Orient-2000 PROFIBUS-PC 主站适配卡

将 PC 总线计算机作为主站连入 PROFIBUS 总线网。作为总线接口，完成对现场总线控制设备的数据存取。

② Orient-2010 A/D 转换模块

完成 8 路模拟量 A/D 转换，将数据送上 PROFIBUS 总线网。它只能作为从站，自动适应网上波特率。

③ Orient-2250 DO 继电器模块

从 PROFIBUS 总线网接收 8 路开关量。它只能作为从站，自动适应网上波特率。

（8）工控机

利用组态王软件，完成模拟画面、趋势曲线、报表、报警和人工干预等状态，给出友好的人—机画面。

20.2.4　仪器设备工作原理

1. 差压变送器

差压变送器的电路图如图 20-2 所示。差压变送器采用西安仪表厂生产的 1151DP 型,它是高精度两线制差压变送器,作用是将过滤器的入水口和出水口的压力信号变成 4~20mA DC 电流信号。这个电流信号与 DFP-1100M 型配电器连接。配电器一方面为现场安装的两线制 1151DP 型差压变送器提供一个隔离的电源,同时将两线制变送器送来的 4~20mA DC 信号转换成与之隔离的 1~5V DC 信号。这个 1~5V DC 电压信号送到 A/D 转换器,作为自动控制的标准信号。其主要技术指标为:

(1) 最小量程:0~6.2kPa。

(2) 最大量程:0~37.4kPa。

(3) 出厂量程:0~10kPa。

(4) 输出信号:4~20mA。

(5) 电源电压:24V DC。

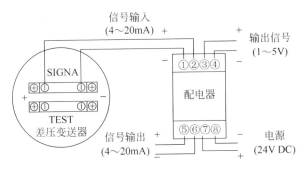

图 20-2　差压变送器与配电器接线图

2. 标准型电磁流量计

MDB-25 电磁流量计是基于法拉第电磁定律而制成的,具有一定电导率的被测介质被视为切割磁力线的导体,当介质流经测量管,便开始作切割磁力线运动,从而产生感应电动势 E。此电动势 E 与流速 V 及磁通密度 B 垂直,电动势 E 的大小与流速和磁通密度 B 的乘积成正比。电动势的大小由一对金属电极测得,经传感器送到转换器,由放大器处理,最后转换成 4~20mA 的直流电流信号输出,供二次仪表显示和后位仪表使用。其电气接线图如图 20-3 所示,主要技术指标为:

(1) 流量:$0\sim6\text{m}^3/\text{h}$。

(2) 精度:1 级。

(3) 电源:220V AC。

(4) 压力:2.5MPa。

(5) 输出信号:4~20mA。

(6) 环境温度:$-20\sim100℃$。

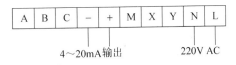

图 20-3　电磁流量计接线图

3. 电磁阀

ZCLF-10 型电磁阀是二位二通常闭自动阀门。当电磁阀接通电源后,阀门开启,介质流通;切断电源,阀门关闭,介质中断。其电气接线图如图 20-4 所示,主要技术指标为:

（1）电压：220V AC。

（2）口径：20mm。

（3）压力：1.6MPa。

（4）介质：水、汽、油。

（5）环境温度：0～60℃。

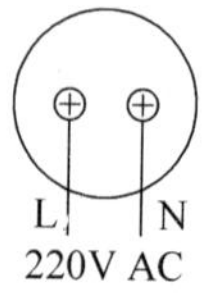

图 20-4　电磁阀接线图 　　　　　图 20-5　水泵接线图

4. 水泵

采用韩国 LG PW-163A 自吸式水泵。自吸的意思是指当水泵的抽水管内是空气的情况下,利用泵工作时形成的负压(真空),在大气压的作用下将低于抽水口的水压上来,再从水泵的排水端排出。这个过程前是不需要加"引水(引导用的水)"的。具有这种能力的水泵就叫做自吸式水泵,其电气接线图如图 20-5 所示,主要技术指标为:

（1）电源：220V AC。

（2）功率：125W。

（3）吸程：9m。

（4）扬程：11m。

（5）排水量：340l/min。

（6）压力开闭：闭—1.1kgf/cm^2,开—1.7kgf/cm^2。

5. PROFIUS 技术指标

PROFIBUS 作为开放式通信系统工业标准,公布了网络各层协议的所有规范。按照这些规范设计设备网络接口,不同设备可以实现网络互联。在使用过程中,人们不需要关心协议的具体内容,只要按技术指标要求使用,就能达到目的。

（1）技术标准：EN50 170。

（2）接口标准：EIA RS-485。

（3）网络接口：SUB-D 9芯插头。

（4）波特率：9.6Kb/s、19.2Kb/s、93.75Kb/s、187.5Kb/s、500Kb/s。

（5）响应时间：小于 20ms。

（6）拓扑结构：两端带有终端器的总线结构。

（7）传输距离：波特率为 9.6Kb/s、19.2Kb/s、93.75Kb/s 时,1200m;187.5Kb/s

时,600m;500Kb/s 时,200m。

(8) 站点数:(主站+从站数)127 个。

(9) 电缆:屏蔽双绞线,截面积大于 0.22mm², 阻抗 120Ω。

6. PROFIBUS 总线适配卡——Orient2000

Orient2000 实现了 PROFIBUS-FMS 功能的全集。由软件设置波特率、主站或从站等参数。该适配卡占用 PC 1KB 连续地址空间,其主要作用是将 PC 总线计算机作为总站连入 PROFIBUS 总线网,网口符合 PROFIBUS-FMS 规范,传输率为 9.6Kb/s、19.2Kb/s、93.75Kb/s、187.5Kb/s 和 500Kb/s,报文最大长度为 255 字节。

7. PROFIBUS I/O 数据模块

(1) A/D 转换模块——Orient2010(8 路)

Orient2010 实现模拟量(输入 1~5V)到数字量(0~4095)的转换,数据长度为 16 字节,每路 2 字节,取值范围 0~4000,根据每一路的量程上、下限作线性变换,转换为工业值。其接线图如图 20-6 所示。

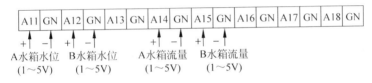

图 20-6   A/D 转换模块接线图

(2) 继电器模块——Orient2250(8 路)

Orient2250 实现 PROFIBUS 总线上开关量的输入和输出。输出情况下,8 路同时输出时,数据长度为 1 字节,该字节 0~7 位的 0 或 1 对应 1~8 路通道的开或关输出命令;单独输出某路时,数据长度为 2 字节,第一字节取 0~7,对应所选 1~8 路通道,第二字节取 0 或 1,对应开或关命令。返回情况下,数据长度为 1 字节,该字节 0~7 位的 0 或 1 对应 1~8 路通道的开或关输出命令。其接线图如图 20-7 所示。

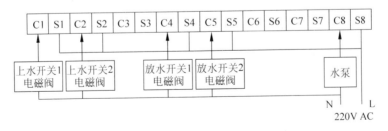

图 20-7   DO 继电器模块与电磁阀、水泵接线图

8. 现场总线适配卡段地址的设置

将作为主站的 PC 总线计算机连入 PROFIBUS 总线网,本适配卡需要占用 PC 总线计算机 1KB 的连续地址空间,段地址由 8 位 DIP 拨位开关的前 4 位设置,并且有 4 种设置方式,其中一种设置方式如图 20-8 所示。

在设置 PC 适配卡的段地址之前,应先查看这 4 个段地址被计算机其他硬件(如声卡、显卡、Modem)的占用情况,应把段地址设置成未被计算机占用的那个地址。将 PC 适配卡插入计算机的 ISA 插槽中。

9. 确定 PROFIBUS 从站站号

所有模块的站号设置方法相同,都由 7 位拨位开关设置。

拨位开关第一位为最高位。当第一位拨下,而其他位没有拨下时,所设的站号为 $64(2^6)$。拨位开关设置按二进制计算,拨下为 1,拨上为 0,当所有开关都拨下去时,站号为最大 126。

例如,拨一个站号为 13,站设置如图 20-9 所示。

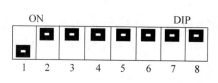

图 20-8　适配卡段地址设置为 C000

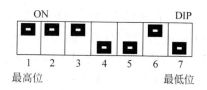

图 20-9　PROFIBUS 从站站号设置图

PRFIBUS 从站站号分配如下:

站号	模块名称型号
1	Orient2010(8 路 A/D)
3	Orient2250(8 路 DO)

按上述要求将各模块的站号设置好。

10. 网线接法

(1) 选用 PROFIBUS 总线连接器,如图 20-10 所示。

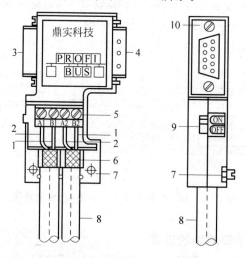

图 20-10　现场总线适配卡、智能模块与 9 针 SUB-D 型插座接线图

1—红色线缆;2—绿色线缆;3—PG 口(编程口);4—PROFIBUS 连接口;5—4 位接线端子;
6—电缆屏蔽层;7—上盖螺丝;8—PROFIBUS 电缆;9—滑动开关;10—固定螺钉

① 基本特性

垂直电缆引出线,适应 9600b/s～12Mb/s 波特率。经过滑动开关接入集成终端电阻,9 针 SUB-D 型插座用于 PROFIBUS 总线接点连接。4 端子螺丝接线,导线最大截面积 1.5mm²,带 9 孔 SUB-D 型插座的 PG 口。使用环境温度为 0～60℃。

② 使用方法

当连接器位于终端设备时,将滑动开关拨到"ON"位置,进线电缆只接 A1 和 B1;当连接器位于中间设备时,将滑动开关拨到"OFF"位置,电缆接线为入线接 A1、B1,出线接 A2、B2。PG 口可以方便现场修改程序,或用于总线监测工具接入运行中的 PROFIBUS 总线。总线连接器支持带电插拔,方便现场设备更换。

图 20-11　PROFIBUS 总线电缆

(2) PROFIBUS 总线电缆

电缆如图 20-11 所示,其基本参数如表 20-2 所示。

表 20-2　PROFIBUS 总线电缆参数表

电 缆 设 计	屏蔽双绞电缆
阻抗(在 31.25kHz 时)	100Ω±20%
回路电阻	44Ω/km
导线截面积	0.8mm²
衰减(在 39kHz 时)	3dB/km
每单位长度电容	2nF/km

(3) 具体接法

接线如图 20-12 所示。网线使用普通的屏蔽双绞线,把 SUB-D 插头的第 3 和第 8 插针焊上双绞线对应连接起来。

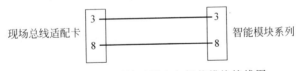

图 20-12　现场总线适配卡与智能模块接线图

11. PC、适配卡与智能模块

PC、适配卡与智能模块连成单主系统接线图如图 20-13 所示。

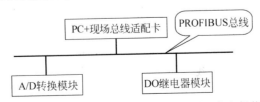

图 20-13　单主站 PROFIBUS 总线 PC、现场总线适配卡和智能模块接线图

此时,PC适配卡的跳线一定要插上,总线终端最后一个模块的跳线也要插上。

12. 在 PC 中装入 Orient2000 配置软件

将 Orient2000 配置软件的 PcCard. dll 文件和 Tvichw32. dll 文件装到 c:\windows 下,将 Vichwoo. vxd 文件装到 c:\windows\system 下。此时,计算机桌面上出现如图 20-14 所示 Bustest 快捷图标。

双击 Bustest 快捷图标,进行 PROFIBUS 站点测试,如图 20-15 所示。

图 20-14　Bustest 快捷图标　　　　图 20-15　PROFIBUS 站点测试

PROFIBUS 站点测试完成后,出现如图 20-16 所示的画面。

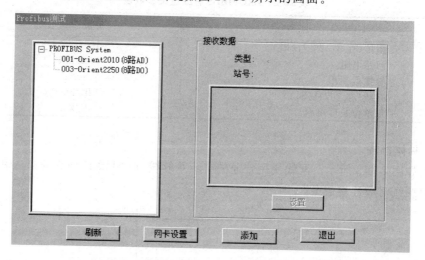

图 20-16　PROFIBUS 站点设置操作界面

13. 运行 Orient2000 配置软件,设置主站和从站

(1) 设置从站

双击"添加"按钮进行 1♯从站(A/D 转换模块)设置,如图 20-17 所示。

双击"网卡设置"按钮进行 2♯从站(DO 转换模块)设置,如图 20-18 所示。

(2) 设置主站

双击"添加"按钮进行主站设置,如图 20-19 所示。

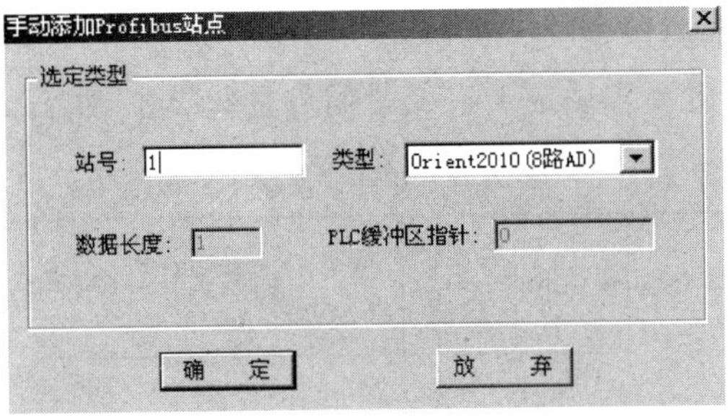

图 20-17　PROFIBUS 1♯从站设置操作界面

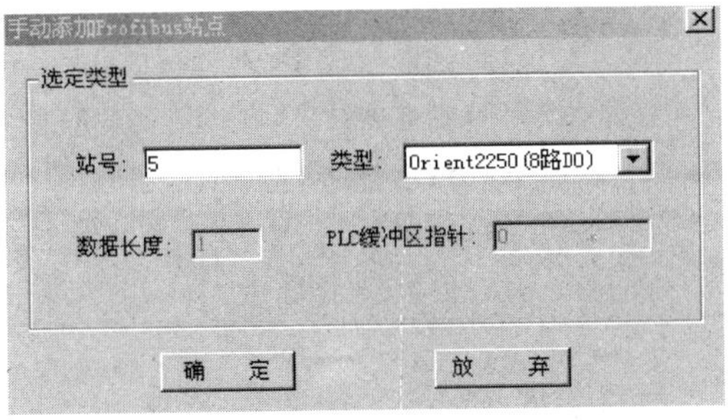

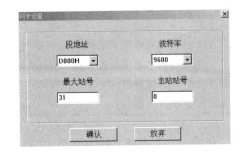

图 20-18　PROFIBUS 2♯从站设置操作界面　　　　图 20-19　PROFIBUS 主站设置操作界面

20.2.5　建立模块和组态王的通信连接

在 PC 中装入组态王软件并运行。

1. 进入组态王开发环境——设备配置项

在组态王工程浏览器中,双击"设备"|"板卡"|"智能模块"|"Orient2000 系列",将两种模块配置完成。

设备逻辑名:AD,DO

设备地址:1,3

通信方式:PROFIBUS。

设备配置完成后的界面如图 20-20 所示。

图 20-20　设备配置完成后的界面

2. 在组态王数据字典里定义 I/O 变量

根据控制系统的设置要求确定 I/O 变量的数量和类型，如表 20-3 所示。

表 20-3　I/O 变量参数表

变量名称	变量类型	最小值	最大值	最小原始值	最大原始值	初始值	连接设备	寄存器	数据类型	读写属性	采集频率
水箱 1	I/O 实型	0	1000	819	4095		A/D 转换器	AD0	INT	只读	1
水箱 2	I/O 实型	0	1000	819	4095		A/D 转换器	AD1	INT	只读	1
流量 1	I/O 实型	0	6	819	4095		A/D 转换器	AD3	INT	只读	1
流量 2	I/O 实型	0	6	819	4095		A/D 转换器	AD4	INT	只读	1
水泵开关	I/O 离散型					关	DO 继电器	DO7	Bit	只写	1
上水开关 1	I/O 离散型					关	DO 继电器	DO0	Bit	只写	1
上水开关 2	I/O 离散型					关	DO 继电器	DO1	Bit	只写	1
放水开关 1	I/O 离散型					关	DO 继电器	DO3	Bit	只写	1
放水开关 2	I/O 离散型					关	DO 继电器	DO4	Bit	只写	1

在组态王工程浏览器里双击"数据字典"|"新建"，进入定义变量菜单，按表 20-3 的要求进行 I/O 变量定义。"水箱 1"和"水泵开关"变量定义如图 20-21 和图 20-22 所示。

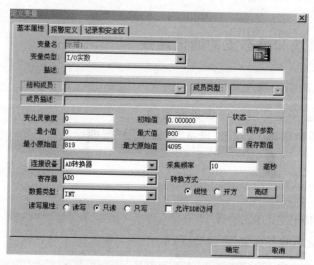

图 20-21　"水箱 1"变量定义操作界面

20.2.6　用组态王软件设计水箱水位自动控制过程

1. 封面设计

画面如图 20-23 所示。

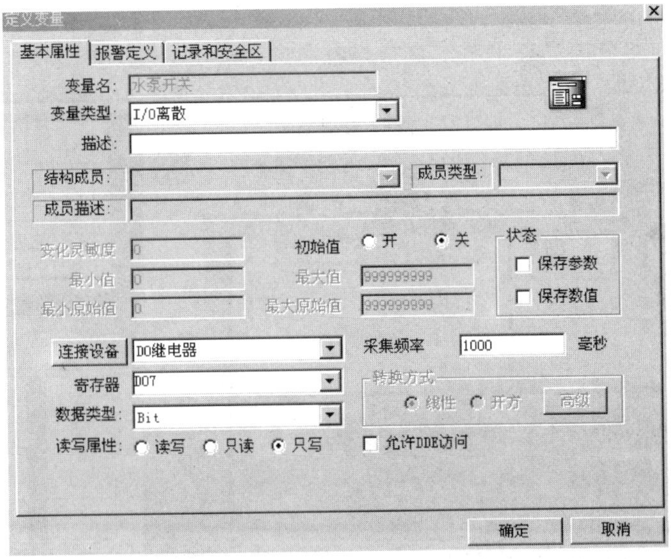

图 20-22　"水泵开关"变量定义操作界面

图 20-23　封面

（1）根据图 20-23 的要求，作图并进行相应的动画连接。

（2）要求："上下水控制系统"、"监控中心"、"实时数据报表"、"历史数据报表"、"报警窗口"和"历史趋势曲线"操作按钮做成菜单的形式。封面图片用点位图的方法插入。

2. 主画面控制过程图

画面如图 20-24 所示。

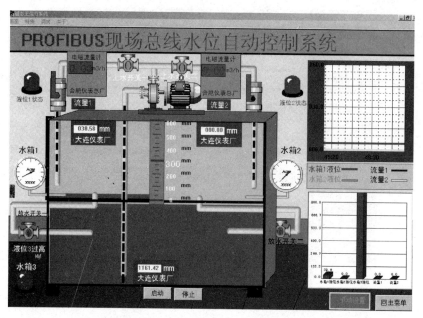

图 20-24　主画面控制过程

（1）按图 20-24 所示作图。

（2）要求：

① 水箱 1、2 的水位用数字显示，水箱 1、2 的流量用数字显示，用模拟值输出连接。上水电磁阀 1、2，放水电磁阀 1、2 以及水泵用离散值输入连接。液位 1、2 的状态和水箱 3 用闪烁连接。水箱 1、2 的指针指示表用旋转连接。水箱 1、2、3 的水位显示用填充连接。"启动"、"停止"、"手动设置"、"回主菜单"按钮用"弹起时"命令语言连接。

② 画面中有"棒图控件"和"实时趋势曲线控件"。

③ 在应用程序命令语言里编写控制程序。当水箱水位大于 500mm 时，放水阀打开，上水阀和水泵关闭；当水箱水位小于 480mm 时，放水阀关闭，上水阀和水泵打开。保证水箱水位控制在 480～500mm 之间。

3. 监控中心控制画面图

画面如图 20-25 所示。

（1）按图 20-25 所示作图。

（2）要求：

① 水箱 1、2、3 的水位用数字显示，水箱 1、2 的流量用数字显示。

② 实现上水开关 1、2，放水开关 1、2，水泵手动开、关操作，有"退出手动"控制。

4. 实时数据报表

画面如图 20-26 所示。

（1）按图 20-26 所示作图。

（2）要求：将水箱 1、2、3 的液位，以及水箱 1、2 的流量数据一天 24 小时实时显示，每小时显示一次。

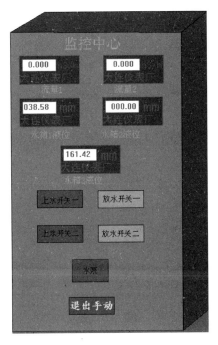

图 20-25　监控中心画面

实时数据报表

报表日期：	2007年11月20日		09时51分04秒		
时间	水箱1液位	水箱2液位	水箱3液位	流量1	流量2
0:00					
1:00					
2:00					
3:00					
4:00					
5:00					
6:00					
7:00					
8:00					
9:00	38.34	0.00	1161.66	0.00	0.00
10:00					
11:00					

图 20-26　实时数据报表

5. 历史数据报表

画面如图 20-27 所示。

历史数据报表

日期	时间	水箱1	水箱2	流量1	流量2	水箱3液位
2007年11月20日	09时32分06秒	53.24	0.00	0.00	0.00	1146.76
2007年11月20日	09时33分06秒	53.24	0.00	0.00	0.00	1146.76
2007年11月20日	09时34分06秒	53.24	0.00	0.00	0.00	1146.76
2007年11月20日	09时35分06秒	53.24	0.00	0.00	0.00	1146.76
2007年11月20日	09时36分06秒	53.24	0.00	0.00	0.00	1146.76
2007年11月20日	09时37分06秒	53.24	0.00	0.00	0.00	1146.76
2007年11月20日	09时38分06秒	53.24	0.00	0.00	0.00	1146.76
2007年11月20日	09时39分06秒	53.24	0.00	0.00	0.00	1146.76
2007年11月20日	09时40分06秒	53.24	0.00	0.00	0.00	1146.76
2007年11月20日	09时41分06秒	53.24	0.00	0.00	0.00	1146.76
2007年11月20日	09时42分06秒	53.24	0.00	0.00	0.00	1146.76
2007年11月20日	09时43分06秒	53.24	0.00	0.00	0.00	1146.76
2007年11月20日	09时44分06秒	53.24	0.00	0.00	0.00	1146.76
2007年11月20日	09时45分06秒	53.24	0.00	0.00	0.00	1146.76
2007年11月20日	09时46分06秒	53.24	0.00	0.00	0.00	1146.76
2007年11月20日	09时47分06秒	0.00	0.00	0.00	0.00	1200.00
2007年11月20日	09时48分06秒	0.00	0.00	0.00	0.00	1200.00
2007年11月20日	09时49分06秒	38.34	0.00	0.00	0.00	1200.00
2007年11月20日	09时50分06秒	38.58	0.00	0.00	0.00	1161.42
2007年11月20日	09时51分06秒	38.34	0.00	0.00	0.00	1161.66
2007年11月20日	09时52分06秒	38.34	0.00	0.00	0.00	1161.66

图 20-27　历史数据报表

（1）按图 20-27 所示作图。

（2）要求：可以查询水箱 1、2、3 的液位，以及水箱 1、2 的流量在任意时刻的历史数据。

6. 水箱水位、流量报警制作

画面如图 20-28 所示。

事件日期	事件时间	报警日期	报警时间	变量名	报警类型	报警值/旧值	恢复值/新值	界限值	质量戳	优先级	报警组
---	---	07/11/20	09:52:54.850	流量2	低	0.0	---	1.0	192	1	RootN
07/11/20	09:52:54.850	07/11/20	09:52:54.690	流量2	高	2.1	0.0	2.0	192	1	RootN
---	---	07/11/20	09:52:54.690	流量2	高	2.1	---	2.0	192	1	RootN
07/11/20	09:52:54.690	07/11/20	09:52:54.630	流量2	低	0.0	2.1	1.0	192	1	RootN
---	---	07/11/20	09:52:54.630	流量2	低	0.0	---	1.0	192	1	RootN
07/11/20	09:52:54.630	07/11/20	09:52:53.750	流量2	高	2.1	0.0	2.0	192	1	RootN
---	---	07/11/20	09:52:54.470	水箱2液位	低低	1.5	---	100.0	192	1	RootN
---	---	07/11/20	09:52:54.470	流量1	低	0.0	---	1.0	192	1	RootN
---	---	07/11/20	09:52:53.750	流量2	高	2.1	---	2.0	192	1	RootN
07/11/20	09:52:53.310	07/11/20	09:52:52.820	流量2	低	0.6	1.2	1.0	192	1	RootN
---	---	07/11/20	09:52:52.820	流量2	低	0.6	---	1.0	192	1	RootN
---	---	07/11/20	09:52:40.410	温度		0.0	---	0.0	192	1	RootN
07/11/20	09:52:40.240	07/11/20	09:52:32.830	温度		0.0	1.4	0.0	192	1	RootN
---	---	07/11/20	09:52:32.830	温度		0.0	---	0.0	192	1	RootN
07/11/20	09:52:32.500	07/11/20	09:51:31.200	温度		0.0	1.4	0.0	192	1	RootN
---	---	07/11/20	09:51:31.200	温度		0.0	---	0.0	192	1	RootN
07/11/20	09:51:31.040	07/11/20	09:51:05.440	温度		0.0	1.4	0.0	192	1	RootN
---	---	07/11/20	09:51:05.440	温度		0.0	---	0.0	192	1	RootN

报警的数目：27　　　　　　新报警出现的位置：前面

图 20-28　水箱水位及流量报警画面

（1）按图 20-28 所示作图。

（2）要求：指示水箱 1、2、3 的液位，以及水箱 1、2 流量的"高"、"低"和"低低"报警状态。

7. 历史趋势曲线的制作

画面如图 20-29 所示。

（1）按图 20-29 所示作图。

（2）要求：可以查询水箱 1、2、3 的液位，以及水箱 1、2 的流量在任意时刻的历史趋势曲线。

20.2.7　部分参考控制程序

1. 应用程序命令语言

（1）启动时

启动＝0;
flag＝1;
水泵开关＝1;
上水开关 1＝1;
上水开关 2＝1;
放水开关 1＝1;

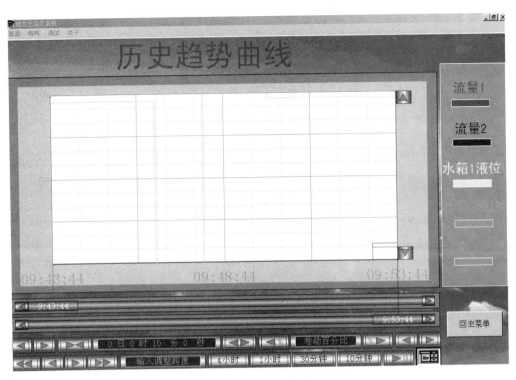

图 20-29　历史趋势曲线画面

放水开关 2＝1；
标志 1＝0；
标志 2＝0；
水箱 1 液位＝水箱 1；
水箱 2 液位＝水箱 2；
水箱 3 液位＝1200－（水箱 1 液位＋水箱 2 液位）；
水箱 1 下限＝50；
水箱 2 下限＝50；
水箱 1 上限＝300；
水箱 2 上限＝300；

（2）运行时

```
if(flag==1)
{if(启动==1)
{水箱 1 液位＝水箱 1；水箱 2 液位＝水箱 2；水箱 3 液位＝1200－（水箱 1 液位＋水箱 2 液
位）；}}
/＊根据水箱 1 液位控制上水开关
关闭上水开关 1 和水泵开关＊/
if(水箱 1 液位>500)      //水箱 1 上限
{上水开关 1＝1；放水开关 1＝0；标志 1＝1；if(标志 2==0)
{水泵开关＝1；}}
/＊关闭放水开关 1
打开上水开关 1 和水泵开关＊/
```

```
if(水箱 1 液位<480)   /*水箱 1 下限*/
{放水开关 1=1；上水开关 1=0；水泵开关=0；标志 1=2；}
/*根据水箱 2 液位控制上水开关
关闭上水开关 2 和水泵开关*/
if(水箱 2 液位>500)   /*水箱 2 上限*/
{上水开关 2=1；放水开关 2=0；标志 2=1；if(标志 1==0){水泵开关=1；}}
/*关闭放水开关 2
打开上水开关 2 和水泵开关*/
if(水箱 2 液位<480)   /*水箱 2 下限*/
{放水开关 2=1；上水开关 2=0；水泵开关=0；标志 2=2；}
else
\\本站点\停止=1；
```

(3) 停止时

```
启动=0；
水泵开关=0；
上水开关 1=0；
上水开关 2=0；
放水开关 1=0；
放水开关 2=0；
```

2. 主控制画面命令语言

(1) 显示时

```
chartclear("立体棒图")；
chartclear("立体棒图")；
chartAdd("立体棒图",水箱 1 液位,"水箱 1 液位")；
chartAdd("立体棒图",水箱 2 液位,"水箱 2 液位")；
chartAdd("立体棒图",水箱 3 液位,"水箱 3 液位")；
chartAdd("立体棒图",流量 1,"流量 1")；
chartAdd("立体棒图",流量 2,"流量 2")；
```

(2) 存在时

```
chartsetvalue("立体棒图",0,水箱 1 液位)；
chartsetvalue("立体棒图",1,水箱 2 液位)；
chartsetvalue("立体棒图",2,水箱 3 液位)；
chartsetvalue("立体棒图",3,流量 1)；
chartsetvalue("立体棒图",4,流量 2)；
```

(3) 隐含时

```
chartclear("立体棒图")；
```

3. 实时数据报表画面命令语言

存在时：

```
if($时==0){行=4；}
```

if($ 时==1){行=5;}
if($ 时==2){行=6;}
if($ 时==3){行=7;}
if($ 时==4){行=8;}
if($ 时==5){行=9;}
if($ 时==6){行=10;}
if($ 时==7){行=11;}
if($ 时==8){行=12;}
if($ 时==9){行=13;}
if($ 时==10){行=14;}
if($ 时==11){行=15;}
if($ 时==12){行=16;}
if($ 时==13){行=17;}
if($ 时==14){行=18;}
if($ 时==15){行=19;}
if($ 时==16){行=20;}
if($ 时==17){行=21;}
if($ 时==18){行=22;}
if($ 时==19){行=23;}
if($ 时==20){行=24;}
if($ 时==21){行=25;}
if($ 时==22){行=26;}
if($ 时==23){行=27;}
ReportSetCellValue("实时数据报表",行,2,水箱 1 液位);
ReportsetCellValue("实时数据报表",行,3,水箱 2 液位);
ReportsetCellValue("实时数据报表",行,4,水箱 3 液位);
ReportsetCellValue("实时数据报表",行,5,流量 1);
ReportsetCellValue("实时数据报表",行,6,流量 2);

参 考 文 献

1　阳宪惠.现场总线技术及其应用.北京：清华大学出版社,1999
2　暴风雨等.典型自动化设备及生产线应用与维护.北京：机械工业出版社,2004
3　北京亚控科技发展有限公司.组态王 6.51 使用手册.北京：北京亚控科技发展有限公司,2004
4　周兵.PROFIBUS 智能模块与组态软件的通信方法.仪器仪表用户,2003(5)：51～53
5　邬宽明.现场总线技术应用选编（上、下）.北京：北京航空航天大学出版社,2003